中国地质大学学术著作出版基金资助

导向钻进与非开挖铺管技术

乌效鸣　胡郁乐　李粮纲
陈　劲　刘国华　王耀峰　编　著

中国地质大学出版社

图书在版编目(CIP)数据

导向钻进与非开挖铺管技术/乌效鸣等编著.—武汉:中国地质大学出版社,2004.10
(2021.7 重印)

ISBN 978-7-5625-1958-4

Ⅰ.导…
Ⅱ.乌…
Ⅲ.地下管道-管道施工
Ⅳ.TU990.3

中国版本图书馆 CIP 数据核字(2007)第 125223 号

导向钻进与非开挖铺管技术

乌效鸣　胡郁乐　李粮纲
陈　劲　刘国华　王耀峰　编著

责任编辑:徐润英　　责任校对:胡义珍

出版发行:中国地质大学出版社(武汉市洪山区鲁磨路 388 号)　　邮政编码:430074
电话:(027)67883511　　传真:67883580　　E-mail:cbb @ cug.edu.cn
经　　销:全国新华书店　　http://www.cugp.cn

开本:787 毫米×1092 毫米 1/16　　字数:300 千字　印张:11.5　图版:7
版次:2004 年 10 月第 1 版　　印次:2021 年 7 月第 5 次印刷
印刷:武汉乐生印务有限公司　　印数:5501—6500 册

ISBN 978-7-5625-1958-4　　定价:30.00 元

前　言

非开挖铺管技术是20世纪末全球兴起的新技术方法。它以不污染环境、不影响交通、对地层结构破坏小、施工安全可靠、周期短、社会效益与经济效益显著等技术优势受到了国内外相关行业的关注。从总体上看，我国对非开挖技术的应用研究仍处于起步阶段，与国外相比差距较大，但是随着我国经济的高速发展，非开挖技术已成为一个巨大的产业。本书作者在国家“211工程”一期计划支持下，开展了大量的理论与应用研究，取得了一定的成绩，在国内相关书籍不多的状况下编著该书，旨在抛砖引玉，以期从事非开挖行业的相关人员共同努力，推动我国非开挖事业的发展。

作为地质工程专业重要前沿之一，本书作者多年来一直在从事非开挖技术方面的实践和研究，并结合我国的实际情况，在非开挖设备与机具、非开挖成孔液、非开挖导航仪、导航控制与规划软件以及工艺试验等方面作了不少具体的工作。在全国各地，包括湖北、广东、河南、湖南、内蒙古等地运用这一新技术，成功地完成了包括自来水、电力、通讯、热力、煤气、排污等管线的非开挖铺设。本书一方面取材于作者的研究成果，另一方面整理、收集了国内外最新资料和信息，融合了原理、设计方法、试验应用效果等诸方面的内容。

本书以导向钻进非开挖铺管技术为重点，包括了导向钻机设计的基本原理、扩孔、清孔与铺管技术、导向钻进导航仪研究以及导向钻进轨迹设计与控制等内容，还涵盖了非开挖铺管国内外信息，各类其他非开挖铺管方法，非开挖成孔液与孔壁稳定，管道的非开挖修复、更换与防腐方法，微型隧道铺管技术，非开挖地质条件勘察，地下管线探测技术以及技术经济评价和风险性分析等方面的内容。

本书的新颖之处主要反映在：①全面地整理了直至21世纪初的国内外最新的非开挖技术成果；②将非开挖铺管方法与它的重要支持技术紧密联系起来，对本质性问题进行了深入、细致的科学研究；③理论联系实际，素材源于生产实践，其中包括作者亲自从事的研究内容，对非开挖铺管有直接指导意义；④将地下三维解析方法、传感技术和特殊机具结构设计作为非开挖铺管的技术核心，是本书独特的学术观点和见解；⑤本书内容涉及非开挖铺管技术的全面范围，并以目前国内应用最为普遍的导向钻进非开挖铺管技术为核心内容，具有突出重点、以点带面、图文并茂的写作特点。

全书共十二章，由中国地质大学（武汉）的乌效鸣、李粮纲、陈劲、刘国华、王耀峰和华中科技大学博士后流动站研究人员胡郁乐等编著。其中第一章，第二章的三、四节，第四章，第六章的一、二节和第八章的一、二节由乌效鸣执笔；第三章的一至五节，第五章，第六章的三、四节，第八章的三、六、七节和第九章，第十一章的四节由胡郁乐执笔；第三章的六、七节，第八章的四、五节和第十一章的一、二、三节由李粮纲执笔；第十章由陈劲执笔；第二章的一、二节和第十二章由刘国华执笔；第七章由王耀峰执笔。

本书可供地质工程及相关专业的研究人员、技术人员、管理人员使用，也可作为有关专业大学生和研究生的教学或研究参考书。

由于非开挖技术是一门发展中的技术，有许多理论和实践问题尚在探索之中，加之作者的水平有限，如有不当之处，敬请读者给予批评指正。

编著者

2004 年 3 月于武汉

目　　录

第一章 概　　述

地下管线是城市乃至更广泛区域基础设施的重要组成部分，它越来越如同人体内的“神经”、“血管”和“肠道”，日夜担负着传达信息、输送能量和流通物质的工作，已逐渐成为人们赖以生存和发展的一种基础条件。然而，随着全球经济的快速发展和人口数量的迅速增长，城市化进程不断加快，原有管线的设计容量和运行能力已不能满足发展的要求，管线需要不断进行新建、改建和修复。如果采用传统的明挖法施工，将造成交通堵塞、绿地和园林毁坏，有时还因为河道、水网、铁道、机场及建筑物的存在，根本不允许开挖施工。上述诸多弊端和因挖挖填填造成的“马路拉链”现象，引起人们的不满。正是在这样的背景下，孕育和产生了地下管线建设的技术革命——非开挖技术。

非开挖技术，即非开挖地下管线施工技术，国外称 TT(Trenchless Technology)或“No - Dig”。它是指在不开挖地表的情况下，利用地质工程的技术手段，铺设、修复或更换各种地下管道和电缆的一种高科技实用新技术。

第一节　非开挖管线技术的特点与应用领域

目前国内外所采用的主要非开挖技术方法有水平定向钻进法、微型隧道法、导向钻进法、夯管法、水平螺旋钻进法、顶杆和顶管法、碎管与吃管法、内衬与喷涂法等。可用来铺设、更换和修复直径 40mm 至 2 500mm 的各种地下管线，距离可达上千米。

非开挖技术可广泛应用于穿越公路、铁路、建筑物、河流以及在闹市区、古迹保护区、农作物和植被保护区等不允许或不能开挖条件下，对诸如供水、煤气、石油天然气、污水、电力、电信电缆、热力等地下管线的铺设、更换和修复。非开挖技术是对传统地下管线开挖建设方法的一次革命，自正式进入工程施工市场至今，在较短的时期内，以其独到的技术特征与优势，以其对环境、城镇交通的最小影响和危害，以其效率和成本等优势，日益受到人们的重视，取得了很好的社会效益和经济效益。

传统的地下管线施工方法是“挖槽埋管法”。这种被人们戏称为“开肠破肚”的施工方法的主要缺陷是对地上交通与环境的影响极大，使本来已经十分拥挤的城市交通“雪上加霜”，给市民的工作和生活带来诸多不便。人们给这种做法起了个幽默的名字“马路拉链”，虽然幽默，但却是人们对开挖式施工的无奈。另外，开挖施工使道路的质量变差，寿命变短，污染环境，而且地下管线被挖断的事故时有发生，经济损失巨大。与之相比，非开挖铺管技术具有不污染环境、不影响交通、对地层结构破坏小、施工安全可靠、周期短、无须运输和堆放杂土、成本低、社会效益与经济效益显著等优点，具体体现在以下几个方面：

(1)解决了传统开挖施工对人们正常生活和工作的干扰，减少了对交通、环境、周边建筑物基础的破坏和不良影响。

(2)在传统方法无法施工或不允许开挖施工的场合(如穿越河流、高速公路、铁路、机场跑道、广场、绿地等)，可用非开挖技术从其下方穿越铺设，并可将管线设计在工程量最少的最佳位置穿过。

(3)非开挖技术可以高精度地控制地下管线的铺设方向、埋深，并可使管线绕过未曾发现的地下障碍物(如巨石和地下构筑物)及原有地下管线。

(4)有较好的经济效益。在可比性相同的情况下，非开挖管线铺设、更换、修复的综合成本低于开挖法施工。从发展来看，由于原有的密集管网系统的存在，城市管线埋深有加大的趋势，而开挖施工的成本随埋深的加大急增，这时采用非开挖施工则更为经济。

实践证明，在大多数情况下，尤其是在繁华市区或管线埋设较深地带，非开挖施工是开挖施工的极好代替方法；在特殊的情况下，非开挖施工更是一种唯一经济可行的施工方法。

随着非开挖技术的不断成熟，施工技术和设备的不断完善，非开挖技术的应用领域也在不断拓宽。例如：

(1)在受污染的地下水和地层中设置水平环境治理井的污染物防渗治理工程；

(2)在地铁、地下人行过道、地下车库等工程中设置管棚，用以加固软土地基的管棚支护工程；

(3)在大口径集水井钻进中水平辐射孔的水平降水工程；

(4)对边坡、路基、大坝等钻进各种排渗孔、锚固孔和注浆孔的防护工程；

(5)在基础施工中进行钢管(板)桩、微桩、土锚、土钉等的施工；

(6)瓦斯的排放和煤层气的开采；

(7)钻孔采盐。

水平环境治理井应用实例：在美国纽约市肯尼迪国际机场(JFK Airport)周边地区，由于存在空军基地的飞机燃料库、地下燃料储存库等，污染物在雨水的作用下向地下渗透，污染了地下水和土壤，为此在1996年，有关部门共钻进了53口水平环境治理孔，总长度达9 000m，治理费近1 700万美元。

为了证实水平环境治理井的有效性和经济性，美国能源部下属的桑地亚国家实验室与一些工业部门合作，进行了一系列严格的试验，结果表明：

(1)水平环境治理井对治理沿地层蔓延、深度相对较浅(<15m)的污染层是最经济、最有效的方法；

(2)在很多情况下，使用水平环境治理井比垂直井更为优越，而且不受地表障碍物(建筑物、水平体等)的限制；

(3)治理效率高，一眼水平井相当于几眼垂直井；

(4)费用低。

第二节　世界非开挖技术发展概况

非开挖技术虽然已有百余年的历史，但其重大的发展始于20世纪50年代。经历了初期徘徊和艰难起步后，随着技术与装备的不断改进和完善，非开挖以其独特的技术优势和广阔的市场前景受到世界各国的极大关注，最终在80年代中期被发达国家认可和接受。其标志是1986年在英国伦敦成立了国际非开挖技术协会(International Society for Trenchless Technology)，简称ISTT。

1896年，美国首次施工顶管法，在铁路下顶进一根混凝土管，从那以后，顶管施工法被视为铁路、公路下铺设管线的标准施工法，其应用遍及美国各地。20世纪60年代后，随着液压技术的发展及大型千斤顶的采用，顶管施工法获得了迅速推广和应用。

微型隧道施工法，或称“小口径顶管法”，于20世纪70年代初在日本首次出现。1972年，小松制作所研制出首台小口径顶管机。三和公司也于1977年研制成功螺旋式小口径顶管机，并在1984年以前一直处于领先地位，但这一领先地位很快又受到挑战。伊势机(ISEKI)公司于1979年研制出第一台泥水加压式小口径顶管机，随后又相继推出适合在各种地层中(包括含地下水的地层和含卵砾石的地层)进行管线施工的一系列新型顶管机。至今，日本在小口径顶管施工方面占据主导地位。据不完全统计，日本生产小口径顶管机的厂家有30个，承包商4 000家，市场上使用的小口径顶管机有1 500～2 000余台，每年的施工量约40～50km。

定向钻进和导向钻进施工法因其施工精度高、适用范围广，是发展最快的一种非开挖施工法。这种施工方法是石油工业受控定向钻进技术与管线技术相结合的一种特殊施工方法。20世纪70年代初在美国首先获得使用，随后迅速传到欧洲各国和亚洲部分国家。据报道，美国目前约有1 500余台定向和导向钻机在各地使用。

自20世纪60年代初波兰研制成功第一台气动矛以来，气动矛和夯管施工法由于设备简单、操作方便、投资小、成本低而一直受到各国承包商的普遍青睐，至今一直是使用较广的一种非开挖施工法。随着气动矛性能的不断改进及可测式、可控式气动矛的相继出现，可以预见，气动矛施工法在地下管线施工中将进一步获得推广和使用。

由于地下管线的现状和地层条件不同，为了适应不同的地层条件，满足不同的施工要求，各国相继对施工方法和施工设备进行改进，使之可以满足距离更长、直径更大的管线施工要求，所使用的方法有所侧重。例如，日本主要用微型隧道施工法铺设市内污水管道；英国主要的需求在于修复和更换由于年久而破损的现有管道，因而发明和开发了许多非开挖管线更换和修复的方法，主要有：气动矛法、爆管法、软衬法、导向钻进等；美国由于石油天然气和通讯工业的发展，需要铺设大量的石油天然气输送管道和通讯电缆，其中要穿越一些地表障碍物(如河流、铁路、高速公路等)，因而定向钻进和导向钻进施工法的发展极为迅速，并得到广泛的应用。

总体上看，在上述施工方法中，发展最快、使用量最多、适用性最强的是导向钻进铺管法和小口径顶管法，气动矛和夯管锤因其设备、机具简单，一次性投入少，也获得了较快的发展和应用。

目前，国外从事非开挖技术研究与开发的公司众多，如美国Augers公司、Vermeer公司、Case公司、Cms公司、沟神Ditch Witch公司，德国Herrenknechi公司，英国的ADDS公司、Powermole公司、Sevevick公司、Radiodetection公司、DCI公司、PipeEquipment Specialists公司，意大利的Collidriu公司等。在这些发达国家或地区，非开挖技术的应用已十分普遍，投入资金巨大。仅以1992年发达国家所铺设管线的估计值为例(表1-1)，一年内的总计铺管长度达24.2万km，总投资达300亿美元。

表1-1　1992年发达国家所铺设管线的估计值　　单位：km

国家(或地区)	重力(下水)管道	压力(水气)管道	电缆(通讯、动力)线
北美	15 000	30 000	30 000
西欧	11 000	50 000	90 000
日本	10 000	2 000	4 000
合计	36 000	82 000	12 4000
总计：24.2万km，总投资：300亿美元			

同时，发达国家政府对非开挖技术的科学研究与科学试验也相当重视，并给予大力支持。如美国克林顿政府于1994财政年度批准的七年期“先进的钻探和掘进技术国家计划”(NPADET—National Program for Advanced Drilling and Excavation Technologies)，就将此技术列

入城市基础设施和建筑业发展规划中，以便解决自来水、污水、动力和通信等管线的非开挖铺设，以增强美国在该领域内的技术领先和市场竞争优势。此外，如英国曼彻斯特理工学院、美国路易斯安娜理工大学、德国波鸿大学等高等院校及时适应产业结构调整的需要，相继设立了非开挖技术专业和相应的研究机构，以培养该领域的专业技术人才，从而使非开挖技术成为企业参与、政府支持、社会提倡的一个新的应用技术领域。

第三节　我国非开挖技术现状与前景

从总体上看，我国非开挖工程起步较晚，非开挖技术装备的开发还不够成熟，相应的科学研究与试验尚处初期阶段，与国外先进国家相比差距较大。但近20年来我国的非开挖事业的发展速度较快（图1－1）。中国非开挖施工技术的应用和发展进程，大致可分为三个阶段：1953—1985年为第一阶段，即使用传统的非开挖技术阶段；1985年至1994年为第二阶段，即引入国外现代非开挖技术与装备阶段。20世纪90年代至今为第三阶段，即在引进的同时，自行研发非开挖装备与相应技术阶段。

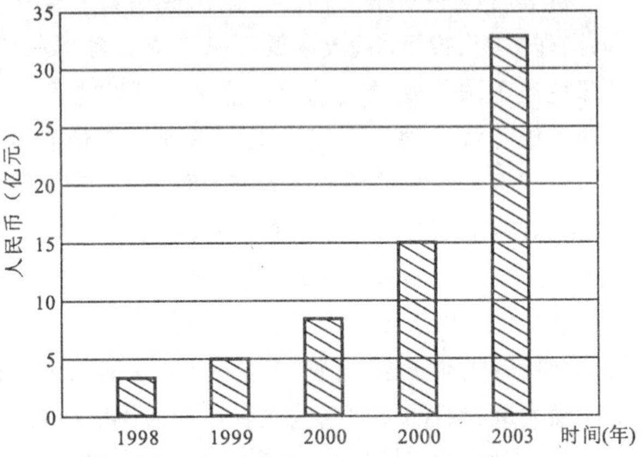

图1－1　我国非开挖铺管工程费用增长图

我国最早使用的非开挖施工法是顶管法。1953年，北京市在市政工程中首次使用顶管法，此后逐渐推广到全国。在这一时期，顶管施工技术的主要特征是：采用人工掘进，不能测斜纠偏，不适合在含水的地层中施工，一次顶进的距离较短等。从1985年开始，现代的非开挖技术开始引入中国。首先是顶管技术在中国有了较大的发展，引入了中继间顶管技术、触变泥浆技术、自动测斜纠偏技术以及土压平衡和水压平衡技术。顶管直径从20世纪50年代的800mm发展到3m；一次顶进长度从几十米发展到几百米，甚至上千米，在含水层中施工也已成为可能。

1959年，北京地质学院首次采用水平钻进法穿越刚完工的北京市三里河路，铺设了三条高压动力电缆，长度均为48.5m。

20世纪80年代初，导向钻进技术、夯管法等现代非开挖技术逐渐被引进中国，对我国非开挖技术进步起到推动作用。

中国石油天然气管道局自1985年起先后从美国引进大、中型水平定向钻机和水平螺旋钻机，并用于穿越黄河、黄浦江等大跨度河流，以及穿越公路、铁路，铺设石油天然气输送管道；上海市市政工程局1985年从日本引进小口径顶管机用于上海的污水治理工程；中国通讯建设总公司1994年以来先后从美国和瑞士引进数台导向钻机用于国家光缆干线工程。此外，北京市市政工程局、天津市市政工程局、南京市市政工程局、无锡市市政工程局、大连市市政工程局、上海煤气公司、北京城建三公司、铁道部第四工程局、首钢地质勘察院、武钢建工集团、武汉燃气热力公司等单位均先后从美国、德国、日本、瑞士引进非开挖施工设备。

在该时期，为满足不断扩大的国内市场需要，我国许多部门、单位先后研制开发了可用于非开挖管线施工的设备，以应工程急需。研制成功并投入应用的非开挖施工设备主要有原地矿部勘探所生产的 GBS－10 型导向钻机，M63、108 气动矛，M180、300、377 夯管锤；原地矿部河北三队与宣化英格索兰公司合作研制的 DZ－200 型导向钻机；首钢地质勘探公司研制的 FDP－15B 型导向钻机；河南畅通管道电讯工程公司研制的 SYD 顶推钻机；上海同济大学和上海宝山油钢厂研制的 PH 系列气动矛和夯管锤；北京探矿厂的螺旋式小口径顶管机，以及上海市市政工程研究所和上海隧道股份有限公司研制的 ϕ1 200 和 ϕ1 650～1 800mm 土压平衡式盾构机等。此外，原地矿部河北地质矿产开发局还研制了 GT－1A 导向探测仪。

90 年代中以来，我国现代非开挖技术开发应用的速度明显加快，用于非开挖施工的先进设备从无到有，不仅填补了我国非开挖施工设备的空白，也为我国非开挖施工技术的推广和应用奠定了基础。其中，深圳钻通公司和北京土行孙公司的水平定向钻机 2003 年产量已达 300 余台，市场占有率达 80％，尤其是小型钻机（回拖力 18t 以下），成为国产新增钻机的主体，与国外同类型钻机相比，具有较强的竞争力。

与此同时，在非开挖成孔液和导航仪的研制上也取得了新的进展。例如中国地质大学（武汉）工程学院与湖北浠水润泉生化公司研发的“金卫士”系列非开挖工程专用浆液，以含纤维素、精油和微胶团的复配水溶性植物粉为主要成分，具有强抑制分散性、高润滑性和大造浆率的优点，在复杂地层非开挖工程中得到了很好的应用。由中国地质大学（武汉）工程学院与杭州海博地基技术有限公司联合研制的 DXZJ－1 型非开挖导航仪以准确的钻具俯仰角、面向角和足够的探测深度为主要技术参数，已通过专家组验收，目前正在进行最后的改进，准备投产。

另外，我国在导向钻进轨迹模拟软件设计、导向理论探讨等方面也都取得了长足的进步。

1998 年 11 月，中国工程院刘广志院士向国务院提出建议：“倡议大力推广非开挖铺设地下管线技术”，呼吁我国尽快重视和发展非开挖技术，加强该领域专门人才的培养。

我国非开挖技术协会于 1998 年 4 月正式成立，当年成为 ISTT 的第 20 个正式成员国。中国非开挖技术协会多次组织国际、国内非开挖技术交流，起到了引进新技术的桥梁作用，同时，该组织一直呼吁加速发展我国的非开挖技术产业，建议国内相关部门着手技术前沿的研究，为我国非开挖技术的快速发展和缩小与发达国家之间的差距起到了非常积极的作用。在他们的倡导下，我国相继在北京、上海、武汉和广州成立了非开挖技术研究中心，为我国相关技术的研究奠定了坚实的基础。

随着现代文明意识和环保意识的逐渐加强，城市限制开挖施工的法规陆续出台。中华人民共和国国务院于 1996 年 10 月 1 日公布的《城市道路管理条例》规定，新建道路 5 年内不准开挖；修复道路 3 年内不准开挖。这对非开挖技术的推广应用无疑会产生极大的推动作用。

事实上，现在我国经济处于高速发展阶段，用非开挖技术铺管的各种工程的增长速度极快，非开挖技术产业已成为一个潜在的宏大产业。虽然我国非开挖技术产业相对落后，但就其发展的速度来看，一个巨大的市场轮廓已经出现。

我国的非开挖技术市场前景十分广阔。从人均管线的现占有量来看，我国远低于西方发达国家。据 1998 年的数据，我国自来水和下水道的人均占有量仅分别为 0.18m 和 0.1m，而欧洲地区人均拥有的上、下水道则为 12m，分别是我国人均值的 66.6 倍和 120 倍。既然城市各类管网的地下化和城市交通、通讯的立体化是未来城市建设的重要发展方向，那么随着城市化进程的加快，我国管线数量和容量远远不能满足发展的要求，这为非开挖技术提供了看好的用武之地。据国家统计局的资料，截止到 1995 年 6 月，我国共有 640 个城市。2000 年，我国的城市化人口已达 4.5 亿。城市人口的增加，将使市政基础设施的工程量大幅度增加，每年新增管线 4 万 km，2000 年管线已达 20 万 km，且有更快速增长之势。近几年来，在国家西气东输大工程的背景下，陕北、西南、新疆等地的油气管道、成品油输送管道、天然气输送管道的铺设均需要穿越公路、河流、铁路。另外，我国还有大量的电信管道、光缆线、燃气管道、城市集中供热管道、电力、有线电视网等管线有待铺设，还有更多的环境治理井、工程管棚、集水辐射井、边坡大坝排渗孔、煤层气和采盐井需要建设。无论从环境保护还是今后的市场需求来看，非开挖技术的应用前景都是令人鼓舞的。另一方面，我国已经拥有一个相当庞大的、需要不断更换和修复的地下管网系统。据调查，目前我国省会城市地下管线的总长度一般都在 3 000km 以上，中等城市的地下管线总长度也在 1 000km 以上，北京、上海、天津等大城市各种管线的总长度都在 6 000km 以上。而这些地下管线的寿命是有限的，这就意味着，随着现有地下管线的老化和损坏，每年将会有大量的地下管线需要更新和修复。如北京许多污水管道是 20 世纪 50 年代修建的，上海修建得更早，因而污水管塌陷以及自来水管漏水、煤气管漏气等现象时有发生，每年有大量的地下管线需要修复和更新。如此大规模的管线工程量将为非开挖技术提供巨大的市场，前景极为可观。

第四节　非开挖技术方法的分类

非开挖施工的分类方法较多，按用途可分为管线铺设、管线更换和管线修复三大类，如表 1-2 所示。

表 1-2　非开挖施工方法分类

		施工方法	典型应用	管　材	适用管径(mm)	施工长度(m)
非开挖施工方法	管线铺设	顶管法	各种大口径管道，跨越孔	混凝土，钢，铸铁	150～900	30～500
		隧道施工法	各种大口径管道		>900	
		导向钻进法	压力管道，电缆线，短跨越孔	钢，塑料	50～350	20～300
		螺旋钻进法	跨越孔	钢套管	100～1 500	20～130
		水平钻进法	跨越孔，水平降水井	钢管	50～300	20～50
		冲击矛法	压力管道，电缆线，跨越孔	钢，塑料	40～200	20～50
		夯管法	钢套管，跨越孔，管棚，打入桩	钢管	50～2 000	20～80
		冲击钻进法	跨越孔	钢管，混凝土管	100～1 250	20～80
		小口径顶管法	小口径管道，管棚，跨越孔	混凝土，钢，铸铁	150～900	30～300
	管线更换	碎管法	各种重力和压力管道	PE，PP，PVC，GRP	100～600	230
		胀管法	各种重力和压力管道	PE，PP，PVC，GRP	150～900	200
		吃管法	各种重力和压力管道	PE，PP，PVC，GRP	100～900	180
		抽管法				
	管线修复	内衬法	各种重力和压力管道	PE，PP，PVC，GRP	100～2 500	300
		改进的内衬法	各种重力和压力管道	HDPE，PVC，MDPE	50～600	450
		软衬法	各种重力和压力管道	树脂＋纤维	50～2 700	900
		缠绕法	各种重力管道	PE，PP，PVC，PVDF	100～2 500	300
		喷涂法	各种重力和压力管道	水泥浆，树脂	15～4 500	150
		灌浆法	各种重力和压力管道	水泥浆，树脂	100～600	

注：PE—聚乙烯，PP—聚丙烯，PVC—聚氯乙烯，HD/MDPE—高/中密聚乙烯，GRP—玻璃纤维加强树脂(玻璃钢)，PVDF—聚偏二氟乙烯

(1)管线铺设。根据施工的管径分为两类：管径＞ϕ900mm 的可进人管线铺设方法，如顶管施工法、隧道施工法(即新奥法)等；管径＜ϕ900mm 的不进人管线铺设方法，主要有水平钻进法、水平定向钻进法、冲击矛法、夯管法、水平螺旋钻进法、顶推钻进法、冲击钻进法、小口径顶管施工法(微型隧道法)等等。

(2)管线更换：有吃管法、碎管法、胀管法、抽管法等多种。

(3)管线修复：有内衬法和局部修复等多种。

从学科领域看，作为一种新型的工程方法，非开挖铺管施工依托于必要的基础工艺技术和理论科学。尽管在非开挖铺管工作中有多种不同的具体技术方法，每种方法有其自身的特点和应用条件，但从总体上看都涉及到一些共性的、基础性的东西。这些相关工艺技术和理论科学包括：机械设备的设计制造、特殊工具的研制、地层岩土性质的分析研究、探测技术、力学分析、材料科学、流体与水力学理论和其他相关技术。结合不同的具体非开挖铺管技术方法，研究利用这些相关工艺技术和理论科学，是深入认识非开挖铺管技术和推动非开挖铺管技术发展的根本。

第五节　非开挖技术的发展趋势

(1)非开挖的工程区域将有较大的拓宽。就世界范围来看，有待应用非开挖技术的国家和地区为数甚多；就中国来看，除了一些省会城市，绝大部分中、小城市和乡镇都还未问津非开挖工程，而现代化、城市化的进程势必使更广袤的地区很快接收这一新技术。美国 2003 年新铺管线中用非开挖铺设的占 11.7%，2004 年占 15.1%。若按这样的比例，我国非开挖铺管的工程量还需大幅度增加。

(2)非开挖技术的工程服务目标会更多。事实上，非开挖已经把“浅地层水平钻进”纳入为自己的服务领地。这样，不仅前面提到的目前非开挖工程的一些主要目标，而且更多的地质工程或岩土工程项目也是非开挖技术的服务对象。与国外发达国家相比，我国还会在环境治理井、排渗孔、管棚工程、锚固与注浆、集水井辐射和对接孔、浅层气与浅层可溶性矿产开采等更广泛的领域展开非开挖技术的应用。

(3)在我国，非开挖管道修复与更换技术刚刚起步，2003 年全国的工程量达 180km，比 2002 年的 35km 增加了 4 倍。正呈迅猛上升势头。据近期美国权威杂志报道，美国 2004 年在旧管线修复中用非开挖修复的占了 64%(污水管)和 20%(自来水管)。与之相比，我国在旧管线修复中非开挖技术的使用比例要低得多。从我国已有地下管线庞大的数量和非开挖管线修复与更换的技术经济效果分析，预计大量的旧管线的非开挖修复和更换工程将很快开展起来。

(4)不同种类的非开挖设备的研发和生产，在少数发达国家已进入系列化，如美国的定/导向钻机和日本的微型隧道机等。我国近十年来非开挖设备的国产化速度显著加快，尤其在水平定/导向钻机的研发上十分突出，微型隧道顶管机也呈上升趋势，这对提高非开挖设备的性价比，促进我国非开挖事业蓬勃发展意义重大。但目前国产设备的系列化程度不高，表现为“中间大，两头小”。集中国内优势企业力量，研发过江河与长距离穿越工程的大型设备是一个尖端方向。而微小型和可拆性好的设备更是国内市场看好的研发趋势，因为许多工程的场地受到严格限制，例如城市拥挤的街巷、陡峭的边坡和隐蔽的竖井等。另外，除定/导向钻机和微型隧道机外，其他非开挖工法设备(如夯管锤、气动矛、控向螺旋机、管道修复机、管道更换机等)的国产化进程需要加快，数量需要增多。

(5)现代非开挖工程的核心技术是导向测试与控制。由国外少数公司研制生产的一些专用于非开挖工程的测控仪器(如无线导向钻进仪、有线导向钻进仪、螺旋钻控向器、微遂顶管可控向装置等)是近十几年来非开挖技术水平提高、非开挖工程量显著增加的关键所在。导向仪器的研制在我国初露端睨,今后一段时间是这方面技术继续发展的重要时期。从趋势上:①对于地下发射无线技术,需增大仪器的稳定性尤其是抗外界环境干扰的能力;②对于有线技术,将更侧重于便利施工操作的信号传输系统的研发;③地下器具参数的测试与随钻控制的智能化联系将提高到新水平;④某些更新的非开挖测控方法有望问世。

(6)钻具的研制。“工欲善其事,必先利其器”,非开挖钻具除在材料(钻头)、材质(钻杆)上有新的突破外,钻具的结构形式及与系统的接口形式也在不断拓展。近年来配套不同工艺方法的新型钻具,如可控冲击器、振动冲抓器、硬岩钻具和热熔钻具等相继问世。这些新型、高效的非开挖器具可以分别适应不同情况的复杂地层条件(如流沙、淤质土、硬岩层)或特殊的技术与施工环境条件。从趋势上看,钻具向多元化、特色化发展。

(7)非开挖成孔液在排碴、护孔、润滑、水力导向等诸多方面起重要作用。然而,目前非开挖工程中对成孔液的合理应用重视不够,尤其在一些复杂地段(如水敏粘土、流砂、坚硬层、高摩阻段、严重漏失层、长距离和陡曲段),往往造成垮孔、地面塌陷、铺管遇阻、施工速度很慢等严重后果。因此,需根据地层特点对症下药地研发、设计和调配相应的成孔液,以保障高效、安全的非开挖施工。

(8)与非开挖工程的施工和非开挖装备的开发相比,非开挖工程的科学理论分析与计算还相对滞后,主要靠经验施工是目前的现状。一些相关的力学数理模型、量化计算公式以及软件程序的研究、开发和应用亟待跟上,例如导向头动力学分析方法、钻孔轨迹三维控制模型、水平孔孔壁稳定性分析公式、顶拉管阻力计算算法、施工综合优化软件程序等等。产生这些具有共性的科学理论指导,对实际非开挖施工的优化、提高效率和质量、保证安全具有重要意义。

第二章　导向钻进原理与轨迹设计、控制

第一节　导向钻进的原理与方法

非开挖导向钻进的成孔方式一般分为两种：干式和湿式。干式钻具由挤压钻头、探头室和冲击锤组成，靠冲击挤压成孔，不排土。湿式钻具由射流钻头和探头室组成，以高压水射流切割土层，有时辅以顶驱式冲击动力头以破碎大块卵石和硬土层，这是目前使用最多的成孔方式。两种成孔方式均以斜面钻头来控制钻孔方向。若同时给进和回转钻杆柱，斜面失去方向性，实现保直钻进；若只给进而不回转钻杆柱，作用于斜面的反力使钻头改变方向，实现造斜钻进。钻头轨迹的监视，一般由手持式地表探测器和孔底探头来实现。在非开挖导向施工过程中，由置于钻头内的探头将钻头所处的位置和工况状态（倾角、工具面角、电池电量、温度）等参数，通过无线信号发射给地面接收仪接收显示；这些信号可以同时传送到钻机控制台的同步显示器上，以便操作人员及时修正和更改当前的操作，保证钻头按照设计的线路完成施工。导航仪的具体工作情况和原理将在第六章中做详细的介绍。

一、导向钻头工作原理

大多数的导向钻进使用一种射流辅助切削钻头，钻头通常带有一个斜面，因此当钻杆不停地回转时则钻出一个直孔，而当钻头朝着某个方向给进而不回转时，钻孔发生偏斜。导向钻头内带有一个探头或发射器，探头也可以固定在钻头后面。当钻孔向前推进时，发射器发射出来的信号被地表接受器所接收和追踪，因此可以监视方向、深度和其他参数。

导向钻头匀速回转钻进时，在钻进推力的作用下，土层作用在造斜面上的反力的方向也沿圆周做均匀变化。如果钻头周围的土层硬度大致相同，在不考虑钻头本身质量的情况下，在一定时间内即可认为反力对钻头的作用互相抵消。与此同时，水射流在孔底切出相同深度的圆槽，导向钻头进行保直钻进，如图 2－1 所示。

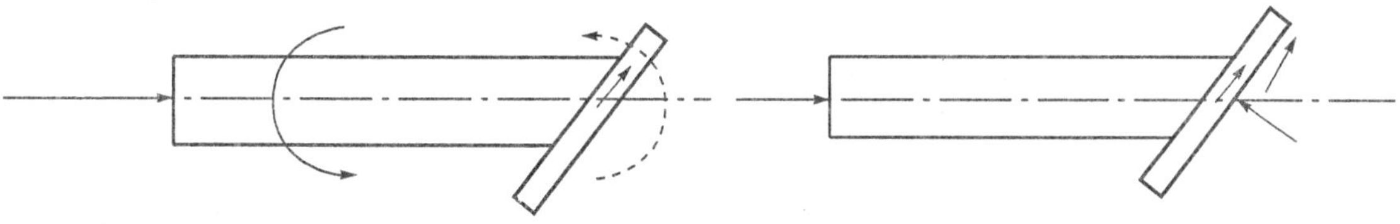

图 2－1　导向孔造斜原理示意图

钻杆只给进不回转时，即只有推力的作用时，则反力作用方向始终朝着某一方向，与此同时，水射流也只冲蚀该方向上的土层。因此，钻头将朝该方向前进，从而实现造斜钻进。由于钻头是靠土层对造斜面的反作用力而使钻孔变向，故土层较硬时，造斜效果较好；反之，造斜效果差。当钻头前方为空洞时将不能造斜。另外，给进速度对造斜效果也有影响。

二、导向孔施工

导向孔施工步骤主要为：探头装入探头盒内；导向钻头连接到钻杆上；转动钻杆，测试探头发射是否正常；回转钻进 2m 左右；完成导向孔，开始按设计轨迹施工。

根据每段铺管设计标高、地层及地形情况，进行导向孔轨迹设计，确定导向孔的施工方案。导向孔钻进是通过导向钻头的高压水射流冲蚀破碎、旋转切削成孔的。导向钻头前端为 15°造斜面。该造斜面的作用是在钻具不回转钻进时，造斜面对钻头有个偏斜力，使钻头向着斜面的反方向偏斜；钻具在回转顶进时，由于斜面在旋转中斜面的方向不断改变，斜面周围各方向受力均等，使钻头沿其轴向的原有趋势直线前进。

导向孔施工多采用手提式地表导航仪来确定钻头所在的空间位置。导向仪器由探头、地表接收器和同步显示器组成。探头放置在钻头附近的钻具内。接收器接收并显示探测数据。同步显示器置于钻机旁，同步显示接收器探测的数据，供操作人员掌握孔内情况，以便随时调整。这类导向仪器的测量精度一般为 3%～5%，测深能力在 10m 以内，最大可达 15m。在施工中导向钻头的准确位置状态和造斜面方向是通过安装在钻头腔室内的信号发射器及地面跟踪导航仪来测定的。导向钻进是按设计轨迹的参数，当发现偏离设计轨迹时，就通过调整钻头斜面的方向，进行造斜纠偏，直到钻头的位置回到设计轨迹时为止。这样就会钻出和设计轨迹重合或非常接近的导向孔。但应特别注意纠偏过度，即偏向原来方向的反方向，这种情况一旦发生，将给施工带来不必要的麻烦，会大大影响施工的进度和加大施工的工作量。为了避免这种情况的发生，钻进少量进尺后便进行测量，检验调整钻头方向的效果。所以，应考虑各种纠偏的可能性，根据偏离程度，确定纠偏进度。纠偏不能太急，应在几根钻杆内完成纠偏，不能在一根钻杆内就完成所有的纠偏工作。

导向孔完成后，即可以进行扩孔、清孔和铺管工作。在第三章中将详细介绍这些步骤的工艺。

第二节　导向钻头力学分析及理论模型

对导向钻具的受力分析如图 2－2 所示。钻具受顶推力 P、摩阻力 F、约束力 q，钻头斜面处受岩土反作用力 N。

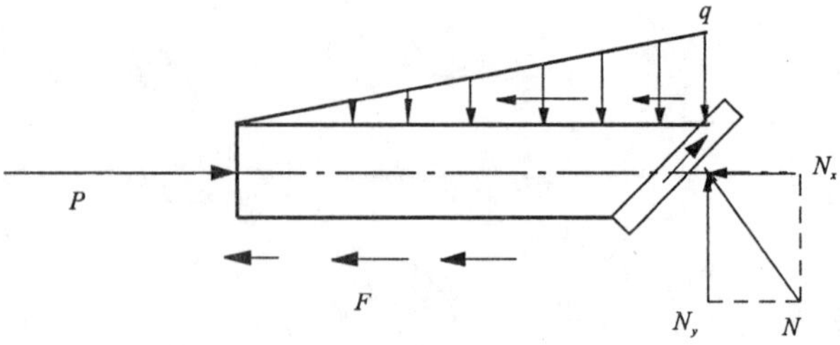

图 2－2　导向钻具受力分析图

在钻具造斜的初始阶段，假定上部孔壁岩土对钻具的约束力 q 为三角形分布载荷，并近似认为钻具是一等直杆在横向力作用下发生平面弯曲变形。

根据力学理论，钻具弯曲的曲率为：

$$\frac{1}{\rho}=\frac{M(x)}{EJ} \qquad (2-1)$$

式中：$M(x)$——弯矩；

E——弹性模量；

J——惯性矩。

对于圆管截面的钻具：

$$J=\frac{\pi D^4}{64}(1-\alpha^4) \tag{2-2}$$

其中，$\alpha=\frac{d}{D}$；设钻具的弯曲线函数为：$y=y(x)$，则钻具的曲率$\frac{1}{\rho}$可写成：

$$\frac{1}{\rho}=\pm\frac{\frac{\mathrm{d}^2 y}{\mathrm{d}x^2}}{\left[1+\left(\frac{\mathrm{d}y}{\mathrm{d}x}\right)^2\right]^{3/2}} \tag{2-3}$$

由式(2-1)、(2-3)得钻具弯曲挠度的微分方程：

$$\frac{\frac{\mathrm{d}^2 y}{\mathrm{d}x^2}}{\left[1+\left(\frac{\mathrm{d}y}{\mathrm{d}x}\right)^2\right]^{3/2}}=\frac{M(x)}{EJ} \tag{2-4}$$

在小挠度情况下：

$$\theta\approx\tan\theta=\frac{\mathrm{d}y}{\mathrm{d}x}\leqslant 1 \tag{2-5}$$

将式(2-4)进行简化，忽略高阶微量$\left(\frac{\mathrm{d}y}{\mathrm{d}x}\right)^2$，得：

$$\frac{\mathrm{d}^2 y}{\mathrm{d}x^2}=M(x)/EJ \tag{2-6}$$

对式(2-6)进行一次积分得到钻具的顶角计算公式：

$$\theta(x)=\frac{\mathrm{d}y}{\mathrm{d}x}=\int\frac{M(x)}{EJ}\mathrm{d}x+c \tag{2-7}$$

再次积分后可以得到钻具弯曲的曲线方程：

$$y(x)=\iint\frac{M(x)}{EJ}\mathrm{d}x^2+cx+D \tag{2-8}$$

在计算钻具顶角和弯曲挠度时，先分别计算由三角分布荷载 q 和集中荷载 N 产生的弯矩 M_1、M_2，然后运用叠加法求和。

三角形分布荷载可看成作用在三角形形心（离 A 端点 $l/3$ 处）的集中力 $P=\frac{1}{2}q_0 l$ 进行计算。端点反力 R_A、M_A 为：

$$M_A=\frac{2}{3}l\left[\frac{1}{2}q_0 l\right]=\frac{1}{3}q_0 l^2 \tag{2-9}$$

任一截面上的弯矩为：

$$M_1(x)=R_A x-M_A-\frac{1}{3}x\left(\frac{1}{2}q_x x\right) \tag{2-10}$$

又：$q_x=\frac{x}{l}q_0$，代入上式得：

$$M_1(x)=\frac{1}{2}q_0 lx-\frac{1}{3}q_0 l^2-\frac{1}{6}q_0\frac{x^3}{l} \tag{2-11}$$

集中载荷 N_y 在截面上产生的弯矩为：

$$M_2(x)=N_y(l-x) \tag{2-12}$$

根据叠加法（图 2-3），得到钻具造斜角和挠度的计算式分别为：

$$\theta=\int\frac{[M_1(x)+M_2(x)]}{EJ}\mathrm{d}x \tag{2-13}$$

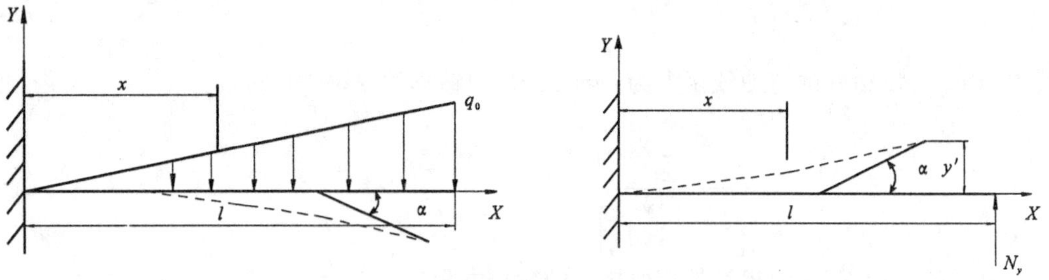

图 2-3　转角和挠度叠加示意图

$$y(x)=\iint\frac{[M_1(x)+M_2(x)]}{EJ}\mathrm{d}x \qquad (2-14)$$

将式(2-11)、(2-12)代入式(2-13)并进行定积分得到钻头的造斜角：

$$\theta=\int_0^l\frac{[M_1(x)+M_2(x)]}{EJ}\mathrm{d}x=\frac{4N_yl^2-q_0l^3}{8EJ} \qquad (2-15)$$

设钻头斜面的面积为 A，钻头斜面角为 α，岩土的抗压强度为 σ，则 $N_y=A\sigma\cos\alpha$，代入式(2-15)得：

$$\theta=\frac{4A\sigma\cos\alpha l^2-q_0l^3}{8EJ} \qquad (2-16)$$

由上式可见，钻具的造斜强度与地层的岩土性质、钻具的抗弯刚度以及斜面钻头的结构形状等因素有关。

第三节　钻孔轨迹及三维模拟

一、钻孔空间轨迹

在导向钻进过程中，钻头以两种方式运动：回转前进和顶进。钻头回转前进时，其当前方向不发生变化，轨迹为直线；而在顶进时，其方向会按一定的规律变化，轨迹为地下空间中的曲线。这样整个钻孔轨迹由若干段直线和弧线组成。因此，导向钻进轨迹三维模拟的基础是空间解析几何，必须按照有关线、面、角的数学定义对表征钻孔轨迹控制的几个基本参数建立数学表达式。

取垂直于大地的方向为 z 轴，南北方向为 y 轴，东西方向为 x 轴建立坐标系，如图 2-4 所示。

按空间解析几何，可以建立或推导出以下关系方程式。

1. 钻具当前轴线——钻进时钻头当前方向线

设 m,n,p 为该轴的方向余弦 a,b,c 钻头当前的地下空间位置坐标，则有钻具当前轴线方程

$$\frac{x-a}{m}=\frac{y-b}{n}=\frac{z-c}{p} \qquad (2-17)$$

2. 走向面——垂直于大地且通过钻具当前轴线的平面

因垂直于大地的平面方程可设为

$$Ax+By+D=0 \qquad (2-18)$$

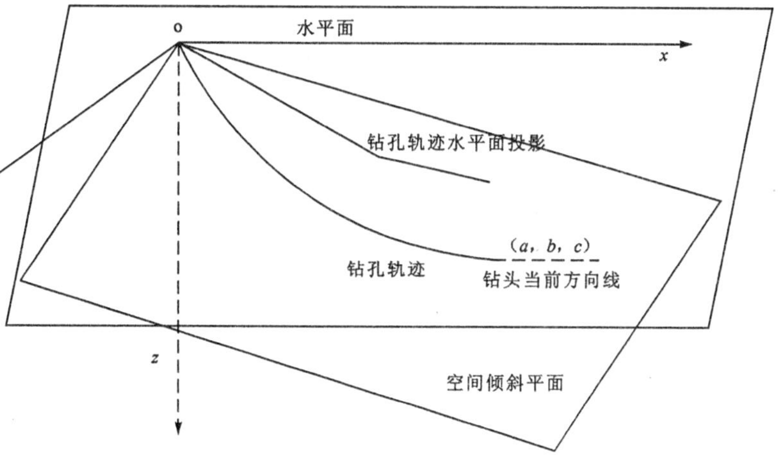

图 2-4　钻孔轨迹三维图

且走向面与钻具当前轴线重合，则满足走向面定义的平面方程是式(2-17)和式(2-18)的联立解。解法向矢量，得走向面方程

$$-\frac{n}{\sqrt{m^2+n^2}}x+\frac{m}{\sqrt{m^2+n^2}}y+\frac{na-mb}{\sqrt{m^2+n^2}}=0 \qquad (2-19)$$

3. 轨迹面——钻具轴线与导向钻头掌面法线所构成的平面

也就是以走向面为起始，绕钻具轴线转一定角度 θ 所形成的平面。因该面通过点(a,b,c)，所以可设其方程为

$$A_1(x-a)+B_1(y-b)+C_1(z-c)=0 \qquad (2-20)$$

4. 钻具面向角——走向面与轨迹面之间的夹角 θ

由走向面方程(2-19)和轨迹面方程(2-20)可得这两平面的夹角即钻具面向角，如图 2-5 所示，方程为

$$\cos\theta=\frac{AA_1+BB_1+CC_1}{\sqrt{A^2+B^2+C^2}\sqrt{A_1^2+B_1^2+C_1^2}} \qquad (2-21)$$

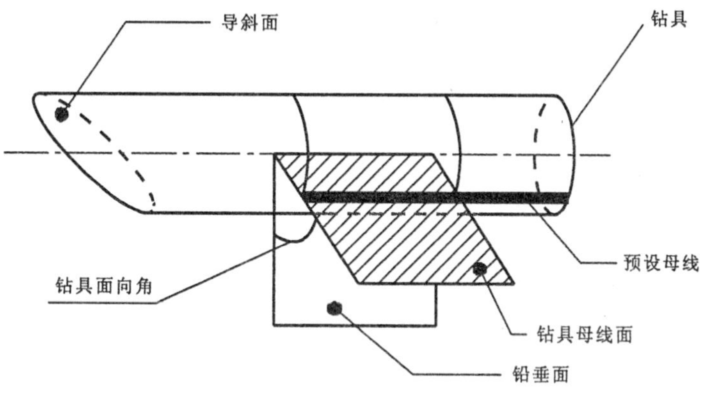

图 2-5　钻具面向角的定义图

因轨迹面通过钻具轴线，则有

$$A_1m+B_1n+C_1p=0 \tag{2-22}$$

$$A_1a+B_1b+C_1c+D=0 \tag{2-23}$$

因此，若已知钻具面向角 θ，则联立式(2-21)、式(2-22)、式(2-23)可解得轨迹面方程中的 A_1，B_1，C_1 这 3 个系数。

导向钻进的几何学实质是：基于钻具当前轴线所确定的走向面，调整钻具面向角，由此得到新的钻进轨迹面，在此新轨迹面上钻具以一定的造斜强度给进出新的弧形轨迹线。对于造斜强度，我们用每单位长度进尺后钻具轴线在轨迹面上的角度变化值 B 来表示。

二、钻孔轨迹三维模拟

由上节关系的建立，在原理上能够计算导向钻进在任意进尺时刻钻头在地下的空间位置、倾斜角度和前进方向。同时注意到计算的复杂性和工作量的庞大，用手工是难以完成的，因此必须编制软件用计算机解决问题。

以上数学原理是为阐明问题而以不变的绝对坐标为参照系的，这样解起来就会十分复杂。考虑充分发挥用计算机解决问题的优势，我们采用相对坐标法，以坐标平移和坐标旋转技术进行算法编程，使上述原理得以顺利实现。其具体做法是：先在任一轨迹平面上以相对坐标系计算出钻头位置、倾角，再经过逐次坐标旋转和坐标平移，计算出绝对坐标系下的钻头位置、倾角和走向方位。

为使软件具有优越的性能，采用 VC++ 6.0 和 OpenGL 编程，使界面具有良好的三维效果，用户可从不同的角度观察钻进的轨迹。

本软件控制面板如图 2-6 所示，操作运行程序如图 2-7 所示。先输入钻孔设计参数，包括如图 2-6 中所示施工场地的几何尺寸：第一造斜段 d_1、第二造斜段 d_2、直孔钻进段 D、孔深 H；然后选择钻头运行方式为回转或顶进，运行程序。程序按钻头的初始状态和运动方式计算

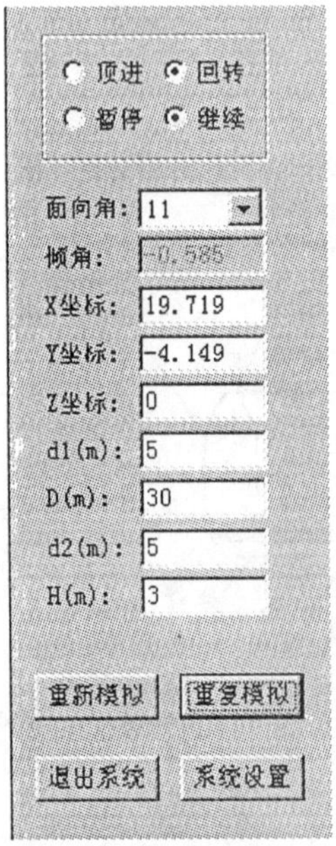

图 2-6　软件控制面板

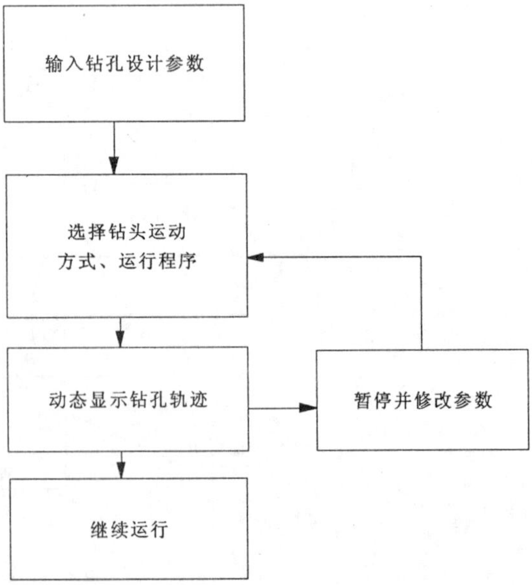

图 2-7　软件操作运行图

出钻头的轨迹，并同时动态地显示其轨迹，在控制面板上还会跟踪显示每一点的 x、y、z 坐标、钻头的倾角和面向角。当处于暂停状态时，用户可以调整钻头的 x、y、z 坐标和面向角以及钻头的运动方式；调整完毕后选择继续使程序运行。

导向钻进的轨迹设计一般要考虑三方面的要求：一是欲铺管线的原计划埋深，二是避开原有地下管线和石块等障碍物，三是入口（或出口）处的下倾（或上倾）弧度变化控制。作为一个典型的例子，在导向钻进施工中常见到这样的情况，钻机置于人行道上，钻头向下倾斜开孔，上偏导向钻进，希望经过几米的弧形轨迹，达到铺管设计深度时方向恰好变为水平，再保持此水平方向回转钻进，确保钻孔准确地从地下原有两管道之间的间隙中穿越过去（图 2－8）。如果不进行钻孔轨迹模拟预测，没有精确的控向参数，就很难保证施工成功，甚至造成重大事故。

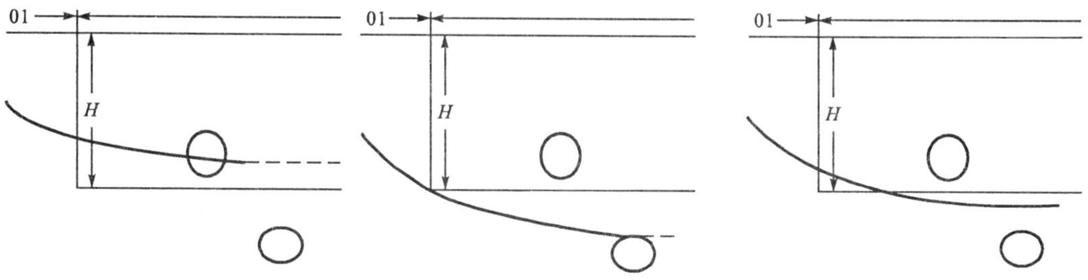

图 2－8　导向钻进轨迹模拟图例

为了得到一套最佳的控向钻进操作方案，在实际施工前，我们在计算机上用导向轨迹模拟软件对全孔导向钻进进行模拟演示。根据输入的钻进操作参数，计算机自动按以上所述原理进行运算，屏幕动态地跟踪显示钻孔三维轨迹。按某一套方案模拟下来后，其偏差是否过大、钻头是否打到了障碍物等情况一目了然。如果觉得这套方案不理想，可以分析修改原输入参数，再进行模拟，经过若干次模拟使钻进轨迹达到满意，最终得到一套最佳的控向钻进操作方案。

图 2－8 中的(a)、(b)、(c)表示经过 3 次模拟最终确定合理的控向方案。第 1 次模拟上偏过早，钻头会打到自来水管；第二次模拟上偏太迟，钻头虽绕过自来水管，但无法急拐从通讯线涵道上部穿越；第 3 次模拟根据前两次的数据，取适中的上偏起始点，得到理想的轨迹。

第四节　导向钻进轨迹设计

一、确定导向孔 5 项基本参数

导向孔轨迹如图 2－9 所示，它由第一造斜段、直线段和第二造斜段组成。直线段是管道穿越障碍物的实际长度，第一造斜段是钻杆进入铺管深度的过渡段，第二造斜段是钻杆出露地表的过渡段。因此，典型的导向钻进铺管施工导向孔的位置形态由 5 项基本参数决定：①穿越起点 B；②穿越终点 C；③铺管深度 h；④第一造斜段曲率半径 R_1，由钻杆最小曲率半径 R_d 和铺管深度 h 决定，一般取 $R_1 \geqslant R_d$，$R_d = 1\,200d$，d 为钻杆直径；⑤第二造斜段曲率半径 R_2。

造斜段曲率半径的确定由欲铺设管的弯曲特性确定，并随管直径增大而增大。所铺管的允许最小弯曲半径可以用下列公式计算。但为了易于铺管，最小弯曲半径应尽可能大。

$$R_{min}=206 \cdot D \cdot S / K_2 \tag{2-24}$$

式中：R_{min}——最小弯曲半径（m）；

D——管子的外径(mm)；

S——安全系数，$S=1\sim2$；

K_2——管子的屈服极限(N/mm^2)。

二、确定导向孔其他参数

根据有关公式推导后有如下关系

$$L_1=\sqrt{h(2R_1-h)} \tag{2-25}$$

$$\alpha_1=2\mathrm{arctg}\sqrt{\frac{h}{2R_1-h}} \tag{2-26}$$

$$L_2=\sqrt{h(2R_2-h)} \tag{2-27}$$

$$\alpha_2=2\mathrm{arctg}\sqrt{\frac{h}{2R_2-h}} \tag{2-28}$$

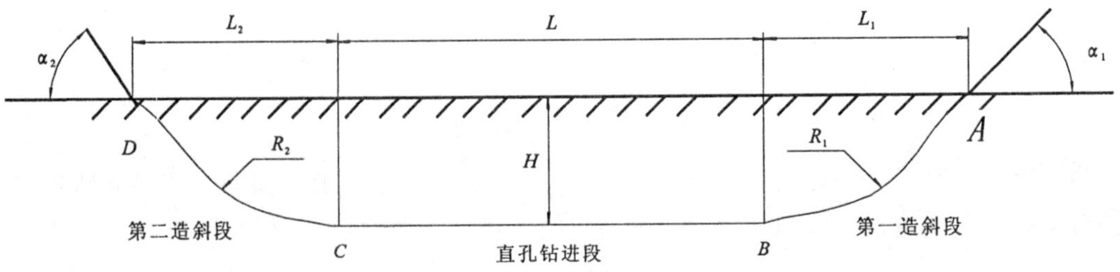

图 2-9　导向孔轨迹示意图

图 2-9 中 R_1、R_2 分别为钻杆、管道曲率半径，α_1、α_2 分别为入口、出口倾角。8°～20°的入、出土角适用于大多数的穿越工程。对地面始钻式，入土角和出土角应分别在 6°至 20°之间(取决于欲铺设的管的直径等)。对坑内始钻式，入土角和出土角一般应采用 0°或近似水平。设 i 点为第一造斜段 AB 上的一点，其对应地面 AD 上的 i'点，则有

$$h_i=h-R_1+\sqrt{R_1^2-L_i^2} \tag{2-29}$$

$$\alpha_i=\mathrm{arctg}\sqrt{\frac{h-h_i}{2R_2-h-h_i}} \tag{2-30}$$

式中：h_i——i 点轨迹深度；

L_i——i'点和 B'点间距离；

α_i——i 点轨迹倾角。

同样，如设 i 点为第二造斜段 CD 上的一点，可用式(2-29)、式(2-30)两式算出 i 点的深度 h_i 和倾角 α_i。由计算法得出各参数后，还应考虑其他因素对入射角和出口倾角的限制。钻机倾角的可调范围是限制入口倾角的主要因素，一般钻机的倾角可在 10°～30°之间调节。对小口径的钢管，考虑到管道的焊接问题，出口倾角一般应控制在 0°～15°之间。对于 PE 管和 PV 管，一般应控制在 0°～30°之间。对大口径钢管，因弯曲半径 R_2 太大，L_2 增大，一方面导向孔距离增大，另一方面也浪费管材，因此一般用下管工作坑来代替第二造斜段，如图 2-10 所示。

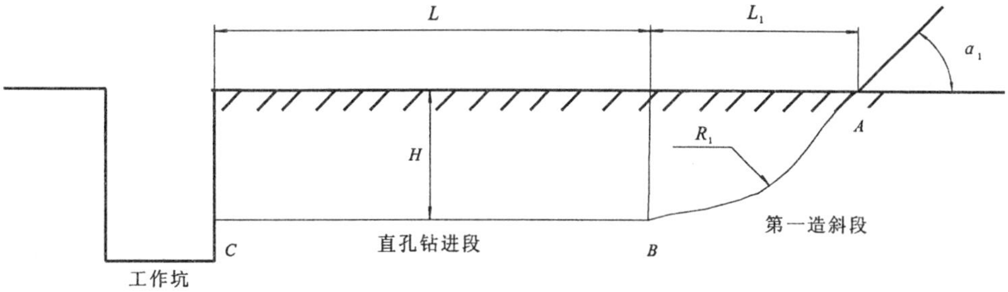

图 2-10　用工作坑来代替第二造斜段示意图

直线段 BC 段亦可根据需要设计成具有一定曲率半径的曲线，如穿越河流时设计成大致与河床断面曲率一致的曲线；直线穿越无法避开地下障碍物时，也可考虑将部分直线段变为曲线，但所有这些都必须符合最小曲率半径大于所铺管道的允许曲率半径。总之，设计导向孔轨迹时，要综合工程要求、地层情况、钻杆允许曲率、拟铺设工作管线允许曲率、施工场地条件、铺管深度等多方面因素，最后优化设计出最佳轨迹曲线。

第三章　扩孔、清孔与铺管

第一节　扩孔的基本原理和工艺方法

扩孔施工是导向钻进非开挖施工技术中的关键技术环节之一，它直接关系到铺管的成败。在导向钻进工法中，首先利用小口径的导向钻头快速制导完成导向孔的施工，到达目标地点后，换上扩孔钻头对导向孔进行扩大施工，根据钻孔长度、直径和设备能力选择适合地层的扩孔钻头进行扩孔，待扩、清孔工序完成后再实施铺管，完成整个铺管过程。

扩孔可分多级扩孔和一次性扩孔铺管两种方式。最终扩孔直径与铺管直径之间的最佳间隙问题关系到扩孔工作量与铺管阻力，终孔直径过大会影响地表安全；间隙过小，则会增加铺管阻力，因此，在设计和施工时，要综合考虑。一般情况下，推荐最终扩孔直径按下式计算：

$$D = K_1 D_0 \qquad (3-1)$$

式中：D——适合成品管铺设的钻孔直径；

D_0——成品管外径；

K_1——经验系数，一般取 $K_1=1.2\sim1.5$。当地层均质完整时，K_1 取小值，当地层复杂时，K_1 取大值。

图 3-1 为回拉扩孔过程示意图。扩孔的目的主要是减小铺管时的阻力。对于直径较小的管道可不进行专门的扩孔钻进，可在扩孔的同时将管道拉入。对于直径较大的管道，若孔壁较稳定，可进行多级扩孔钻进，钻孔直径逐级增大。多级扩孔的目的在于：

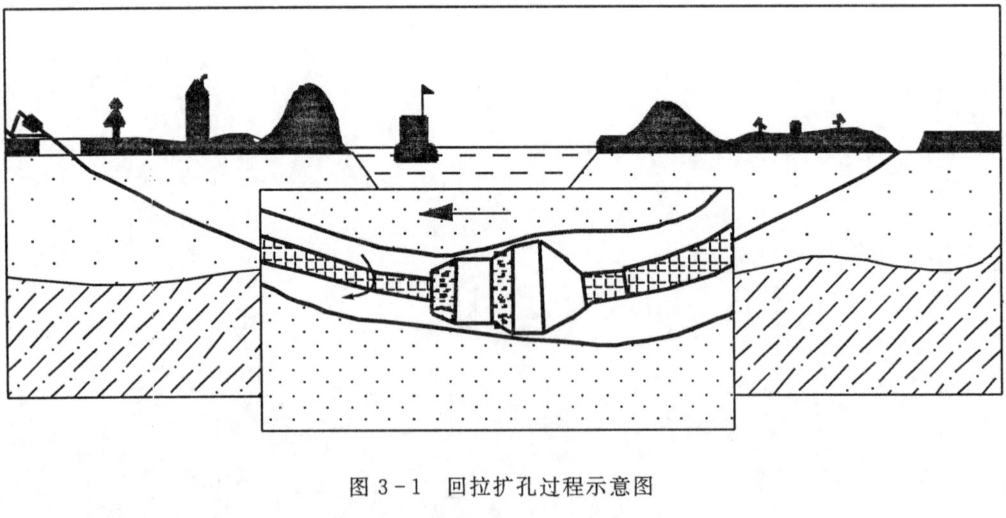

图 3-1　回拉扩孔过程示意图

(1)在设备能力许可的基础上，通过多级扩孔，达到所需求的口径要求。

(2)可达到把弯孔修直的目的，以减少铺管阻力。

根据地层情况，设备种类、能力以及周边施工环境，可将扩孔分成反拉回转扩孔、正向回转扩孔和反拉切割扩孔3种基本工艺方法。

一、反拉回转扩孔法

反拉回转扩孔是非开挖施工中最常用的方法，扩孔工作通过回拉并回转钻杆来完成。因此，钻机的扭矩与轴向拉力是衡量钻机扩孔能力的关键指标，对硬地层和大口径的扩孔施工两指标显得尤为重要。

施工步骤：完成导向孔施工后，卸下导向钻头，换上反扩钻头及分动器，其连接方式为：孔内钻杆——扩孔钻头——分动器——后续钻杆。在完成一次扩孔后，卸下反扩钻头及分动器，并把机上钻杆与后续钻杆连接起来，根据需要进行多级扩孔；扩孔工作完成后反扩钻头及扩孔器再次与钻杆相连→分动器后连接要铺管线→反扩拉管→反扩钻头到达，卸分动器、拉管头以及反扩钻头→取出剩余钻杆，铺管完成。反拉扩孔钻进时同步拉入钻杆，使全孔始终有钻杆存在，如图3-2所示。

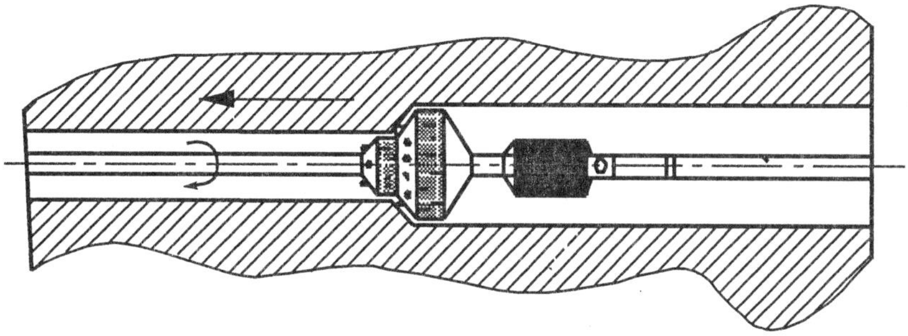

图3-2　反拉回转扩孔原理示意图

二、正向回转扩孔法

正向回转扩孔是指通过钻杆施加给扩孔钻头轴向推力和扭矩，完成扩孔的工艺方法(图3-3)。它与传统的地质钻探扩孔施工类似。该方法一般仅用于出口井空间很小，无法连接回拉钻杆的场合。另外，当出现了孔内钻具脱落、折断等事故时，利用该方法可以反推出事故钻具，达到处理孔内事故的目的。但是当土层很软时，不建议采用。

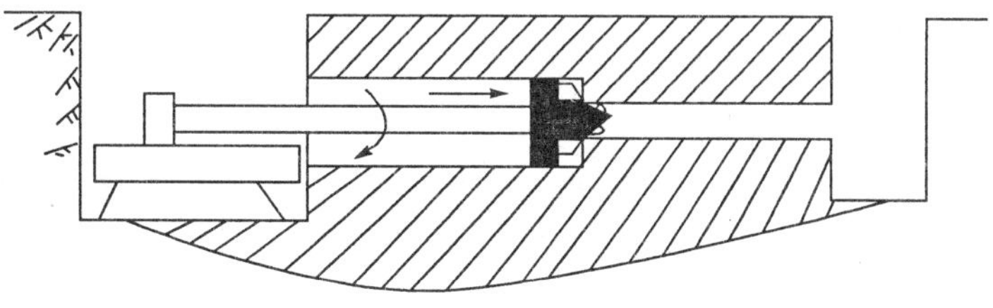

图3-3　正向回转扩孔原理示意图

三、反拉切割扩孔法

反拉切割扩孔是指通过钻杆或钢丝绳直接回拉环刀型扩孔钻头而不旋转的扩孔方法。该方法最早应用于顶杆法后续工作的扩孔施工，扩孔设备一般采用大功率的卷扬机，通过卷扬力直接拖动环刀钻头，不用拧卸钻杆，扩孔速度快。该工艺最大的优点就是通过环刀的切削，使一定程度的曲孔多次得到修正，减少了铺管阻力。另外，切割完成后驻留孔内的残碴可以方便地拖拉出孔。缺点是导向孔方向不受控制，不便于泥浆护壁，不宜应用于硬土层或曲度大的钻孔的扩孔施工。反拉切割扩孔时同步拉入钻杆或钢丝绳，使全孔始终有它们存在。如图 3 - 4 所示。

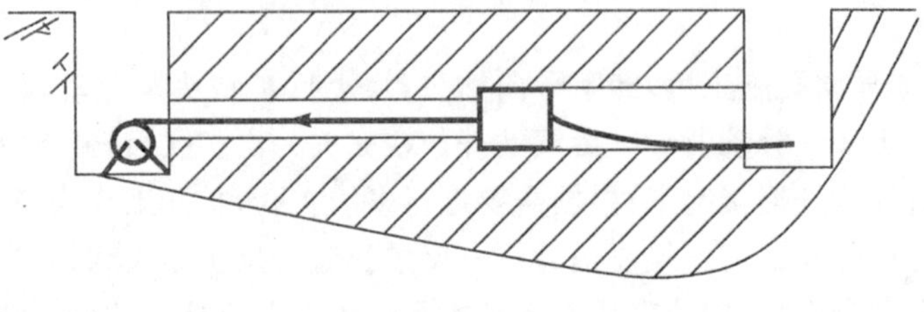

图 3 - 4　反拉切割扩孔原理示意图

第二节　扩孔钻头的类型及适应性分析

导向钻进非开挖铺管方法是目前非开挖铺管技术方法中的主流方法。在该工艺方法中一般要经历 3 个阶段：①导航方法完成先导孔；②一级或多级扩孔钻头扩孔；③顶或拉法铺管。可以说，先导孔完成后，扩孔是非常关键而且工作量较大的一道工序。此过程花费的时间越短，钻孔越安全，铺管效率越高，经济效益亦越好。而扩孔工作的关键则是根据实际条件，选择高效扩孔钻头。

非开挖用扩孔钻头种类繁多，形式多种多样(图 3 - 5)。应用时应根据土层情况、设备功率配备、扩孔直径、长度以及孔内冲洗液状况来进行灵活选择。扩孔钻头的设计与选用直接关系到扩孔效率以及护壁效果。选用不当，扩孔工作效率低，甚至造成钻杆折断、垮孔、钻孔报废等安全事故。这里主要介绍几种典型的扩孔钻头的结构特点、设计原理及应用范围。如图 3 - 5 为几种非开挖专用的扩孔钻头的外貌图，从结构上来说，主要为翼状钻头、杆状钻头、封闭葫芦形钻头、带爪或牙轮的扩孔钻头以及它们的组合形状等。

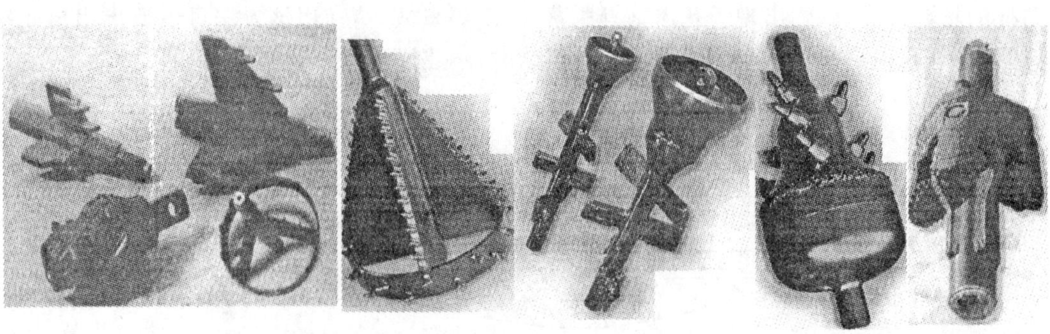

图 3 - 5　几种非开挖专用的扩孔钻头外貌图

一、翼状扩孔钻头

如图 3 - 6 所示，该类钻头以翼板上的刺状切削刃为切削工具，翼板上的切削刃呈点状分布，并在空间上相互错开，设计时应能基本保证每个切削环面上存在切削点。由于翼板切削刃为阶梯分层切削，切削刃刀口短而点状分布，所以极大地降低了阻力和旋转所需的能量。此种钻头要求翼板有高的强度，与土层作用时不易变形。扩孔作用时，钻头类似于刮刀，属于非挤土形钻头类。钻头过障碍能力强，即使遇到大的建筑垃圾如石块，也能顺利通过。但钻头扩孔后一般要求有专门的清孔工序。

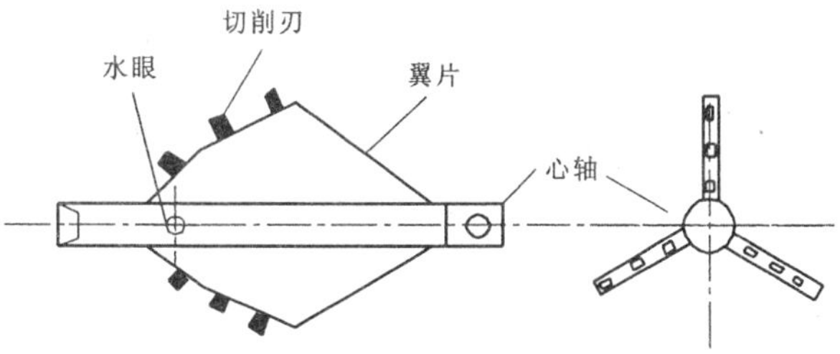

图 3－6　翼状扩孔钻头

该钻头的最大缺点是在较软的土层扩孔时，易向右下方爬行，使钻孔弯曲。钻头越重，这种现象越明显。一般适用于较硬土层的扩孔。另外，此种钻头加大直径方便，只需在原有翼板上布置一些安装孔，把附加翼板连接上即可实现钻头直径的改变。在实践中可用一套钻头心体就实现了多级的扩孔，图 3－7 为实际扩孔效果图。在该工程中，土层干硬，夹杂硬的矿物结核，而扩孔效果极好，用国产 GBS－10 钻机扩孔直径达到了 ϕ800mm。

图 3－7　一套钻头心体附加多级翼板的翼状扩孔钻头的扩孔效果图

二、带腰笼的翼状扩孔钻头

如图 3－8 所示，该类钻头以翼板上的刺状切削刃为主要切削工具，腰笼作为翼板加强筋的同时，起到扶正器的作用。翼板和腰笼上的切削刃呈点状分布，设计原理与翼状扩孔钻头类似。此类钻头由于翼板切削刃为阶梯分层切削，切削刃刀口短而呈点状分布，所以旋转阻力降低。开放式的结构使钻井液和钻屑能轻易越过扩孔钻头，扩孔速度快，保直能力较好，不耐用，但修补方便。另外，它的切削原理为非挤土式，不会造成对地下土层大的挤压形变，施工相对安全。对于不良地层，如砂层扩孔时，不宜采用此类钻头。它的翼板可能是二片、三片或四片，根据直径大小和钻头强度的高低需求灵活设计。

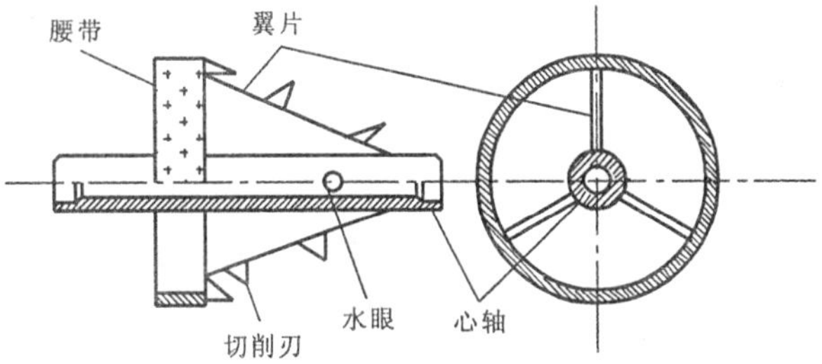

图 3－8　带腰笼的翼状扩孔钻头

三、螺旋形扩孔钻头

如图 3－9 所示，螺旋形扩孔钻头形状为狭长的锥体，外加工有螺旋形的切削刃，类似于锥形螺纹体。此类钻头属于挤土式原理，很容易吃入岩土，所需扭矩大，在十分干硬的粘土或紧密砂土中扩孔时，阻力问题尤其突出。但该钻头切削、挤压树根、碎石类障碍时优势明显，通过障碍能力强。在中、软土层中扩孔后，孔成型好，清孔工作量小，铺管阻力小。

四、凹槽状扩孔钻头

如图 3－10 所示，凹槽状扩孔器是一种表面有螺旋形凹形水槽的锥体，具有点或线状分布的切削刃。虽然它具有螺旋形扩孔钻头的特征，但不像螺扣一样易吃入地层，扩孔阻力相对较小。此类钻头特别适合于在砂层和含有石块的紧密砂层中应用。它具有挤压和切削的双重功能，扩孔后成型好，寿命长，而且实践也证明此类扩孔钻头在许多不良地层中应用效果良好。凹槽的流线形设计使泥浆易于流动、冷却和钻头体自洁，但是它在高粘性的土层中使用时易产生泥包现象，钻头成泥包球体，扩孔效率极低，另外钻头加工成本相对较高。

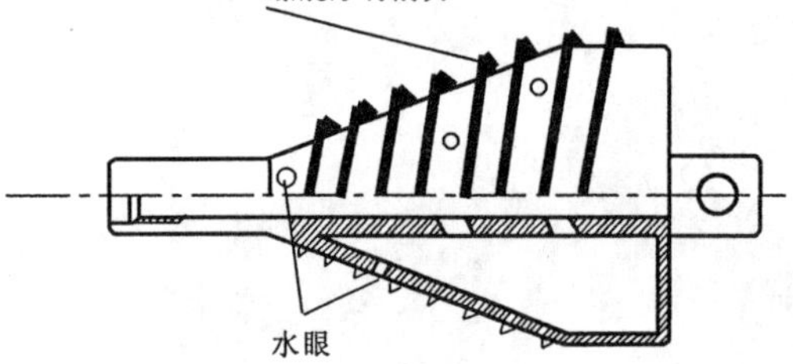

图 3－9　螺旋形扩孔钻头

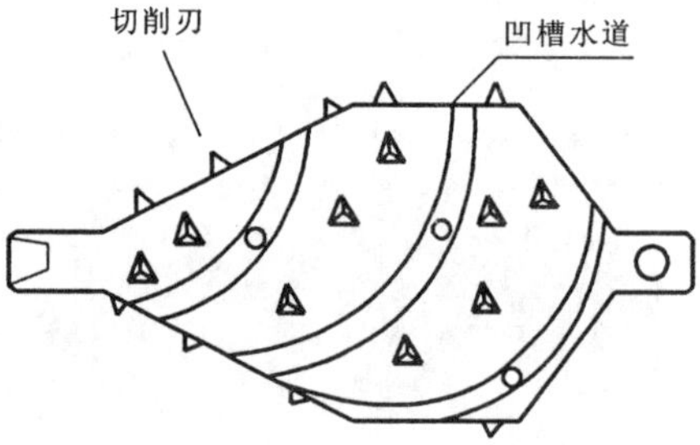

图 3－10　凹槽状扩孔钻头

五、牙轮式扩孔钻头

如图 3－11 所示，此钻头由心轴、牙轮托架和牙轮掌等组成。牙轮工作时，既围绕心轴公转，又自转，牙轮体内设计有专门的水道用以冷却钻头，该类型钻头设计用来克取硬、脆、碎岩石或强风化—半风化的岩层。钻头结构复杂、成本高。扩孔时，一般要求采取强规程参数，即大轴载、大泵量和适当转速。

六、杆状扩孔钻头

如图 3－12 所示，杆状扩孔钻头由心轴和在空间交错的杆状切割体组成。此类钻头在硬土层、粘土中特别适用，它具有良好的切割和混合能力，所需扩孔阻力小，具有搅松土层的作用，扩孔后需要专门的清孔工作。钻头体制作容易，成本低，但强度相对较低。

七、双向纺锤形扩孔钻头

如图 3－13 所示，钻头为纺锤流线形结构，外形像一个大型打蛋器，重量小，具有极佳的浆土混合能力。泥浆在钻头体外流动自如，钻头自洁能力强，适合于在粘土等软地层中使用。但寿命低，在岩石或磨蚀地层中也不太适用。

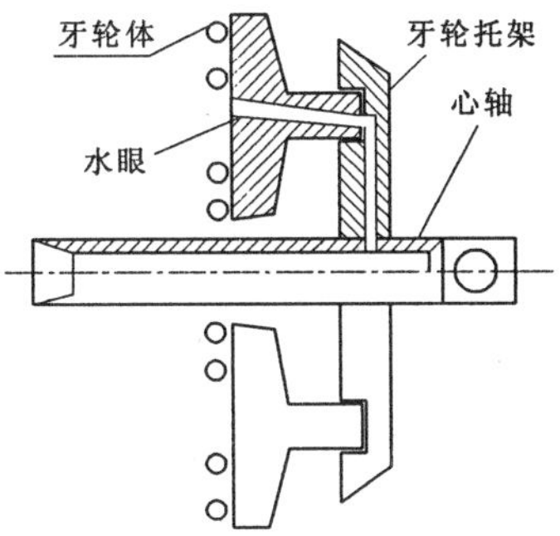

图 3－11　牙轮式扩孔钻头

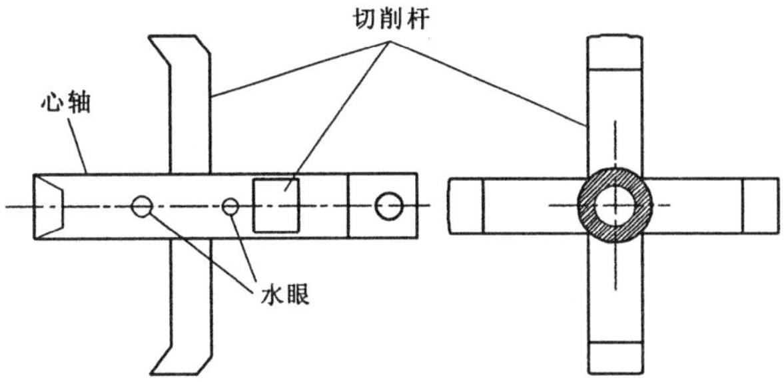

图 3－12　杆状扩孔钻头

八、粗径钻具形扩孔钻头

如图 3－14 所示，该扩孔钻头外形像钻探工具中的带异径接头的岩心管，但底部封闭，这是在实践中设计并成功应用的扩孔钻头。该钻头适用于在较小口径的粉质土或粉质粘土层中应用，钻具的前部分布有切削刃和向前喷射的水眼。在反向扩孔过程中，此钻具的冲洗液反向水平射流而不是周向射流，有利于保护孔壁，并且后续的粗径钻具在回转拖动过程中挤压、搪平孔壁，使孔壁光滑密实，有利于铺管。在较小口径的铺管工艺中，可采取一次性的扩孔并铺管，简化了工艺，钻孔成型好，铺管阻力小。

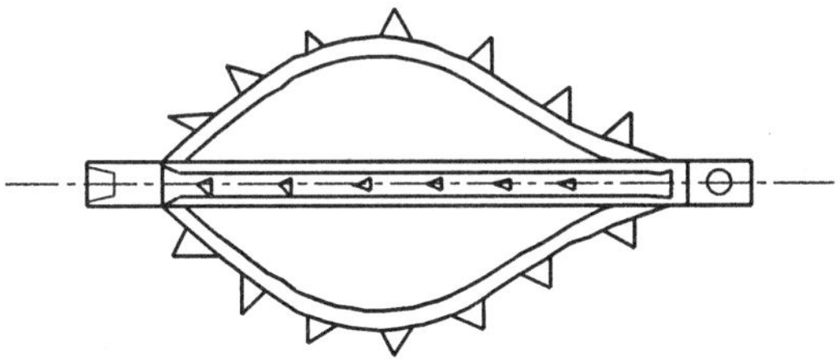

图 3－13　双向纺锤形扩孔钻头

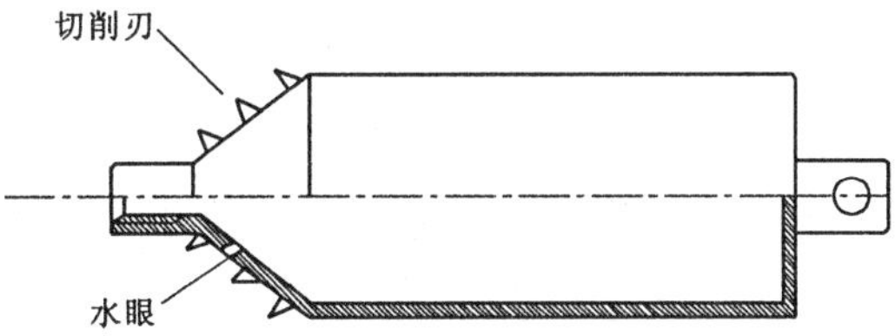

图 3－14　粗径钻具形扩孔钻头

九、环刀形扩孔钻头

如图 3－15 所示，环刀形扩孔钻头由心轴、环刀以及加筋板三部分组成。扩孔时，薄片形的环刀在轴向拉力的作用下把土体切割下来，形成钻孔。环刀长度 200～450mm，根据孔径大小、设备拉力来确定。加筋板主要用来传递切力和保证钻头的力学强度，数量 3～5 个。该钻头制作简单，在软土地层中切割效果好，一般不旋转，在钻机动力头或卷扬机的拉力下形成孔的直度好，具有很好的修孔能力。切割土体速度快，钻头内部加入阻碍物可以直接用来清孔。另外在事先经过水浸泡、软化的硬土层也可应用，钻头过障碍能力强，能通过钻头自身的变形来越过障碍，不至于卡钻。

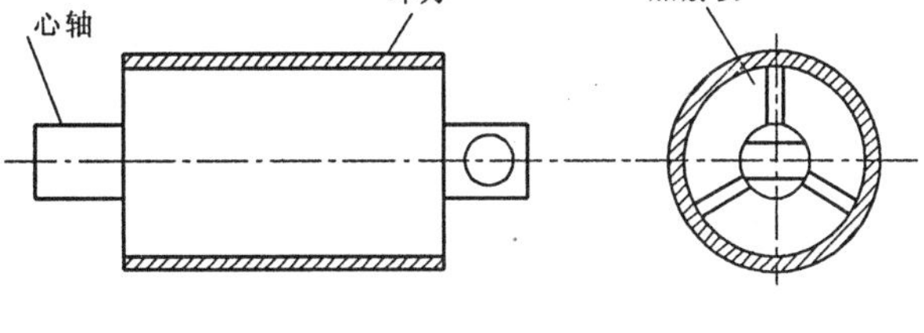

图 3－15　环刀形扩孔钻头

第三节　扩孔中的弯曲问题

扩孔过程中产生钻孔弯曲是必然的，一方面先导孔一般来说是弯曲的，这种弯曲是逐渐发生的，轨迹也相当平滑；另一方面扩孔工艺和扩孔机具选择不当也容易形成钻孔弯曲。但无论如何，弯曲对铺管来说是不利的，即使使用柔性管道，弯曲阻力也会造成不利影响，如挤扁、拉断等。既然弯曲是客观存在的，我们应该通过选择合理的扩孔工艺和机具使得自然或人工形成的钻孔弯曲尽量减小，从而达到高质量扩孔目的。同时也应重视扩孔对钻孔弯曲的影响，如果成孔有大的弯曲，铺管难度大大增加，也易造成路面以下大的空洞，甚至垮塌。

一、扩孔弯曲的影响因素

一般地，扩孔过程将沿先导孔的轨迹延伸，扩孔工艺与机具选择得当，就会使得已有的钻孔弯曲相对减小，反之，钻孔弯曲会有逐渐增大趋势，导致铺管阻力增大。扩孔过程中的弯曲规律与地质条件、扩孔方法、机具类型、钻进规程及其他技术因素有关。可以说无论用何种扩孔方法，在大量因素作用下都会发生弯曲，并表现出一些由某个因素起主要决定作用的规律，如果扩孔的弯曲规律与地层固有的弯曲规律相反，则起到了修正弯曲的目的，这是我们所希望的。

1. 扩孔工艺对钻孔弯曲的影响

按扩孔过程的受力方向分类，可以将扩孔分为正向扩孔和反向回拉扩孔；按扩孔过程所采用机具的不同，可以将扩孔分为翼状钻头扩孔、杆状钻头扩孔、葫芦钻头扩孔以及牙轮钻头扩孔等等。不同工艺有不同的弯曲规律。如用翼状钻头正向回转扩孔时，钻孔主要向右下（按顺时针方向）偏斜，用牙轮钻头正向回转扩孔时，钻孔方位上基本上向左上（按逆时针方向）偏斜。采用回拉回转法扩孔时，翼状钻头也呈右下方向偏斜，但比正向回转偏斜程度大为减小，这是由于回扩钻头尾部有钻杆等起到了扶正作用；用翼状或肋骨形扩孔钻头扩孔时，先导孔定向轴线应稍向左上偏，这样扩孔时与扩孔钻头形成的弯曲方向互相弥补，使钻孔平直；在砂砾石地层扩孔时，则由于砂砾的重力沉淀和离心作用，上下俯仰方向上呈上漂趋势，而方位上呈明显右偏趋势。在湖南长沙的非开挖实践中，采用翼状合金钻头扩孔，在 2m 的进尺里钻具上漂、右偏都达到 15cm 以上。

2. 扩孔钻头切削刃对弯曲的影响

扩孔钻头切削刃对钻孔弯曲强度有明显影响，切削工具的结构和几何尺寸的不合理设计也容易导致钻孔的偏斜。切削刃越少、越尖锐就越容易由于回转而偏斜；在钻头环状空间分布上，有互为交错的切削刃的扩孔钻头不容易局部切入土层，具有较好的保直作用；因此扩孔钻头选择时应根据岩土情况，合理设计和选用切削刃形式，使之既能高效切土，又具有好的保直性能。实际上，在土层非均质情况下，钻孔的扩孔轨迹总是偏向钻头遇阻最小的方向，各向异性程度越高，这一点表现得越明显。

3. 规程参数对钻孔弯曲的影响

回转扩孔时，规程参数对钻孔弯曲有影响。其中主要有轴载、钻具转速、冲洗强度。一般来说，偏斜程度随轴载的增加而增加，特别是正向扩孔时。例如正向回转扩孔过程中，为了提高扩孔速度，人们把轴载提高到一定的数值，如果轴载超过一定程度，不仅钻杆可能发生弯曲，而且钻孔也呈弯曲趋势。轴载越大，钻孔弯曲越严重。因此，在扩孔施工过程中，单纯靠增大钻压是不可取的。

转速决定回转的性质和弯曲形态，如果钻杆柱仅仅围绕自身轴线回转，则钻具在较为确定和固定的方向上钻进，钻孔弯曲方向是稳定的，如果提高钻具转速，机械钻速一般也增加，但很容易造成钻孔弯曲。

目前“非开挖”面对的对象主要是软土，因此，扩孔钻进时，冲洗规程对钻孔弯曲的影响不可忽略。当液体流速很大时，部分孔壁可能被冲毁，从而导致大的间隙并使钻具严重偏斜。

总之，钻进规程的合理配置可以提高钻进速度，改变规程参数的数值，可以调节钻孔弯曲的强度。

4. 时间因素对钻孔弯曲的影响

实践表明，在软土地层中扩孔时，钻孔实际轨迹经常较大地偏离设计轨迹。分析认为，扩孔钻头越大或一次性扩孔直径太大，进尺将十分缓慢，甚至“原地踏步走”，这样局部成孔的时间越长，水的冲刷作用越厉害。由于重力作用，钻孔轨迹偏离设计的水平轨迹，向下部方向偏斜，无法保证施工精度和质量。我们在实践中采用轻质扩孔钻头完成扩孔，减少时间因素对钻孔弯曲造成的影响，取得了很好的效果。

总之，扩孔过程不仅能使铺管孔径增大，而且对先导孔具有修正作用。如果先导孔只具有小的弯曲，并且扩孔工具选用适当，经过扩孔工序后能达到较理想的“直”孔，否则会造成“曲上加曲”的局面。例如在软硬不均的地层，扩孔钻头易偏向软地层，即偏向阻力最小方向，多次的扩孔使这种现象趋于严重化，甚至形成大的阶梯，因此遇到此类情况应合理选择扩孔钻头类型。在几种典型类型扩孔钻头中，葫芦形、双向纺锤形钻头保直性较好，翼状钻头较差。从规程参数上应采取快速通过，以减小造成弯曲的时间来达到钻孔的平直。另外，随着孔径的扩大，无疑会导致钻具和孔壁间出现间隙而形成非圆柱形的孔身，在此基础上，多自由度的钻头受到轴载、离心力、重力和扭矩等的共同作用会使弯曲加剧，应适当增加粗径钻具长度或采取组合钻具，并力求减小扩孔钻头重量。扩孔完成后如发现弯曲较明显，应慎重对待，在可能的情况下用一定长度的环刀进行再修孔。

二、标志钻孔弯曲的迹象和确定方法

在实践中发现，不论先导孔轨迹设计如何合理，扩孔工具如何恰当，施工经验不足，控制不当还是很难完全按照设计的轨迹扩孔钻进，因此需要随时测量和监控，及时调整，当偏离太大时，常常需要逐步纠正，想一次性纠正过来往往造成过纠，致使钻孔成“蛇”形曲线。现场监测弯曲的两种方式是：

(1)通过目测弯曲过大时表现出来的一些迹象来发现钻孔弯曲。这些迹象包括功率快速增加；动力头夹持器使钻柱偏磨或左右晃动加大；卸下机上钻杆时，孔内钻杆偏离设备轴线；钻杆易折断等。

(2)通过随时放入测试探头的方法。达到一定延米后退出钻具，通过专用接头安装探测器、边送入边测试来监视弯曲的趋势和方向。

第四节　清　　孔

非开挖施工孔基本上为水平或近水平孔，大多数离地表浅，所钻地层一般针对较软土层，通常不能靠大泵量循环来悬浮出钻碴，因为大的冲刷会造成地表垮塌或沉陷等负面影响。在

某种程度上说，非开挖循环液大部分功能是起到冷却钻头、软化土质、冲刷钻头以利于切割等作用。因此，非开挖钻孔中，扩孔后形成残土的清除也是非开挖铺管施工工艺中的又一关键工序。如果钻孔残碴过多，势必增加铺管阻力，可能引起地表隆起和管道变形，孔内阻力过大，增加了铺管风险，甚至造成铺管失败。

清孔方法有很多，可以根据现场实际情况灵活采用，在施工中有可能采取多级扩孔多次清孔的方法，也可能采取最后一次性的清孔方法，主要根据孔壁的稳定程度来决定。这里介绍几种主要的清孔方法。

1. 活塞式清孔

扩孔后，将软质材料包裹在该钻头上或采用专用清孔活塞，进行"活塞式"拉土清孔。可反复多次进行，以保证孔内无障碍。

2. 冲洗清孔

在扩孔工序中，为了增加扩孔效率，钻头一般设计有数个水孔，向孔壁喷射高压水以利于碎土。同样，适量的钻井液冲刷流动有利于排出钻扫下来的土屑。

3. 挤压法清孔

许多非开挖扩孔钻头为挤土型钻头，利用钻头体结构形状和钻机的轴向力使钻孔得到径向挤密，从而使孔壁得到完好的保护，多余土体被挤压或拉出孔外。在工程实践中，我们曾采用的粗径钻具形扩孔钻头清孔效果良好，从最终排出的土量看，有70%的土屑被排出，还有30%被刮挤向孔壁，铺管阻力很小。

4. 其他清孔法

螺旋法清孔，直接用螺旋钻头清孔出土；套、掏式清孔，用专用工具，如洛阳铲清孔；还有人工进入式清孔等。

第五节 铺　　管

铺管是导向钻进非开挖方法中的最后一道关键工序，也是实现非开挖铺管目标的最后一步。原则上要求扩孔与铺管一气呵成，减少因钻孔暴露时间过长而引起孔内垮塌的危险。铺管阻力的力学参数计算和铺管工艺方法的选择是铺管设计的两个重要问题。只有计算出当前工艺条件下的铺管阻力，再根据实际情况选择正确的铺管方法才是成功的关键。非开挖铺管工艺中，一般采用顶推或回拉的方法将待铺的管线就位，通常是在铺设大直径管线时采用顶推法，在铺设小直径管线时采用回拉法。在导向孔平直度差、铺管阻力大的情况下，采用顶推与回拉相结合的方法可取得好的效果。

根据管道的材质、直径、铺管长度以及扩孔状况和设备情况可以采用不同的铺管方法。下面介绍三种常用的铺管方法。

1. 回拉法

回拉法，如图3-16所示，是指用钻机或其他拉力设备(如卷扬机)把目标管道拉入孔内的铺管方法。回拉法是目前柔性管道和曲度大的钻孔中铺设管道的唯一选择。选择回拉法时一定要在满足管材的抗拉强度的前提下，保证回拉设备的拉力大于孔内铺管阻力。如拉入PE管时，作用在管道上拉力不能太大，以免拉伤，对于目前普遍使用的高密度PE管，其最大允许拉力如表3-1所示。

表 3-1　高密度 PE 管最大允许拉力

公称直径(mm)	SDR	允许拉力(kN)	最大铺设距离(m)
100	11	34.30	279
100	17	23.61	189
150	11	76.18	411
150	17	50.78	276
200	11	127.40	534
200	17	86.40	357
250	11	200.46	669
250	17	134.52	447
300	11	281.98	789
300	17	188.88	531

注:SDR 为标准尺寸比,即公称外径与壁厚之比。

在钻孔垮塌、清孔不彻底、钻孔弯曲严重、泥浆润滑不理想等情况下,铺管工作不能进行,否则造成管材拉断或变形,甚至造成人身危险和拉管失败。非开挖导向钻机拉管铺管时,一般在管道的前面配置钻头和分动装置,钻杆在回转的同时回拉,保证了后续管道的顺利进入。为了保证管道不切入土层和内部进入泥土,在管道的前部还连接有锥形帽。在工程实践中,我们曾采用该法成功地铺设了 12 根钢管的集束管道。目前,天津生产的回拉式千斤顶可以通过刚性回拉杆把管道拉入钻孔中,该辅助设备具有极大的竞争优势。另外,在铺管阻力较小的情况下,可采用卷扬设备直接回拉管道。

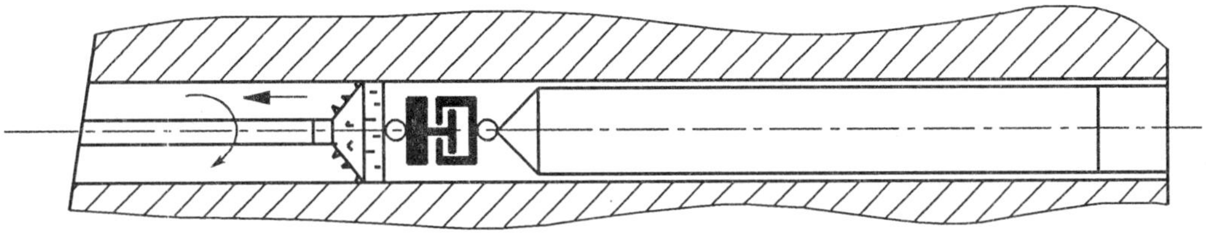

图 3-16　回拉法铺管示意图

2. 顶入法

顶入法是指用专用的顶管设备在成型孔中直接顶入管道的方法,如图 3-17 所示。在管道抗拉强度不足而抗压强度较大时,可采用此法;在直孔大口径的刚性管道铺设时一般采用此法,而柔性管道不宜采用。顶管设备可直接采用大吨位的液压油缸,顶管时要注意顶管机的后支撑支护,顶管机中心轴线应与孔的中心轴线保持在一条轴线上,以防止管道的失稳。

3. 顶拉结合法

顶拉结合法是指管道前端有设备牵引,而后端有顶管设备顶入的施工方法,如图 3-18 所示。在铺管阻力较大、单套设备能力不够或管材抗拉强度不足等情况下,可采用此方法。在理论上,采用这种方法时管道的受力条件最有利于铺管,但在实际施工中,两端的设备运行速度

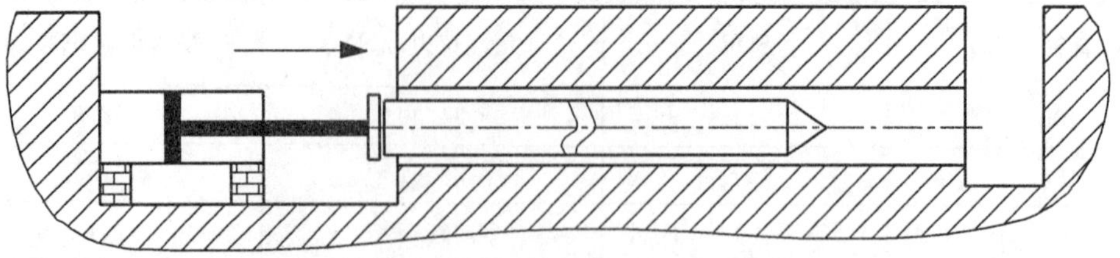

图 3-17　顶入法铺管示意图

不容易达到同步，甚至造成负面效应，并且实施工艺较为复杂。

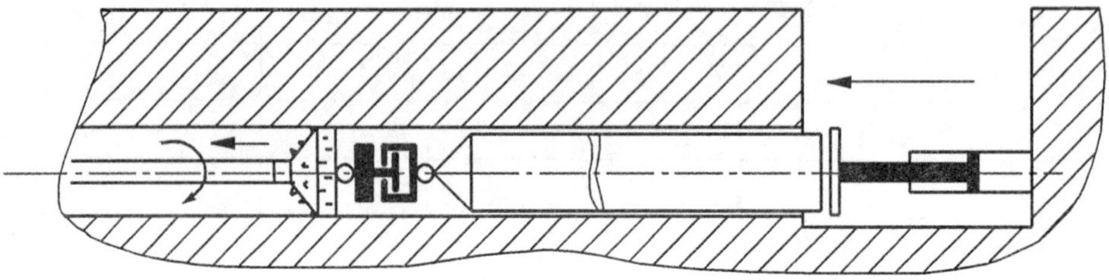

图 3-18　顶拉结合法铺管示意图

在铺管工序中最重要的是铺管顶力或回拉力的设计计算，它直接关系到工程的成败。因为选择铺管设备能力、验算管节的最大承受力、布置顶进设备、计算工作坑后背挡墙的承载能力和选择相应的后背挡墙结构形式等都是以铺管阻力值的大小为依据。如计算求得的顶力值大于管材端面的承压能力，将导致管体破坏。假设用的是钢筋混凝土管就产生脱皮、裂缝甚至破裂；采用的是钢管，管口要出现卷曲变形、管缝开裂等。在修建工作坑后背挡墙时也应尽可能算出接近实际的顶力值，以便经济合理地选定后背挡墙的结构形式。如后背挡墙结构的设计荷载小于实际顶力值，在最大顶力作用下除后背挡墙破坏外，还可能使后背挡墙土体遭到破坏，轻者地面出现裂缝，重者产生向上滑移直到地面隆起，使后背挡墙土体丧失承载能力，工程停顿。顶力值还涉及施工方案的选择。当顶力值过大，后背挡墙结构或管材强度不能承受全部顶力时，就应考虑采用适当的辅助措施，如采用膨润土泥浆润滑减阻。当顶距较长采用减阻措施不能满足要求时，或土呈松散或液化状态难以灌注润滑剂时，就要采用中继站进行接力顶进。

下节将以管道顶入法为例重点介绍铺管顶推力计算方法、工作坑后背挡墙结构的设计以及复杂情况下的铺管方法。其他铺管工艺方法可参照使用。

第六节　铺管阻力计算

钻孔弯曲和管壁摩擦力是形成铺管阻力的主要来源。对于刚性管道而言，钻孔弯曲所造成的铺管阻力占主导因素，远大于管壁摩擦力，其计算方法较为复杂。目前，许多的理论公式和经验公式基本上是针对管壁摩擦力来计算的。即使如此，管壁摩擦力的计算也是复杂的，要考虑浅层土的力学特性、地表车辆动载的影响、土随时间的蠕变特性、水平孔的土拱效应、地表沥青或混凝土的桥梁作用以及地下水的影响等等。

当铺管设备的轴向力大于摩阻力时，铺管即能顺利进行，如果反扩拉管时的钻机拉力大于管壁与孔壁之间的摩擦力时，即可用钻机直接将管道拉入地层；当铺管力小于管壁与孔壁之间的摩擦力时，对于钢管可采用辅助顶推装置在钢管尾部进行同步顶推，辅助顶推装置包括顶管机和夯管锤。对于其他材料管道则必须增大钻机拉力。

一、铺管阻力力学模型

在土层中为了使管道移动，需要克服以下几种作用于管道上的外力，包括贯入阻力、摩擦阻力、管节自重产生的摩擦阻力，统称为铺管阻力。

假设土质均匀，不过量校正顶管偏差，摩擦系数为常数，并且无局部阻力。这种假设条件下，作用于管节上的外力如图 3-19 所示。

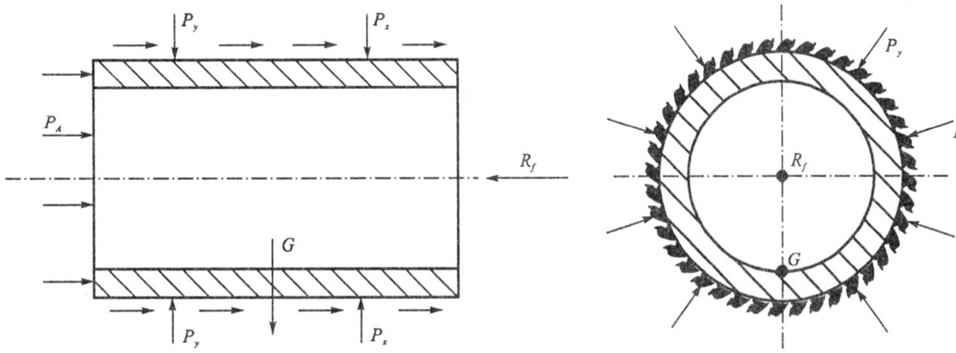

图 3-19　管段受力分析

P_y—由垂直土压力施加管壁的法向力(t)；P_x—由水平土压力施加管壁的法向力(t)；G—管节自重(t)；f—管壁与土的摩擦系数；F—摩阻力(t)；R_f—顶力(t)；P_A—贯入阻力(t)

根据轴向力平衡原理，可求出铺管阻力值。此值为管前的贯入阻力和沿顶进长度的摩阻力之和：

$$\sum F = f(P_y + P_x + G) \tag{3-2}$$

$$R_f = P_A + \sum F \tag{3-3}$$

在铺管过程中，管节由于不断受各种外界因素的影响，如土质、误差校正、油缸行程的同步性、后背挡墙的位移等，所以管子周壁的受力状态经常是处于变化之中，变化情况事先又难以估测。考虑到这种因素，在确定顶进设备能力时，一定要有适当的安全系数，以便克服在顶进过程中所遇到的各种意外阻力，以保证安全可靠的顶力值，同时也要考虑施工的经济性。

二、影响阻力大小的因素

影响铺管阻力值的因素有许多，这些因素是复杂的，既有一定的规律性，也有其特殊性。外部条件如土的种类、土的物理力学性质、覆土深度、管材和管径等，这些条件事先通过调查、试验以及设计来确定，可以预先掌握。但是在施工过程中，由于操作不当、设备故障以及土质突然变化的塌方、土液化、大量涌水等，都能造成阻力突然上升，这是受外界影响的特殊因素，无论是主观造成或客观存在的，事先都难以估计，也不可能计算。因此，在施工前需要做周密的调查研究，同时对施工中可能出现的问题进行预估，对影响阻力的因素进行切合实际的分析。

1. 顶进过程中的摩擦阻力

管壁与土层接触面之间的摩擦力，与垂直于接触面上的作用力（法向力）的大小成正比，并与接触的介质有关。例如管壁直接与土接触和灌注触变泥浆时的摩阻力显然不同。由于后者的摩擦系数受泥浆润滑的影响较前者要小得多，所以摩阻力降低甚多。顶入土层的管节，四周受到土压力。这些土压力的大小取决于覆土深度、土的容重、土的内摩擦角及内聚力。一般情况下覆土越深，土柱越高，土压力也越大，摩阻力也随着土压力的增加而变大。此外，管节下部的土对管体的抗力也会产生。摩阻力与土的种类和管材性质有关。如在砂、砾层内顶管，由于砂砾土容重较粘性土大，使土压力增加，同时砂砾土表面较粘性土粗糙，所以其摩擦系数也大，摩阻力增加。管节表面光滑程度对摩阻力大小也有一定的影响，在同一条件下顶进钢管比顶进钢筋混凝土管省力。

2. 管端的贯入阻力

向土层内顶管时，在首节管端面上要受到土的阻力，此种阻力称贯入阻力，也称迎面阻力。贯入阻力与土的种类及含水量多少有关，还受管端结构形式的影响。软土容易贯入，而干燥的粘土或砂砾石土贯入阻力就大。管端装有刃脚，贯入阻力的产生首先来自刃脚入土时土的抗剪力。随着顶进，迎面土抗力和管壁与土之间的摩阻力逐渐增加。土通过刃口挤入管内时，又产生土与刃脚之间的摩阻力，此摩阻力的垂直分力压缩土层，而水平分力挤压刃脚形成土抗力。土的抗剪力、刃脚外壁与土之间的摩阻力、刃脚斜面上的土抗力和对土的压缩力等，组成全部的贯入阻力。此贯入阻力的大小主要取决于刃脚形式和尺寸。刃脚角小，虽利于贯入土内，但刃脚刚度降低，使刃脚容易变形，变形后反而增加贯入阻力。贯入阻力还随贯入面积或周长加大而增加。管的前端土层的稳定性对贯入阻力也有一定影响。如果土层稳定性好，短时间内不塌方，管的前端没有土的阻力，管端可自由顶进。此时，不存在贯入阻力。反之，采用挤压顶进，无论出土与否，贯入阻力仍取决于土的抗剪强度。在软土层顶进比在低含水量的粘性土层顶进要省力得多。一般顶管中，贯入阻力较摩阻力要小，当土种类无变化时，贯入阻力是个常数。

三、阻力计算方法

根据以往国内外在这方面的研究工作，有多种计算阻力的公式。但运用这些设计方法的前题条件有所不同，计算获得的结果也不相同。建立在刚性顶管模型基础上的阻力计算可以采用理论计算方法和经验公式。

1. 理论计算方法

(1)方法一

在计算阻力时，认为在顶进过程中，管顶上形成土拱，管顶上的土压力不是全部覆土厚度的土压力，而是由圆拱形的土体所造成，此部分高度为 H_w，开始时为最小值，经过一定时间后达到最大值，但还不是整个的覆土深度。H_w 值的大小取决于土的种类、管节外径、总覆土深度以及外界的影响，如振动力等。当土在松散状态下，或受地面交通车辆振动的影响大时，则 H_w 就越接近管顶上的覆土深度。管壁的摩阻力用下式计算：

$$F=f_s \cdot A \tag{3-4}$$

式中：F——摩阻力(t)；

f_s——单位接触面积的摩阻力(t/m^2)；

A——管外壁的表面积(m)。

f_s 值与管顶上的垂直土压力及管壁与土间的磨擦系数有关，用下式计算：

$$f_s = N \cdot f \tag{3-5}$$

式中：N——作用于管壁垂直的法向力(t/m²)；

f——磨擦系数。

法向力 N 值，在管壁上各方位均有所不同，所以要分四方位计算，见图 3-20。

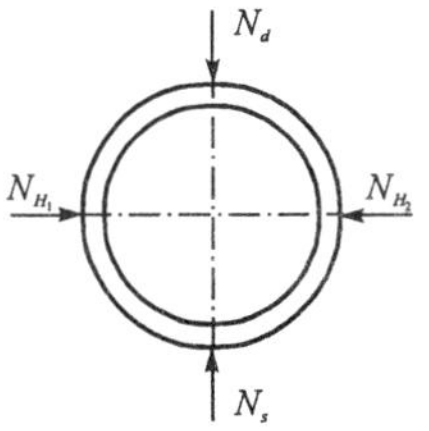

图 3-20 管的法向力

在管顶部的法向力为 N_d，管子两侧的法向力分别为 N_{H1}、N_{H2}，管底的法向力为 N_s。它们的计算方法如下：

$$N_d = H_w \cdot \gamma \tag{3-6}$$

$$N_{H_1} = \left(H_w + \frac{D_1}{2}\right) K_{p1} \cdot \gamma \tag{3-7}$$

$$N_{H_2} = \left(H_w + \frac{D_1}{2}\right) K_{p2} \cdot \gamma \tag{3-8}$$

$$N_s = (H_w + D_1)\gamma + \frac{G}{D_1} \tag{3-9}$$

式中：H_w——管顶卸力拱的高度(m)；

K_{p_1}——左侧向土压力系数；

K_{p_2}——右侧向土压力系数；

D_1——管外径(m)。

由于法向力在各方位上的数值不等，所以需要求出一个平均值，算法如下：

$$N = \frac{H_w \cdot \gamma}{4} + \frac{\left(H_w + \frac{D_1}{2}\right) K_{p_1} \gamma}{4} + \frac{\left(H_w + \frac{D_1}{2}\right) K_{p_2} \gamma}{4} + \frac{(H_w + D_1)\gamma + \frac{G}{D_1}}{4} \tag{3-10}$$

化简，则：

$$N = \gamma\left(H_w + \frac{D_1}{2}\right)\left(\frac{2 + K_{p_1} + K_{p_2}}{4}\right) \cdot \frac{G}{4D_1} \tag{3-11}$$

式中：G——管节单位长度重量(t/m)。

摩擦系数 f 据不同介质取值：钢筋混凝土管与粘土之间，$f=0.3 \sim 0.4$；钢筋混凝土管与砂或砾石之间，$f=0.5 \sim 0.6$；采用触变泥浆润滑时，$f=0.1 \sim 0.3$。

由于 H_w 值与时间有关，停顿时间越长，有效高度 H_w 值就越大，逐步接近原来的覆土深度，顶力随之增加。因此，在顶进过程中，最好连续不断，不要中途停顿，以避免顶力增加。

总顶力应为贯入阻力加上沿途的摩阻力，其最大值为：

$$R_f = \frac{\pi D_1^2}{4} \cdot B + \pi D_1 L \cdot f_s \tag{3-12}$$

式中：B——工作面上的迎面阻力(t/m²)。其他符号同前。

(2)方法二

计算顶力时，认为顶进阻力由三部分组成，即管前刃脚的贯入阻力、管壁与土之间的摩阻力和管壁与土之间的粘结力等。按照日本下水道协会规定的管子规格，顶进过程中顶力值用下式计算：

$$R_f = P_A + f(\pi \cdot D_1 \cdot q + G) \cdot L + \pi \cdot D \cdot c \cdot L \tag{3-13}$$

式中：q——管壁上作用的垂直荷载（t/m^2）；

c——土的内聚力（t/m^2）。

R_f、P_A、f、D_1、G、L 的意义同前。

贯入阻力的计算是根据土的标准贯入试验的贯入值。

$$P_A = 1.32\pi D_1 N \tag{3-14}$$

式中：N——土的标准贯入值。

贯入阻力也可以根据经验公式求得：

$$P_A = \pi \cdot D_1 \cdot q_r \tag{3-15}$$

q_r 值是刃脚单位长度上所受的阻力，其经验值见表 3-2。

表 3-2　q_r 的经验值

土的名称	淤泥质粘土	砂质粘土	粘砂土	中细砂	砂砾
q_r（t/m）	4～9	5～10	5～10	5～15	10～15

管子与土的摩擦系数值，一般采用下式计算：

$$f = \mathrm{tg}\left(\frac{\varphi}{2}\right) \tag{3-16}$$

式中：φ——土的内摩擦角（°）。

f 值也可以由表 3-3 选择。

表 3-3　f 的经验值

土的名称	淤泥质粘土	砂质粘土	粘砂土	中细砂	砂砾
f 值	0.2	0.2	0.4	0.4	0.4

（3）方法三

按计算基础桩支承力的方法来计算总顶力 R_f，计算公式为：

$$R_f = (\alpha \cdot cN_0 + \beta \cdot \gamma \cdot D_1 N_r + \gamma \cdot L \cdot N_q)A_p + f_s \cdot A_s \tag{3-17}$$

式中：R_f——总顶力（t）；

α——形状系数（圆断面时为 1.3）；

β——形状系数（圆断面时为 0.3）；

c——土粘聚力（t/m^2）；

γ——土的容重（t/m^3）；

D_1——管节外径（m）；

L——顶进管节长度（m）；

A_p——刃脚前端面积（m^2）；

f_s——管周单位摩阻力（t/m^2）；

A_s——管道总表面积（m^2）；

N_0、N_r、N_q——支承力系数（见图 3-21）。

按照计算基础桩支承力的公式（3-17），原封不动地用于计算顶力，其结果误差为 10%。

(4)方法四

认为顶力由管端贯入阻力和管壁磨擦阻力组成，顶力计算公式为：

$$R_f = K[f \cdot (2P_V + 2P_H + P_B) + P_A] \tag{3-18}$$

式中：R_f——计算顶力(t)；

P_V——管顶上的垂直土压力(t)；

P_H——管侧的侧土压力(t)；

P_B——全部欲顶进的管段重量(t)；

f——管壁与土间的摩擦系数；

P_A——管端部的贯入阻力(t)；

K——安全系数，一般采用1.2。

管顶覆土的垂直土压力计算用下式：

$$P_V = K_P \gamma \cdot H \cdot D_1 \cdot L \tag{3-19}$$

式中：K_P——垂直土压力系数，如图3-22所示；

γ——土的容重(t/m³)；

H——管顶覆土深度(m)；

D_1——管段外径(m)；

L——管段顶进长度(m)。

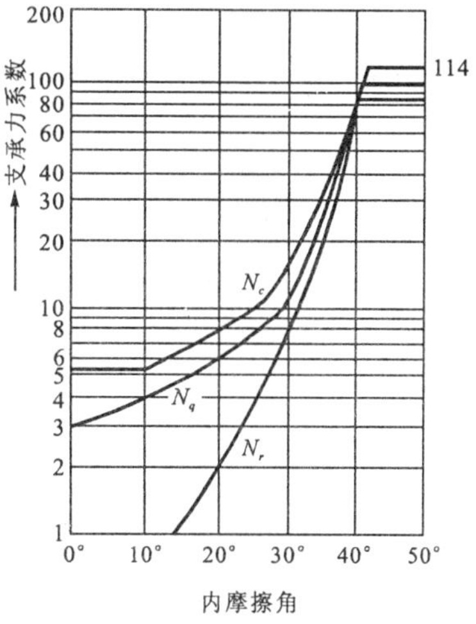

图3-21 土内摩擦角与支承力系数的关系

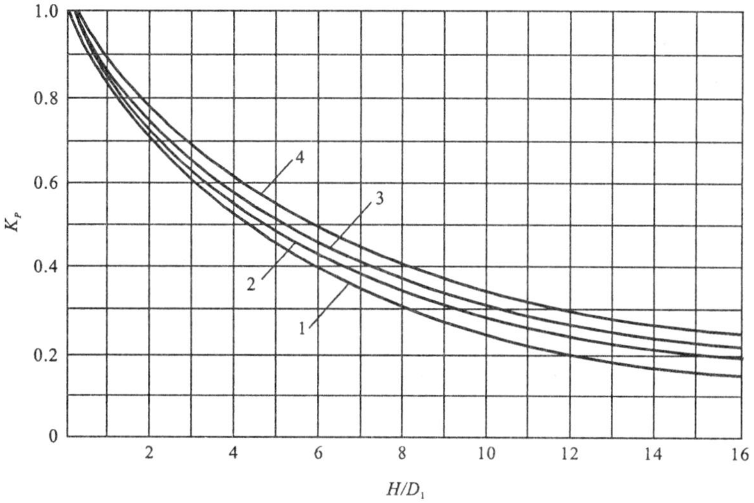

图3-22 H/D_1-K_P 关系

1—砂土及耕植土(干燥)；2—砂土、砂粘土、耕植土(湿的或饱和的)；3—塑性粘土；4—流塑性粘土

管测土压力用下式计算：

$$P_H = \gamma\left(H + \frac{D_1}{2}\right) D_1 L \mathrm{tg}^2\left(45° - \frac{\varphi}{2}\right) \tag{3-20}$$

式中：φ——土的内摩擦角。

施工前应沿管线进行钻探，取土样进行试验，求出有关土的各项性质指标。在没有进行土工试验的情况下土性指标可参考表 3-4。管壁与土间的摩擦系数 f 值列于表 3-5。

表 3-4　土性指标参考值

土　　类	容重 $\gamma(t/m^3)$	内摩擦角 $\varphi(°)$	内聚力 $c(t/m^2)$
软土	1.75	<10	<0.10
粘土	1.85	20	0.20
砂粘土	1.90	25	0.15
粉土	1.95	27.5	—
砂土	2.00	35	—
砂砾土	2.10	40	—

表 3-5　摩擦系数 f 值

土的种类	钢筋混凝土管			钢管		
	干燥	湿润	一般值	干燥	湿润	一般值
软土		0.20	0.20		0.20	0.20
粘土	0.40	0.20	0.30	0.40	0.20	0.30
砂粘土	0.45	0.25	0.35	0.38	0.32	0.34
粉土	0.45	0.30	0.38	0.45	0.30	0.37
砂土	0.47	0.35	0.40	0.48	0.32	0.39
砂砾土	0.50	0.40	0.45	0.50	0.50	0.50

管段重量 P_B 计算用下式：

$$P_B=G\cdot L \tag{3-21}$$

式中：G——管节单位长度重量(t/m)；

L——顶进总长度(m)。

钢管的单位长度重量见表 3-6。

表 3-6　钢管重量参考值

钢管内径(mm)	1 000	1 250	1 500	1 800	2 000
管壁厚度(mm)	14	14	15	18	20
钢管单位长度重量(t/m)	0.35	0.43	0.55	0.80	0.99

2. 经验公式

(1)经验公式一：从理论上计算贯入阻力是较复杂的，有许多因素影响它的计算精度。故一般多采用经验值。贯入阻力与土的种类及其物理性质指标有关，也受工作面上操作方法的影响。表 3-7 是土的单位贯入阻力的经验值。

表 3-7　土贯入阻力 E_A 的经验值

工作面上的操作方法	R_A(t/m²)
工作面稳定,可以先超挖成孔后再顶进	0
首节管前端装有钢刃脚,贯入土内后再挖土	砂粘土　50～55 砂石土　150～170
管内装有钢刃脚,采用挤压法顶进	砂粘土含水量 40%　20～25 砂粘土含水量 30%　50～60

顶进钢筋混凝土管时,顶力值可用下列经验公式估算:

$$R_f = n \cdot G \cdot L \tag{3-22}$$

式中:n——土质系数;

G——管节单位长度重量(t/m);

L——顶进管段长度(m)

土质系数 n 是按管顶土的种类判断它能否形成卸力拱而定,见表 3-8。

表 3-8　土质系数 n 值

土的种类、含水量及工作面稳定状态	n 值
粘土、砂粘土、含水量不大的粉土、砂土,挖土后能短期或暂时形成土拱时	1.5～2
密实砂土、含水量大的粉土、砂土、砂砾土,挖土后不能形成土拱,但塌方尚不严重时	3～4

(2)经验公式二:认为管壁摩擦力是由于土层压应力和管道自身重量造成的。管壁与孔壁之间摩擦力 F 由以下公式计算:

$$F = [2P(l + K_a) + P_0]fL \tag{3-23}$$

式中:f——土与管壁间的摩擦系数(0.2～0.6);

K_a——主动土压力系数(取 0.3);

P——土对管子的压力;

P_0——每米管子的质量;

L——铺管长度。

式中 P 由土对管道的垂直压力 P_v 和侧压力 P_h 组成,$P = P_v + P_h$,P 的大小主要与土层性质和导向孔曲率有关。砂层的粘聚力小,对管道的压力大,其压力 P_v 一般可按所铺管径 1～2 倍高度的土体质量计算。粘土层的粘聚力大,对于较小管径的管道,一般可形成完整的孔壁,$P_v = 0$,侧压力 P_h 也接近于 0;对于较大管径的管道,P_v 一般可按所铺管径 0.5～1 倍高度的土体质量计算。另外,当铺管深度较小时,还应该考虑地面负荷对 P_v 的影响。

侧压力 P_h 可近似地按 P_v 计算,其关系式为:

$$P_h = P_v \operatorname{tg}(90° - \psi) \tag{3-24}$$

式中:ψ——土层内摩擦角,一般砂层为 30°～40°,粘土层为 15°～ 25°。

另外,导向孔曲率半径 R 对 P_h 和 P_v 的影响也比较大,其关系有待试验中进一步研究,一般取 $R > 1\ 200D$ 时,可不考虑其影响。

摩擦系数 f 是影响管壁和孔壁间摩擦力 F 的重要因素,降低 f 值是降低 F 的有效方法。

对于砂层，在扩孔时用浓泥浆将扩孔后的钻孔充满，并利用其失水性在孔壁形成一层泥皮，反拉铺管时继续使用浓泥浆，可大幅度降低 f 值。

(3)经验公式三

$$F=F_0+[(k_0\pi Dq+W_0+W')\mu+k_1\pi Dc']L \tag{3-25}$$

式中：F——总阻力(kN)；

D——管外径(m)；

W_0——每米管的重量(kN/m)；

W'——每米管内土的重量(kN/m)；

μ——管与土之间的摩擦系数(0.2～0.6)；

c'——管与土之间的粘聚力(kPa)；

L——推进长度(m)；

k_0——间隙度系数，根据管与土之间的间隙取值 0～1，当无间隙时取 1，当扩孔比较管径足够大，且可形成完整孔壁时，取 0；

K_1——土切入管内程度系数，取值 0～1，当管道完全靠切入土而推进时取 1，当无管端阻力时取 0；

F_0——初始贯入阻力(kN)，计算式是：

$$F_0=AP_s$$

A 为管端部与土的接触面积(m^2)；P_s 为比贯入阻力(kPa)，根据有关工程统计资料，软土到硬土层取 100～700 之间。

q——管周边均布载荷(kPa)，可按下式计算：

$$q=\sigma_H+G \tag{3-26}$$

式中：σ_H——管顶上方地层的静止土压力；

G——地表荷载(kPa)，其中，

$$\sigma_H=(\gamma-2C/B_e)C_e$$

γ——土容重(kN/m^3)；

C——土的内聚力(kPa)；

B_e——管顶土的扰动宽度(m)

$$B_e=D_b[1+\sin(45°-\psi/2)]/\cos(45°-\psi/2)$$

D_b——扩孔钻头形成的孔径(m)；

ψ——土的内摩擦角，摩擦系数 $\mu=\mathrm{tg}\psi$；

C_e——土的太沙基载荷系数

$$C_e=B_e/2K\mu[1-e^{-2K\mu/B_e\cdot H}]$$

式中，K——土的太沙基侧向土压系数($K=1$)；H 为管顶以上覆土厚度(m)。

当铺管设备的轴向力 N 大于摩阻力 F 时，铺管即能顺利进行，如果反扩拉管时的钻机拉力 N 大于管壁与孔壁之间的摩擦力 F 时，即可用钻机直接将管道拉入地层；当 $N<F$ 时，对于钢管可采用辅助顶推装置在钢管尾部进行同步顶推，对于其他材料管道则必须增大钻机拉力。

四、顶力曲线与容许顶力

1. 顶力曲线

在不同覆土深度和不同土质条件下，各种管径的钢筋混凝土管，按式(3-22)计算求得的

每延米的摩阻力 R_f 值，并作图 3－23～图 3－27 得到相应的顶力曲线。使用时可直接查看摩阻力的大小。

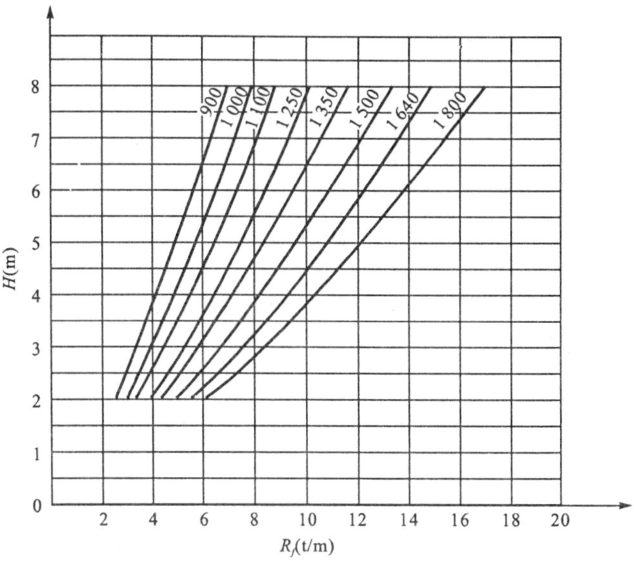

图 3－23　软土每延米的摩阻力

（φ=10°，γ=1.73t/m³，f= 0.2）

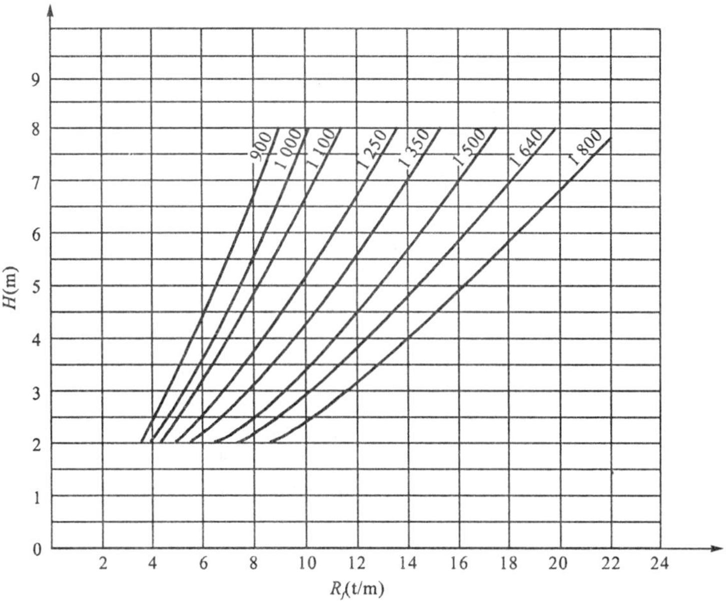

图 3－24　粘土每延米的摩阻力

（φ=20°，γ=1.85t/m³，f= 0.3）

2. 容许顶力

管节端面所能承受的顶力有一定限度，超过此限度管端就要破裂，达到此限度时的顶力称

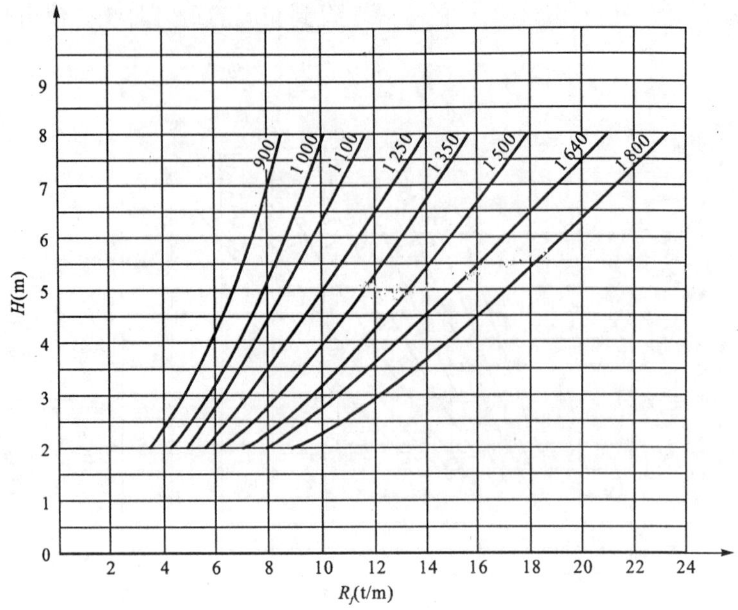

图 3-25　砂粘土每延米的摩阻力

（$\varphi=25°, \gamma=1.9t/m^3, f=0.35$）

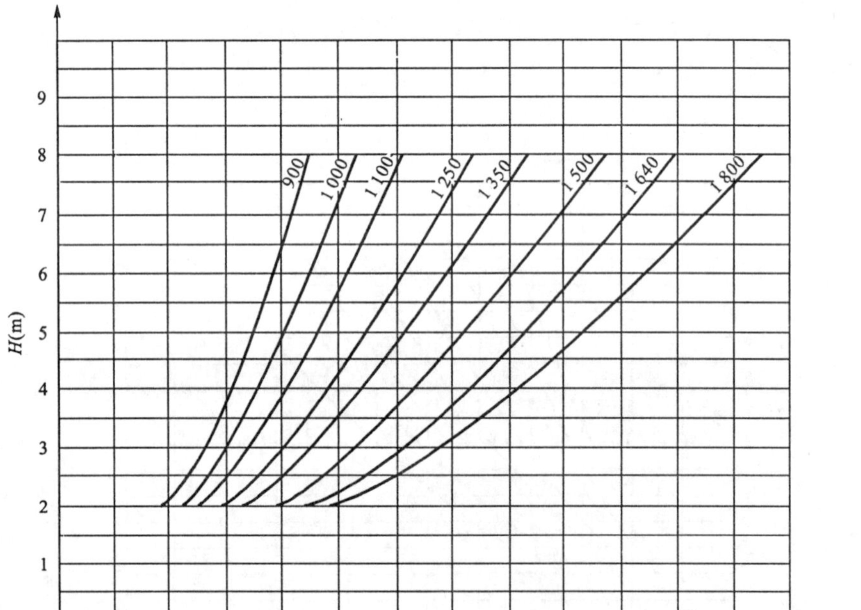

图 3-26　砂土每延米的摩阻力

（$\varphi=30°, \gamma=2.0t/m^3, f=0.4$）

为临界顶力。管端面承受的顶力应小于临界顶力，称为管端面的容许顶力。

容许顶力的大小取决于管材强度、加压位置和面积以及顶铁与管端面间的接触状态。

(1)管材强度。钢筋混凝土管的强度，决定于离心混凝土的强度，从理论上讲离心混凝土

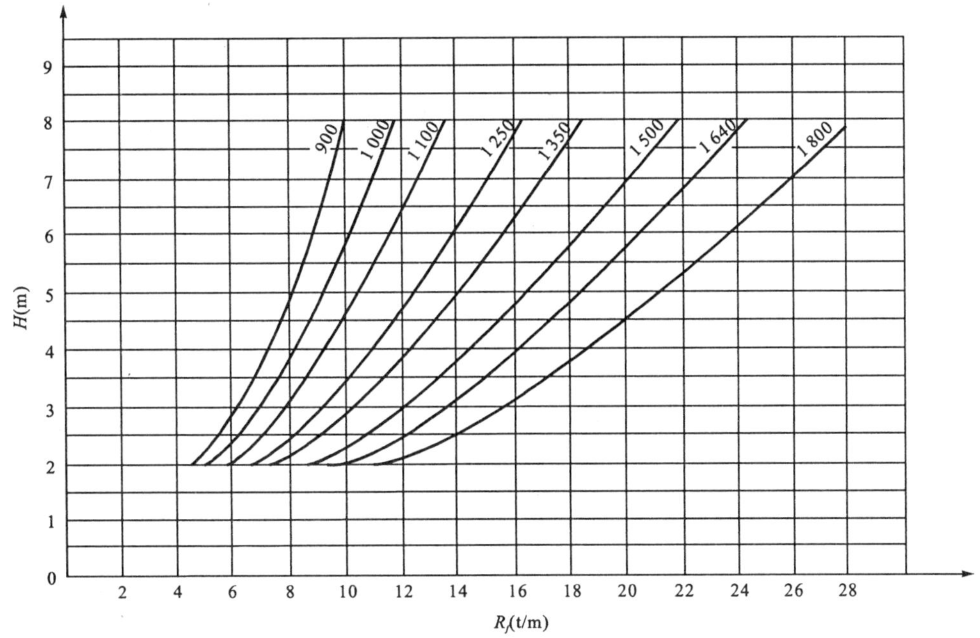

图 3-27　砂砾土每延米长的摩阻力

（$\varphi=35°, \gamma=2.1t/m^3, f=0.45$）

强度应高于普通混凝土强度 1.25 倍。但实际上，我国钢筋混凝土管的抗压强度宜采用 $300kg/cm^2$ 较合适。

(2)加压的位置和面积。加压面的中心即顶力中心应与管壁中心相重合，否则在管壁上除产生压应力外，还要产生其他应力，如拉应力、弯曲应力和剪应力等，容易破坏管壁。

加压面积与对管端施加顶力的方法有关，计有 4 种加压方法，即全面加压、半圆加压、二点加压及四点加压。当顶力一定时，全面加压管体承受的总顶力最大，而二点加压时为最小；单位面积顶力强度以二点加压为最大，而全面加压为最小。在顶钢筋混凝土管时，一般多用二点加压，顶力大时采用半圆加压。顶钢管时采用全面加压，四点加压只用于管端的校正。二点加压管体承受的顶力强度大，而容许顶力小，是最不经济的加压方法，但操作方便，设备简单。

(3)顶铁与管端面的接触状态。理论上讲，管端面与顶铁接触最好密合无间隙，实际管端混凝土面不甚平整，而顶铁面加工的平整度也有误差，不可能密切接触，有空隙就容易造成应力集中。为了补救这个缺点，需加铺垫层，铺垫材料有油毡、橡胶、塑料等。

在现场进行顶进管节的应力测试，发现越靠近千斤顶的管节应力较大，而远离千斤顶的管节应力较小。

国外在加压部位测定的压力，与用顶力除以加压面积所得的理论应力值比较，实测较算出的应力大 2.0～2.5 倍。破坏时测定最大变形与加压面的关系是加压面越小，破坏时的最大变形也越小。

容许顶力，即管子轴向的耐压力可用下式计算：

$$[R_t]=\frac{\sigma_c \cdot A}{1000S} \qquad (3-27)$$

式中：σ_c——管体抗压强度(kg/cm^2)；

A——加压面积(cm^2)；

S——安全率，采用 2.5～3.0。

管节端面和顶铁表面不可能全部紧密接触，故应考虑一系数，称为接触系数，用 η 表示，其值除与平整度有关外，还与接触面积的大小、千斤顶台数、是否在接触面上放垫层以及垫层材料的性质和厚度等有关。表 3-9 是不同情况下的 η 值。

表 3-9 接触系数 η 值

接触类型	接触面积 (cm^2)	η 值	
		无垫层	有垫层
全圆加压	$2\pi r_0 t$	0.70	0.80
半圆加压	$\pi r_0 t$	0.80	0.85
二点加压	$2ht$	1.00	1.00
四点加压	$4ht$	0.95	0.95

注：r_0—平均半径(cm^2)；t—管壁厚度(cm)；h—顶铁高度(cm)。

根据不同的加压面积，对混凝土制管厂生产的普通钢筋混凝土管计算的容许顶力$[R_t]$值列于表 3-10。

表 3-10 普通钢筋混凝土管的 R_t 值

管径 (mm)	壁厚 (mm)	管壁断面积 (cm^2)	$[R_t]$(t)							
			二点加压		四点加压		半圆加压		全面加压	
			A	$[R_f]$	A	$[R_f]$	A	$[R_f]$	A	$[R_f]$
800	66	1 796	396	47	752	77	763	78	1 437	172
900	75	2 297	450	54	854	87	976	100	1 738	208
1 000	82	2 787	492	59	934	95	1 185	142	2 230	268
1 100	89	3 324	534	64	1 014	122	1 412	169	2 660	320
1 250	98	4 150	588	70	1 116	134	1 763	213	3 320	398
1 500	125	6 381	750	90	1 424	171	2 711	325	5 105	520
1 640	135	7 528	810	97	1 538	184	3 200	384	6 022	614
1 800	150	9 189	900	108	1 710	205	3 906	468	7 351	750

注：A—接触面积(cm^2)。

第七节 复杂条件下铺管顶推力分析与计算

在复杂岩土条件下，钻孔的不平直总是存在的，采用回拉或是顶推使管道就位时，管道与钻孔孔壁不仅发生相对运动，而且必然产生管道与孔壁间的力学相互作用。管道与孔壁的摩擦、管道弯曲、孔壁岩土切削作用等因素导致铺管的顶推阻力增大。

弯曲的钻孔使所铺设的管道产生弹性变形，这时采用刚性管道模型来计算顶推力已经不合适。应当采用柔性管道模型作为顶推或回拉铺管的力学分析基础。

一、建立柔性管道力学模型

假设足够长度的管道沿弯曲的钻孔推进，管道将会产生弯曲变形[图 3-28(a)]。

将弯曲的管道视为由 n 个管段和结点连成的曲线，取其中任一管段 i ($i=1,2,3\cdots n+1$)，在管道顶推作业时，它主要受到以下各种作用力：顶推力、管道与孔壁间的摩擦阻力、管道断面变化(接头或其他缺陷)产生的岩石切削阻力、钻孔不平直产生的钻孔弯曲阻力等。

管段 i 和结点 j 的受力如图 3-28(b)和图 3-28(c)所示。对管段 i 和结点 j 可分别写出平衡方程。

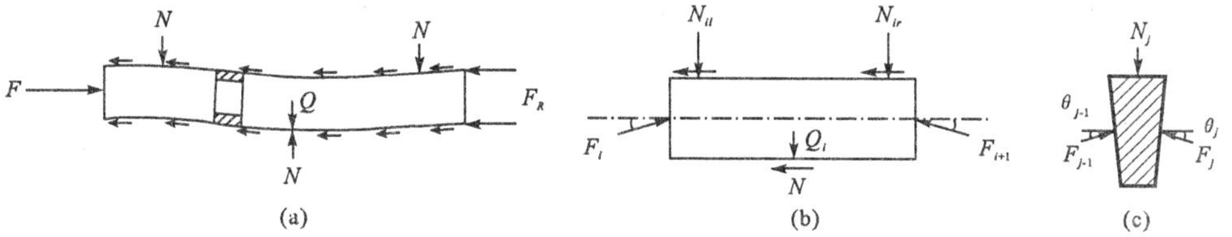

图 3-28　管段力学模型

(1)对于管段 i：

$$F_i\cos\theta_i=F_i'\cos\theta_{i+1}+(F_a+F_b+F_c)_i \quad (3-28)$$

式中：F_i、F_i'——管段左、右结点传来的推力；

θ_i、θ_{i+1}——管段推力与参考轴线的夹角；

F_a、F_b、F_c——分别表示管道受到孔壁摩擦阻力、孔壁粗糙度缺陷所引起的切削阻力和钻孔曲率引起管道弯曲变形产生的弯曲阻力。

(2)对于结点 j，则有传递关系式：

$$F_j=\frac{\cos\theta_{j-1}}{\cos\theta_j}F'_{j-1} \quad (3-29)$$

$$N_j=(\sin\theta_{j-1}+\mathrm{tg}\theta_j\cos\theta_{j-1})F'_{j-1} \quad (3-30)$$

经过结点的传递，F_j 即为管段 i 的左端顶进力，N_j 则为结点传给管壁的附加摩阻力。

由于各管段相互作用的结果，管道顶进力实际上应为各段施力端作用力之和，即：

$$F=\sum_{l=1}^{n}F_i\cos\theta_i \quad (3-31)$$

式中，θ_i——各管段的左端轴线相对于以液压千斤顶轴线为系统参考轴线的夹角。

二、管段阻力计算

根据式(3-28)中，若能够计算出各段的摩阻力 F_a、孔壁切削力 F_b 和钻孔弯曲阻力 F_c，则可先算出管道最右端的管段 n 的顶推力 F_n。因为管段 n 的右端力 $F_n'=0$，代入式(3-28)得：

$$F_n=(F_a+F_b+F_c)_n/\cos\theta_n$$

于是依次可以计算出各管段的顶推力 F_{n-1}，F_{n-2}，…，F_1。由此，系统施加的顶进力便可由式(3-31)计算出来。

计算管段的摩阻力 F_a、切削力 F_b 和弯曲阻力 F_c 采用以下理论方法：

1. 摩擦阻力(F_a)

考虑到管道与孔壁间的正压力，管段 i 的摩阻力 F_a 为：

$$F_{ai}=(N_i+N_{i+1}+Q_i)f \tag{3-32}$$

式中：N_i——管段 i 相邻结点的作用力，可由式(3-30)计算；

Q——该管段的重量；

f——管与孔壁间的摩擦系数，它取决于管的材料和岩土介质的种类。

2. 孔壁切削阻力(F_b)

它主要是由管子的不光滑、管件接头断面的变化以及钻孔壁的粗糙度等产生的。孔壁切削阻力为：

$$F_b= S\cdot\tau_c \tag{3-33}$$

式中：S——接触面积；

τ_c——切削应力。

设管与孔壁间的接触角为 α，可导出管道与孔壁接触面的分布压力为：

$$q_i=\frac{N_i+N_{i+1}+Q_i}{\xi\alpha LD_e} \tag{3-34}$$

式中：D_e——管的外径；

L——管段长度；

ξ——考虑管道沿长度方向与孔不完全接触角的折减系数，可根据钻孔的平直程度和孔壁粗糙度来确定。

接触角 α 可由圆管与圆柱形钻孔面的接触条件计算，计算公式为：

$$\alpha=\frac{4b}{D_e} \tag{3-35}$$

式中：b 为管道断面与钻孔接触宽度的一半，计算公式为：

$$b=0.789\sqrt{p\cdot\frac{D_hD_e}{D_h-D_e}\left(\frac{1-\mu_1^2}{E_1}+\frac{1-\mu_2^2}{E_2}\right)} \tag{3-36}$$

式中：$p=(N_i+N_{i+1})/\xi L$

D_h、D_e——分别为钻孔直径和管的外径；

E_1、E_2、μ_1，μ_2——分别为管道材料和钻孔岩土介质的模量与泊松比。

根据管孔间的压力 q_1，可以按岩石节理强度条件确定孔壁切削力的计算公式，当采用莫尔-库仑准则时，切削应力可取：

$$\tau_c=c+q\mathrm{tg}\varphi \tag{3-37}$$

式中：c——管道与孔壁之间的介质的粘性；

φ——内摩擦角。

由于管与孔间的条件极其复杂，上式中的粘性 c 不一定能反映钻孔壁粗糙度的真实情况，因此也可以引用巴顿的节理强度公式来估计切削应力的大小，即：

$$\tau_c=\sigma_n\mathrm{tg}\left[K_1\lg\left(\frac{K_2}{\sigma_n}\right)+\varphi_r\right] \tag{3-38}$$

式中：K_1——孔壁粗造度系数，其取值范围为 15°～20°间；

K_2——钻孔壁岩石的单轴抗压强度；

φ_r——岩石的残余摩擦角；

σ_n——节理面作用的法向应力，这里可取 $\sigma_n=q$。

将切削应力 τ_c 和接触面积 S 的计算结果代入式(3-33)即得到切削阻力(F_b)的计算公式；当采用莫尔-库仑准则时为：

$$F_b = 4\xi Lbc + (N_i + N_{n+1} + Q_i)\text{tg}\varphi \tag{3-39}$$

采用巴顿公式时为：

$$F_b = (N_i + N_{n+1} + Q_i)\text{tg}\left[K_1 \lg\left(\frac{K_2}{q_i}\right) + \varphi_r\right] \tag{3-40}$$

计算切削阻力时可视情况选用式(3－39)和式(3－40)。如果已知粗糙度系数和钻孔岩石力学性质则采用式(3－40)计算切削阻力更为准确。

3. 管道弯曲阻力(F_c)

由于钻孔的不平直，在顶推铺管时，如果是刚性管，则管前端还会产生削壁现象，推力过大会引起管子破坏造成难以发现的质量隐患，这是在硬质岩土条件下非开挖作业应该注意的问题。而柔性管道在推力的作用下，会产生弯曲变形。这种弯曲变形还可能由于荷载偏心引起。为了简化计算，仅根据钻孔的曲率条件进行分析。

假设管段弯曲时为一简支均布荷载梁，可得作用于管段的等效均布荷载为 q_{eq}：

$$q_{eq} = \frac{384}{5}\frac{EIW}{l^4} \tag{3-41}$$

式中：EI——管子的弯曲刚度；

W——管子跨中挠度；

l——管段长度。

假设管子曲率与钻孔的曲率相等，接触段的钻孔曲线为抛物线，D_h 为孔径，β 为曲率计算系数，则钻孔曲率半径为：

$$R = \beta D_h = \frac{l^2}{8W} \tag{3-42}$$

比较式(3－41)和式(3－42)得到作用在管线上的均匀荷载 q_{eq} 为：

$$q_{eq} = \frac{48EI}{5l^2}\cdot\frac{1}{\beta D_h} \tag{3-43}$$

与计算切削力 F_b 相似，由 q_{eq} 产生的分布压力为：

$$q_{iw} = \frac{q_{eq}}{\xi\alpha D_h} \tag{3-44}$$

管与孔壁的接触角度可按式(3－36)计算，但式中的线荷载 P 应取：

$$P = q_{eq}/\xi = \frac{48EI}{51^2}\cdot\frac{1}{\xi\beta D_h} \tag{3-45}$$

采用莫尔-库仑公式，弯曲阻力为：

$$F_c = 4\xi Lbc + q_{eq}l\,\text{tg}\varphi \tag{3-46}$$

采用巴顿节理面强度公式时，弯曲阻力为：

$$F_c = q_{eq}l\cdot\text{tg}\left[K_1\lg\frac{K_2}{q_{iw}} + \varphi_r\right] \tag{3-47}$$

三、钻孔弯曲对铺管阻力的影响

岩土在组分上的不均匀性和结构上的各向异性以及钻进过程中的工艺方面的因素，使钻孔轨迹发生弯曲，钻孔也不一定是圆孔。因此，如何描述钻孔的几何参数也是一个值得研究的问题。

在采用柔性管道力学模型计算铺管阻力时，需要根据钻孔的弯曲度来确定管段的转角 θ；

在计算柔性管道的弯曲阻力 F_c 时，也需要计算管子的弯曲曲率半径。因此，对钻孔弯曲形态进行数学描述是计算铺管阻力的前题条件。

假设钻孔按抛物线和圆弧线弯曲，并设钻孔的直径为 D_h，管段长为 l，管的外径为 D_e，钻孔曲率计算系数为 β，可以分别导出钻孔直径与管道外径之间的匹配关系，以及管段轴线与推力作用力之间的夹角：

1. 钻孔曲线为抛物线

由几何关系，可导出 β、D_e、D_h 之间的关系式为：

$$D_e=\left[1-\frac{1}{8\beta}\left(\frac{L}{D_h}\right)^2\right]D_h \tag{3-48}$$

管段转角为：

$$\theta=\frac{4}{l}(1-D_e/D_h)D_h \tag{3-49}$$

2. 钻孔曲线为圆弧线

$$D_e=\left[1-\beta\left(1-\sqrt{1-L^2/4\beta^2D_h^2}\right)\right]D_h \tag{3-50}$$

转角为：

$$\theta=2\arcsin\left(\frac{L}{2\beta D_h}\right) \tag{3-51}$$

以上两种曲线公式中，式(3-49)与式(3-51)之间计算的结果差别较小，即 β、D_e、D_h 之间的关系可用抛物线或圆弧线计算。但是，θ 角计算的差异较大，在计算管道系统的结点力和系统力时可以用抛物线公式(3-49)计算各管段的转角。

在复杂岩土条件下，钻孔总是不平不直的，这使所铺设的管道随钻孔的弯曲形态产生弹性弯曲变形。因此采用柔性管道模型计算铺管顶推力更符合实际。依据岩石力学的基本原理，考虑了钻孔弯曲的形态，推导出管段阻力诸计算公式，为铺管顶推力的设计与控制提供了必要的理论依据。实际计算时，应用计算机技术，输入必要的钻孔和管道几何参数、管道和孔壁岩石的力学参数，即可计算出总的顶推力。

四、后背挡墙的设计计算

采用顶管机铺设大直径、长距离的管道时，不论是在钻孔中铺管，还是直接顶管，所需的顶推力都很大，要求工作坑后背挡墙提供足够的反力支撑，因此需要对工作坑后背挡墙进行设计计算。

后背挡墙结构及尺寸主要取决于管径大小和后背挡墙土体的被动土压力——土抗力。计算土抗力的目的是考虑在最大顶力条件下保证后背挡墙土体不被破坏，以期在顶进过程中充分利用天然的后背挡墙土体。

当顶力通过后背挡墙传到土体后，土受压缩产生位移，同时产生被动土压力作用于后背挡墙上。此种被动土压力称土抗力。后背挡墙土体未破坏前，土体在顶力反复作用下，土的应力-应变曲线基本成一直线。

由于最大顶力一般在顶进段接近完成时出现，所以后背挡墙计算时应充分利用土抗力，而且在工程进行中应严密地注意后背挡墙土的压缩变形值，将残余变形值控制在 2.0cm 左右。当发现变形过大时，应考虑采取辅助措施，必要时可对后背挡墙土进行加固，以提高土抗力。

(一)土抗力的计算

后背挡墙土体受压后产生的被动土压力应按下式计算：

$$\sigma_p = K_p \cdot \gamma \cdot h \tag{3-52}$$

式中：σ_p——被动土压力(t/m^2)；

K_p——被动土压力系数；

h——后背挡墙土的高度(m)；

γ——后背挡墙土的容重(t/m^3)。

被动土压力系数与土的内摩擦角有关，其计算式如下：

$$K_p = tg^2\left(45° + \frac{\varphi}{2}\right) \tag{3-53}$$

不同土质具有不同的 K_p 值(见表 3-11)。

表 3-11　土的主动和被动土压系数值

土名称	φ(°)	被动土压系数 K_p	主动土压系数 K_A	$\frac{K_p}{K_A}$
软土	10	1.42	0.70	2.03
粘土	20	2.04	0.49	4.18
砂粘土	25	2.46	0.41	6.00
粉土	27	2.66	0.38	7.00
砂土	30	3.00	0.33	9.09
砂砾土	35	3.69	0.27	13.67

在考虑后背挡墙土的土抗力时，按下式计算土的承载能力：

$$R_0 = K_r \cdot B \cdot H \cdot \left(h + \frac{H}{2}\right)\gamma \cdot K_p \tag{3-54}$$

式中：R_0——后背挡墙土的承载能力(t)；

B——后背挡墙墙的宽度(m)；

H——后背挡墙墙的高度(m)；

h——后背挡墙墙顶至地面的高度(m)；

γ——土的容重(t/m^3)；

K_p——被动土压力系数；

K_r——后背挡墙的土抗系数。

后背挡墙结构形式不同，使土受力状况也不一样。为了保证后背挡墙的安全，根据不同的后背挡墙形式，采用不同的土抗力系数值。

1. 管顶覆土浅

后背挡墙不需要打板桩，而背身直接接触土面，如图 3-29 所示。此时用(3-54)式计算土的承载力时，土抗力系数采用 0.85，则式(3-54)变为：

$$R_0 = 0.85B \cdot H \cdot \left(h + \frac{H}{2}\right)\gamma \cdot H_p \tag{3-55}$$

2. 管顶覆土深

后背挡墙打入钢板桩，顶力通过钢板桩传递，如图 3-30 所示。此时土抗力系数取决于不同的后背挡墙形式及后背挡墙的覆土高度。覆土高度 h 值越小，土抗力系数 K_r 值也越小。

有板桩支撑时，应考虑在板桩的联合作用下，土体上顶力分布范围扩大导致集中应力减少，因而土抗力系数 K_r 值增加。不同后背挡墙的板桩支承高度 h 值与后背挡墙高度 H 的比值和相应的土抗力系数 K_r 值成线性关系。

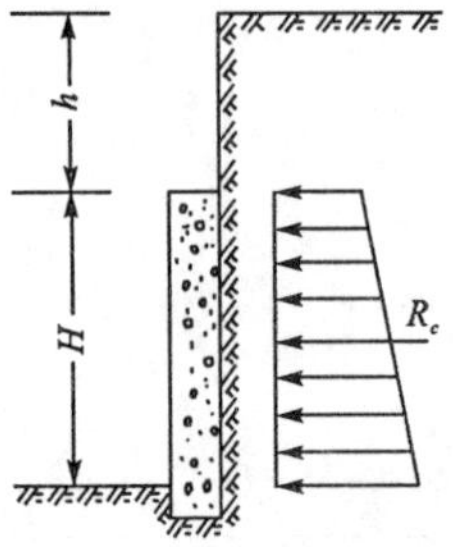

图 3-29　无板桩支承的后背挡墙

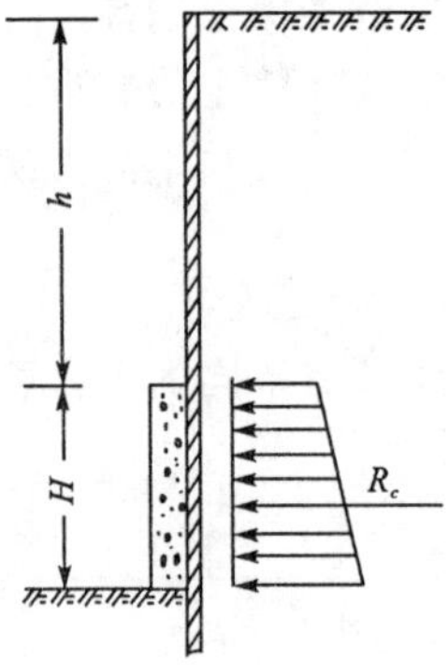

图 3-30　板桩后背挡墙

（二）后背挡墙的稳定性

设计后背挡墙时对土抗力的计算考虑到后背挡墙板桩支承的联合作用，水平顶力通过后背挡墙传递到土体上，近似弹性的荷载曲线，因而能将顶力分散传递，扩大了支承面，并根据支承情况，分别验算后背挡墙的工作安全状态。一般考虑三种支承状态，如图 3-31 所示。

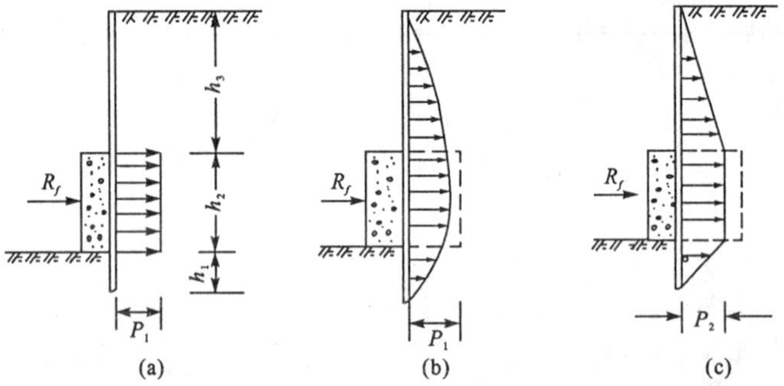

图 3-31　后背的支承状态

图 3-31(a)为不考虑板桩的联合作用的后背挡墙形式，计算时采用下式：

$$P_1=\frac{R_f}{F}=\frac{R_f}{Bh_2} \tag{3-56}$$

式中：P_1——后背挡墙墙作用在土体上的压力（t/m^2）；

F——后背挡墙的面积（m^2）；

R_f——最大顶力值（t）；

B——后背挡墙宽度（m）；

h_2——后背挡墙高度（m）。

图 3-31(b)为考虑板桩支承的共同作用，在后背土体上作用的荷载。此时荷载接近弹性曲线。

图 3-31(c)是为了计算方便，将弹性荷载曲线简化为一梯形力系。这时在后背挡墙单位宽度上所作用的力根据平衡条件为：

$$P_1 \cdot h_2 = \frac{P_2 h_1}{2} + P_2 h_2 + \frac{P_2 h_3}{2} \tag{3-57}$$

$$= \frac{P_2 h_1 + 2P_2 h_2 + P_2 h_3}{2}$$

$$= \frac{P_2 (h_1 + 2h_2 + h_3)}{2}$$

所以：

$$P_2 = \frac{2h_2}{h_1 + 2h_2 + h_3} \cdot P_1 \tag{3-58}$$

由式(3－58)可见，由于板桩的共同作用，土体所受的单位压力有所减少，即：

$$\frac{P_2}{P_1} \leqslant 1$$

工作坑较深时，后背挡墙板桩分两段支承。后背挡墙土体受力情况如图 3－32 所示。图 3－32(a)是后背挡墙用两段板桩支承；图 3－32(b)是考虑板桩支承共同作用时，不考虑第一段的支承作用，只考虑下面一段参与传递顶力作用，而 h_4 部分不予考虑。作用于土体上的外力，是在后背挡墙与板桩共同作用的条件下传递到土中的顶力，产生压应力 P_2，土内部为了抵抗压应力 P_2 而产生土抗力 σ_p，则后背挡墙土体的稳定条件为：

$$S = \frac{\sigma_p}{P_2} \tag{3-59}$$

式中：S——稳定系数；

σ_p——土抗力(t/m^2)；

P_2——顶力分散传递时，通过后背挡墙作用在土体上的压应力(t/m^2)。

当 $S>1$ 时，稳定；

当 $S=1$ 时，较稳定；

当 $S<1$ 时，不稳定。

图 3－32 中 O－A－B 为土抗力曲线，后背挡墙顶力值为 P_2，当 A'点与 A 点重合时，则 $S=1$，满足稳定性要求，此时后背挡墙土抗力能充分地发挥作用。后背挡墙设计尺寸在满足稳定条件下为最小，工程造价较经济。据上述情况，在土质均匀的条件下，可以计算出后背挡墙板桩与土之间的平衡条件。

在单板桩支承条件下

$$S = \frac{K_p \cdot \gamma \cdot h_3}{P_2} \tag{3-60}$$

但：
$$P_2 = \frac{2h_2}{h_1 + 2h_2 + h_3} \cdot P_1$$

$$P_1 = \frac{R_f}{F} = \frac{R_f}{Bh_2}$$

式中：B——后背挡墙宽度(m)。

将 P_1、P_2 代入式(3－60)得：

$$S = \frac{K_p \cdot \gamma \cdot h_3}{\frac{2h_2}{h_1 + 2h_2 + h_3} \cdot \frac{R_f}{Bh_2}}$$

化简：

$$S=\frac{K_p\gamma h_3(h_1+2h_2+h_3)B}{2R_f} \tag{3-61}$$

在二段板桩支承条件下，后背挡墙土体的稳定条件用下式校核：

$$S=\frac{K_p\cdot\gamma(h_3+h_4)(h_1+h_2+h_3)\cdot B}{2P} \tag{3-62}$$

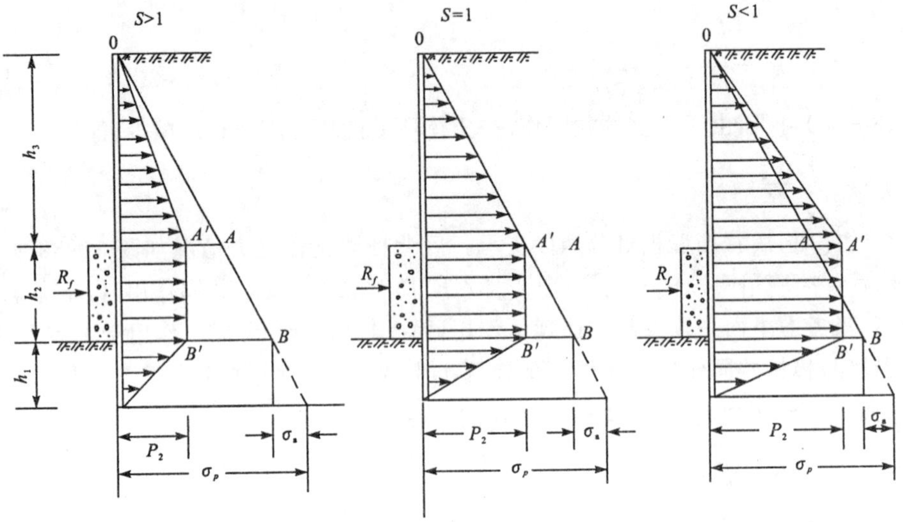

图 3-32　后背挡墙土体稳定性示意图

后背挡墙的计算程序是：先算出最大顶力 R_f 值，再根据板桩支承条件及土的性质假设后背挡墙的宽度与高度，并以此求出土体的稳定系数 S 值。当 $S<1$ 时，可增加后背挡墙尺寸，逐步调整直至 $S=1$ 为止，求出合理的后背挡墙尺寸。由式(3-61)可看出，当后背挡墙顶部的覆土深度 $h_3=0$ 时，稳定系数 $S=0$，此时后背挡墙土体处于不稳定状态。

第四章　成孔液与孔壁稳定

第一节　成孔液的功用与类型

非开挖成孔液是具有一定粘性的流体，目前多数是以水作为基液，以分散性粉末和化学物质作为主剂。成孔液的主要功用包括排除钻碴、保护孔壁、堵漏、平衡地层压力、冷却钻头、润滑钻具与孔壁、软化硬岩土和进行导向水射流等。成孔液的使用通过泵循环系统实现，如图4－1所示。

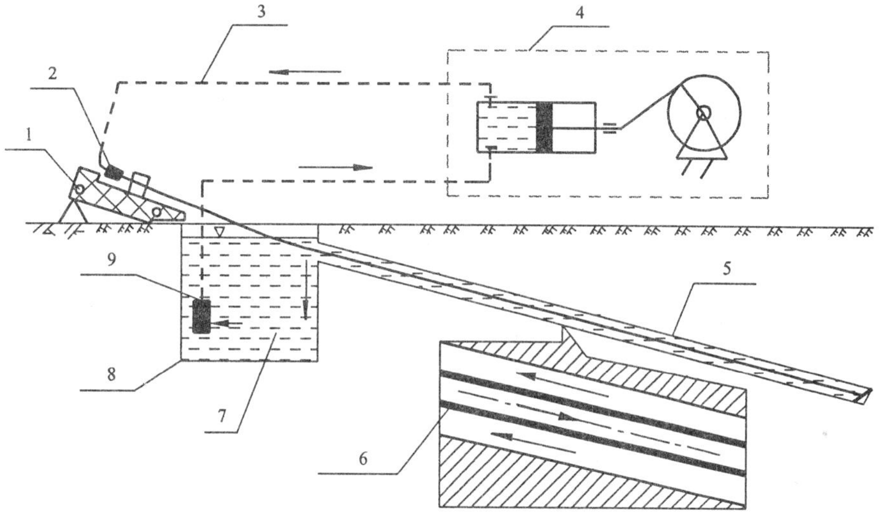

图4－1　非开挖成孔液的循环系统示意图

1—钻机；2—水龙头；3—高压管；4—泥浆泵；5—钻孔；6—钻杆；7—成孔浆液；8—浆池或浆罐；9—吸水管及莲蓬头

非开挖钻孔、扩孔时产生的钻碴必须及时予以排除，才能使钻、扩持续进行。为此，采用成孔液循环来冲洗钻孔：用泥浆泵从浆池或浆罐中抽汲成孔浆液，通过钻杆内孔泵压到孔底，冲洗被钻头或扩孔器破碎下来的钻碴，再流经钻杆和孔壁之间的环隙通道，返出地面，回到蓄浆池或罐中，不断循环使用。这时的成孔液又称为“冲洗液”。当然，如果成孔规模小且成孔液新浆补给足够时，则不回收再用返回浆液，而是将其作为废浆排走。

由于非开挖铺管经常处于复杂地层条件下，且形成的孔多呈水平状，因此孔壁失稳破坏问题十分突出。成孔液的粘性保护孔壁、平衡地层压力的作用显得尤为重要。钻孔越长，土质条件变化越多，情况就越复杂，成孔液的护壁作用就越明显。

成孔液的漏失在非开挖铺管工程中也是不容忽视的问题。降低漏失程度一方面能减少成孔液的损耗，另一方面由于减少了向地层中的失水，可使孔壁的稳定性得到提高。同时，降低漏失也防止了对周围环境和构筑物的污染与破坏。

在非开挖铺管工程中，成孔液不仅应具有冷却钻头的作用，更应体现较强的润滑作用，以减少管道铺设时管外壁与地层之间的摩擦阻力。

利用水射流破碎岩土是非开挖成孔液的一个重要作用，尤其是利用斜向水射流进行导向控制是关键的技术环节。另外，通过成孔液的浸润，软化岩土，有利于在硬土中钻扩成孔。

非开挖成孔液的主要类型包括清水、泥浆、化合物溶液、乳状液、泡沫浆液、盐水浆液等(表4-1)，应视具体地质状况、工艺措施和环境条件进行合理选择。一些情况下，须将几种类型复合在一起，形成多功能的成孔液，才能较好地满足实际工程的需求。

表4-1 非开挖成孔液的类型

类型名称	材料组成	品种	特点及适应性
清水	清水	单一	流动性好，取用便利，低粘，护孔、悬碴效果差
泥浆	粘土、水、处理剂	多	粘性和比重等可宽调，尤适于许多松散和水敏地层
化合物溶液	化合物、水	多	粘性可宽调，流动性较好，选配方可适于广泛地层
乳状液	水、油、乳化剂	较少	润滑性强，流动性好，护孔、悬碴效果较差
泡沫浆液	空气、发泡液	较多	低密度，防漏失，护孔、悬碴较好，制用较复杂
盐水浆液	盐、基浆	少	专用于高含盐量地层抑制孔壁分散

化合物溶液不仅可用作独立类型的非开挖成孔液，也是其他许多类型成孔液的配方成分，其分类主要包括：纤维素类(钠羧甲基纤维素、羟乙基纤维素等)、丹宁栲胶类(磺甲基化丹宁、栲胶碱液等)、淀粉类(普通淀粉、改性淀粉)、木质素磺酸盐类(木质素磺酸钠、铁铬木质素磺酸盐等)、腐植酸类(煤碱剂、腐植酸钾等)、聚丙烯类(如聚丙烯酰胺、聚丙烯腈)、野生植物胶类(胍尔胶、系列钻进粉、田菁、魔芋、LG植物胶等)、无机盐胶液(硅酸钠胶液等)。

第二节 非开挖水平孔的稳定性分析

非开挖铺管多在浅地层中成近于水平的孔中实施，例如距地面5m以内水平横穿马路，其成孔直径一般在几十毫米至上千毫米。所遇地层通常是粘土层、砂砾层或是它们的混合层，间或还会遇到淤泥层或石块区等。非开挖成孔时，孔壁及其附近区域的力学平衡受到破坏，在上述地层中极易发生孔壁的分散、垮塌、流失、变形、缩径、超径，即非开挖水平孔失稳破坏，这将严重影响非开挖施工的进行(如铺管受阻等)，甚至可能造成严重的安全事故(如路面塌陷等)。

全面研究水平洞室围岩(土)稳定问题，需通过理论分析、室内试验、模型研究和现场实测方法。主要内容包括洞室力学模型及本构关系的建立，岩土力学性质、物理性质和水理性质的室内测试和现场测试，地层应力状态与变形的测试和分析，洞室失稳破坏的计算判定。同时要充分考虑周边静、动载荷，地下水渗流，施工产生的干扰等影响因素。这是一个复杂、深入的工作过程，目前已经发展到诸如用多种力学方法耦合和计算机三维数值方法求解等较深入的阶段。

联系非开挖工程实际，为了明了和实用起见，我们对一些过细的复杂条件进行不影响宏观结果的简化，缩略掉太具体的推导、计算和编程过程，并选用实际非开挖工程一般能获得的岩土性质勘测数据，进行适于非开挖铺管用的水平孔稳定性分析。

原理：孔壁岩土的失稳破坏是由于成孔后孔壁地层内部应力状态发生变化超过了其强度极限所导致的。因此，首先从地层压力入手，解出井壁单元体的应力状态，再将这应力状态变换为与其唯一对应的主应力状态；接着，设法获得孔壁岩土的某种强度指标；最后，将主应力状态与强度指标比较，得出孔壁岩土是否发生失稳破坏的结论。

1. 地层压力分析

地层压力是决定钻孔稳定性的重要客观参数，在此它主要体现为非开挖孔壁处的垂直应力 σ_v 和水平应力 σ_x、σ_y（一般情况下视 $\sigma_x=\sigma_y=\sigma_h$）。垂直应力由上覆地层的平均重度 γ 和深度 h 决定，即 $\sigma_v=\gamma\cdot h$。水平应力由垂直应力和侧压系数 λ 决定，即 $\sigma_h=\lambda\cdot\sigma_v$。不同地质情况下的侧压系数差别颇大，可采用工程勘察中的原位测试（如旁压法）确定，也可对岩土样进行室内土工实验获得泊松比 μ，再由 $\lambda=1/(1-\mu)$ 确定。

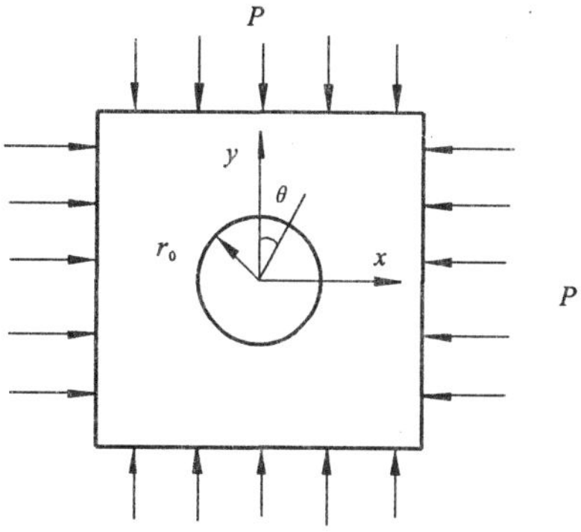

图 4-2 非开挖孔壁稳定平面应力问题示意图

2. 近孔壁地层的应力状态分析

非开挖铺管孔由于长度方向的尺寸通常比横截面尺寸大得多，因此可将近孔壁某点应力问题作为平面应力问题（图 4-2）研究。根据基尔西公式，钻孔近孔壁某点单元体应力大小如下：

$$\sigma_r=\frac{P}{2}(1+\lambda)(1-\frac{r_0^2}{r^2})+\frac{P}{2}(1-\lambda)(1-4\frac{r_0^2}{r^2}+3\cdot\frac{r_0^4}{r^4})\cos2\theta \tag{4-1}$$

$$\sigma_\theta=-\frac{P}{2}(1+\lambda)(1+\frac{r_0^2}{r^2})-\frac{P}{2}(1-\lambda)(1+3\cdot\frac{r_0^4}{r^4})\cos2\theta \tag{4-2}$$

$$\tau_{r\theta}=\frac{P}{2}(1-\lambda)(1+2\cdot\frac{r_0^2}{r^2}-3\cdot\frac{r_0^4}{r^4})\sin2\theta \tag{4-3}$$

由弹性力学理论，该点主应力大小为

$$\sigma_1=\frac{\sigma_r+\sigma_\theta}{2}+\sqrt{\frac{(\sigma_r-\sigma_\theta)^2}{4}+\tau_{r\theta}^2}=t+\frac{P}{2}\sqrt{2(1+\lambda^2)+m+n} \tag{4-4}$$

$$\sigma_3=\frac{\sigma_r+\sigma_\theta}{2}-\sqrt{\frac{(\sigma_r-\sigma_\theta)^2}{4}+\tau_{r\theta}^2}=t-\frac{P}{2}\sqrt{2(1+\lambda^2)+m+n} \tag{4-5}$$

式中：$t=-P\cdot\frac{r_0^2}{r^2}[(1+\lambda)-2(1-\lambda)\cos2\theta]$；

$m=2(1-\lambda^2)(3\cdot\frac{r_0^4}{r^4}-2\cdot\frac{r_0^2}{r^2}+1)\cos2\theta$；

$n=(1-\lambda)^2[(3\cdot\frac{r_0^4}{r^4}-2\cdot\frac{r_0^2}{r^2})^2+2(3\cdot\frac{r_0^4}{r^4}-2\cdot\frac{r_0^2}{r^2})\cos4\theta]$；

P——上覆土层垂直应力；

r_0——钻孔半径；

r——所求点半径；

θ——所求点与圆心的连线与垂直轴的夹角；

$\tau_{r\theta}$采用弹性力学中规定符号的反号为正。

3. 岩土主要力学参数的选用

反映土层力学性质的参数很多，考虑到非开挖施工深度一般较浅，且施工地层多为粘土、沙层等第四系沉积层，为方便计算评估孔壁稳定性，可选取通常反映地层岩土主要性状的内摩擦角 φ 和粘聚力 c 作为主要力学性质参数，研究其特性并与孔壁点单元体应力状态通过某种强度理论联系，判定单元体是否发生失稳破坏。内摩擦角和粘聚力可通过室内三轴实验获取，也可根据施工区域岩土勘察资料获得。通常情况下岩土材料的内摩擦角和粘聚力越大，地层越稳定，钻孔孔壁越不会坍塌破坏。

4.孔壁失稳的理论临界判定

钻孔孔壁发生破坏失稳的根本原因是孔壁某点单元体最大剪应力超过土的极限抗剪强度所致。根据莫尔-库仑破坏准则，也称土的极限平衡条件。

$$\sigma_1=\sigma_3\operatorname{tg}^2(45^\circ+\frac{\varphi}{2})+2\operatorname{ctg}(45^\circ+\frac{\varphi}{2})\cdot C \tag{4-6}$$

可判断钻孔是否发生破坏坍塌。若

$$\sigma_1>\sigma_3\operatorname{tg}^2(45^\circ+\frac{\varphi}{2})+2\operatorname{ctg}(45^\circ+\frac{\varphi}{2})\cdot C \tag{4-7}$$

则孔壁破坏，反之则孔壁稳定。

以上是主要的理论计算分析过程，在实际工程中，还应全面考虑成孔液压力和粘性稳定孔壁的作用、地下水渗流对孔壁稳定的影响，以及施工中的人为影响因素如震动，起、下钻具时的液压激动，循环动压力等。

第三节　成孔液性能参数

成孔液的性能是浆液各组分间相互化学和物理作用的宏观反映，以若干具体参数表达。成孔液性能直接影响着钻扩孔速度、孔壁稳定、钻具磨耗、润滑减阻和孔内净化等。成孔液的主要性能参数有密度(或重度、比重)、固相含量、流变性(粘度和切力)、滤失性(失水量和泥饼厚度)以及含砂量、润滑性、胶体率和 pH 值等。下面分别进行讨论。

一、比重、固相含量与含砂量

成孔液的比重是指成孔液的重量与同体积水的重量之比。它也可以用相关指标重度 γ(单位为 kg/m^3)来反映。成孔液比重的大小主要取决于成孔液中固相的重量，而成孔液中固相的重量则是原浆固相重量和钻屑重量之和。在有加重剂等其他固相物质加入的时候，加重剂等物质的重量也须计入。

成孔液的固相含量指成孔液中固体颗粒占的重量或体积百分数。成孔液中的固相包括有用固相和无用固相，前者如造浆粘土、重晶石等，后者为钻屑。成孔液中的固相，按固相比重来划分，可分为重固相(重晶石比重为 4.5，赤铁矿为 6.0，方铅矿为 6.9 等)和轻固相(粘土比重一般为 2.3～2.6，岩屑比重一般在 2.2～2.8 之间)。

成孔液的含砂量指成孔液中以钻屑为主的砂粒(为无用固相)所占的体积百分数，其颗粒的尺寸一般大于 200 目即大于 74μm。

成孔液的比重、固相含量和含砂量对非开挖钻扩孔的主要影响表现在以下几方面：

1.压力的平衡控制

防止漏失、涌水和维持孔壁的稳定，重要的一点是维持钻孔与地层间的物理力平衡。而孔内静液柱压力的大小决定于孔内液柱的重度和垂直深度，即：

$$P_s=0.1\gamma H \tag{4-8}$$

式中：P_s——静液柱压力(N)；

γ——重度，单位体积成孔液的重量(kg/m^3)；

H——液柱垂直高度(m)。

可以通过调节成孔液的重度 γ 使孔内静液柱压力与地层压力 P_s 相适应，以求得钻孔—地层间的物理力的平衡。

2. 对钻速的影响

(1)随着成孔液比重的增加，钻速下降，这在深度较大的钻孔中表现明显。因为钻井液水柱压力压迫正在被钻头破碎的岩土，降低破碎效率。比重越大，压力越大，破碎效率越低。而对于较浅的非开挖钻孔，因绝对水柱压力很低，因而比重对钻速的影响不大。

(2)比重相同的成孔液，固相含量愈高则钻速愈低(图 4-3)。因为固相含量高，钻头无效的重复破碎程度大，且孔底的水力冲刷和清洗作用差。由此可得，比重相同时，加重成孔液的钻速要比普通成孔液高，因为加重成孔液的固相体积含量低。

(3)比重和固相含量相同的成孔液，固相颗粒分散得愈细钻速愈低。有些研究者得出小于 1μm 的颗粒对钻速的扼制影响比大于 1μm 颗粒的大 12 倍。因此，为提高钻进效率，不仅应降低成孔液的比重和固相含量，而且应降低固相的分散度，即应采用不分散低固相成孔液。

3. 含砂量的影响

成孔液中的无用固相(主要为钻屑)含量会给钻进造成很大的危害。首先，无用固相含量高，浆液的流变特性变差，不仅使孔内净化不好而引起钻具阻卡，而且会在抽、送钻具时引起压力激动，造成塌孔或漏失。其次，无用固相含量高，泥饼质量变坏(泥饼疏松，韧性低)，泥饼厚。这样，不仅失水量大，引起孔壁水化崩塌，而且易引起泥皮脱落造成孔内事故。第三，无用固相含量高，对管材、钻头、水泵缸套、活塞拉杆磨损大。

因此，在保证地层压力平衡的前提下，应降低成孔液的固相含量和比重，特别是含砂量应越低越好。

测量成孔液比重的仪器目前用得最多的是比重秤，其结构如图 4-4 所示。测量时，成孔液装满于浆杯中，将杠杆放在支架上。移动游码，使杠杆成水平状态。读出游码左侧的刻度，即为成孔液的比重值。测量前，要用清水对仪器进行校正，如读数不在 1.0 处，可用增减装在杠杆右端小盒中的重颗粒来调节。

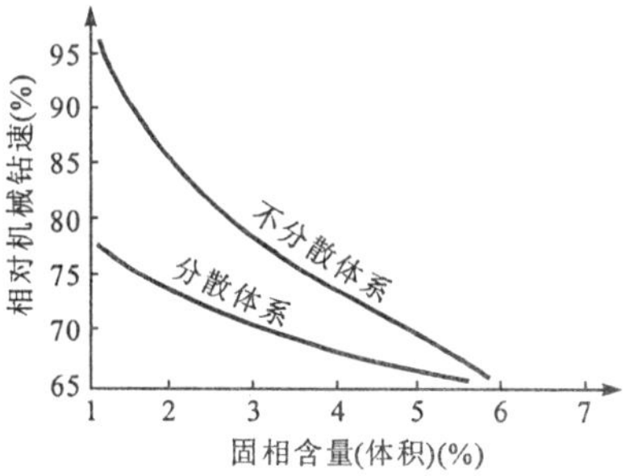

图 4-3　泥浆固相含量对钻速的影响

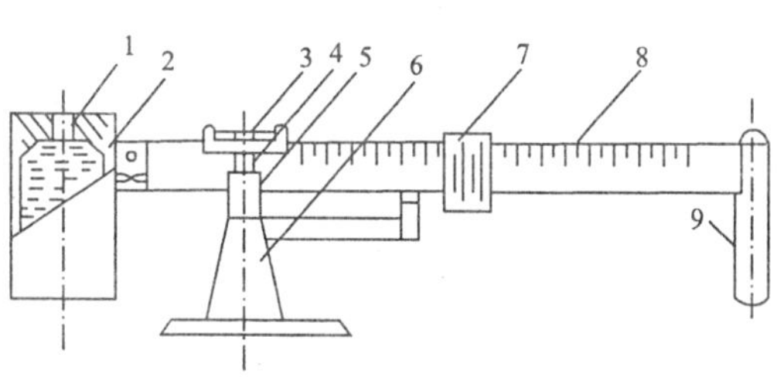

图 4-4　泥浆比重秤

1—杯盖；2—浆杯；3—水平泡；4—主刃口；5—主刀垫；6—支架；7—游码；8—杠杆；9—金属重颗粒

对成孔液中固相含量的测定，一般采用“蒸馏分离原理”，如图 4-5 所示。取一定量(20ml)的成孔液，置于蒸馏管内，用电加热法将其蒸干，水蒸气则进入冷凝器，用量筒收集冷凝的液相，然后称出干涸在蒸馏器中的固相的重量，读出量筒中液相的体积，计算固相含量，其单位为重量或体积百分比。

含砂量的测定，采用筛析原理，如图 4-6 所示。过滤筒中装有 200 目的筛网，筛余量即是大于 74μm 的砂粒。玻璃量筒是用来计量浆液体积及含砂量体积的。测定时，将定量浆液(50ml)装入量杯中，用清水稀释后，再转移到过滤筒筛网上，继续用水冲洗，筛余的砂砾再转移入干净的量杯中，量出其体积，再换算出百分含量。

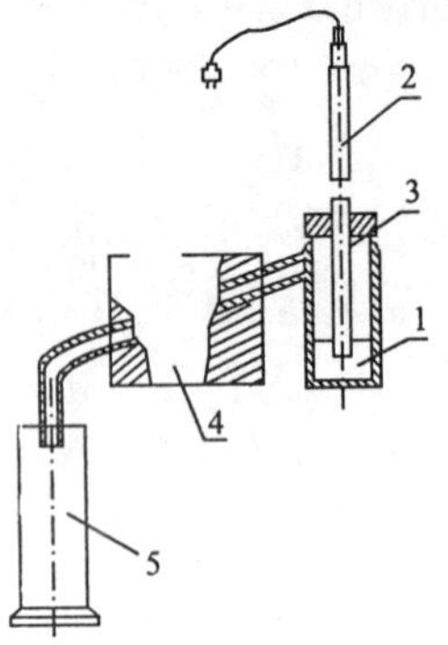

图 4-5　固相含量测定仪

1—蒸馏器；2—加热棒；3—电线接头；4—冷凝器；5—量筒

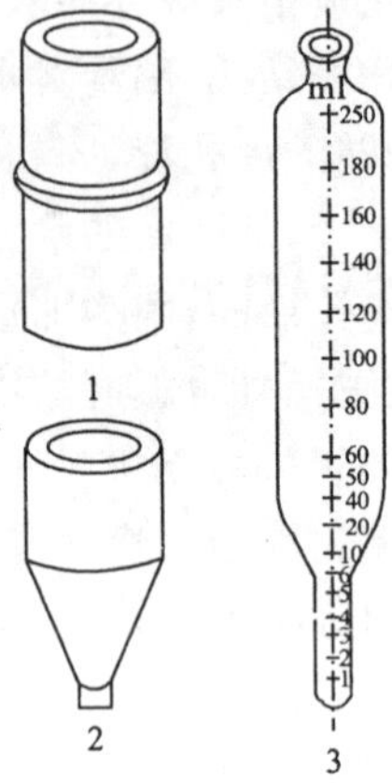

图 4-6　含砂量测定仪

1—过滤筒；2—漏斗；3—玻璃量杯

二、成孔液的流变性

成孔液的流变性是指成孔液的流动和变形性质，它以成孔液的粘稠性为主要研究对象。反映液体粘稠性的指标根据不同的液体流型有不同的表述方法，其基础建立在流变本构关系上。成孔液的粘稠性对非开挖钻扩孔的影响至关重要。

(一)粘稠性对成孔工作的影响

成孔液把钻碴从孔内携至地表，主要是靠液体的粘稠性；对于破碎的不稳定孔壁，利用较粘稠的成孔液还可以起到良好的粘结护壁作用。仅从这两点考虑，成孔液的粘稠性应该取高值。这也是选择粘性液体作为钻井液的基本出发点。

但是，成孔液的粘稠性大又有不利的方面，主要表现在：使井底碎岩效率降低；增加成孔液循环的流动阻力；增大对井壁的液压力激动破坏。因此，不能盲目增大成孔液的粘稠性，而应根据具体地层和成孔工艺要求，综合兼顾多方面的情况，确定合适的成孔液粘稠性。

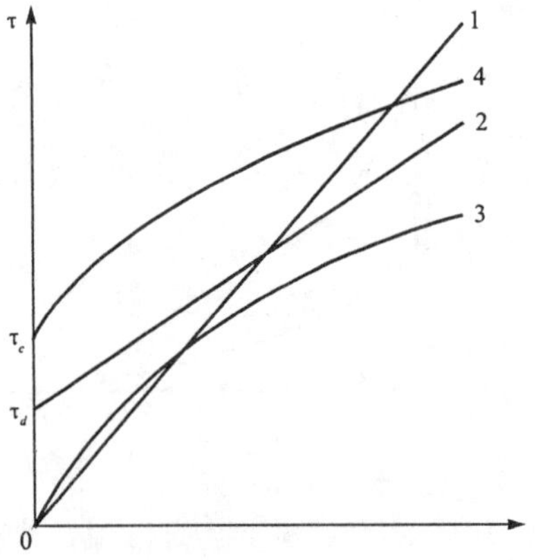

图 4-7　成孔液流体分析图

1. 牛顿流体；2. 宾汉流体；

3. 幂律流体；4. 卡森流体；

τ_d—动切力；τ_c—卡森动切力

(二)成孔液流型与流变参数

成孔液流动时的剪切应力 τ 与剪切速率 $\dot{\gamma}$ 之间的关系用流变方程和流变曲线来表达。流变关系大体上可以分为 4 种理论流体，即牛顿流体、宾汉流体、幂律流体和卡森流体(图 4-7)。一种具体成孔液的实际流体与哪一种理论流体相近，主要取决于构成成孔液的材料组成及其它们的含量。

(1)粘土含量较少的细分散成孔液比较接近于牛顿流体，其剪切应力主要由相互无连接力的粘土微粒及水分子之间的摩擦力构成。由牛顿流体关系式 $\tau=\eta\cdot\dot{\gamma}$ 可知，反映该类成孔液粘稠性的流变参数是牛顿粘度 η。

(2)由于一般成孔液(在未加稀释剂和高聚物加量很少的情况下)存在粘土颗粒之间的结合力，具有一定程度的网架结构。因此，成孔液在发生流动之前需要克服一定的结构力。其流体用宾汉流体来反映较为合适。由宾汉流体关系式 $\tau=\tau_d+\eta_p\cdot\dot{\gamma}$ 可知，反映该类成孔液粘稠性的流变参数是动切力 τ_d 和塑性粘度 η_p。

(3)当成孔液中的线形高聚物或类似油微粒的可变形物质含量较高，并且成孔液结构力很低时，可以用幂律关系来描述成孔液流型。这种流型的切应力随剪切速率的变化不是线性关系，而是由快到慢呈幂指数关系，也就是说，流动慢时切力增加得快，流动快时切力增加得慢。其原因是线形高聚物等在流动中具有顺流方向性。流速越大，顺流方向性越强，阻力增加得越慢。由幂律流体关系式 $\tau=K\cdot\dot{\gamma}^n$ 可知，反映该类成孔液粘稠性的流变参数是稠度系数 K 和流型指数 n。

(4)对于许多成孔液而言，既存在着粘土颗粒的空间网架，又有线形高聚物或类似的物质，也就是说，既存在结构力，又有顺流方向性。因此，用卡森流型来反映其流变关系更为合适。由卡森流型关系式 $\eta^{1/2}=\eta_\infty^{1/2}+\tau_c^{1/2}\cdot\dot{\gamma}^{1/2}$ 可知，反映该类成孔液粘稠性的流变参数是卡森动切力 τ_c 和卡森高剪粘度 η_∞。

(三)几个特殊的流变性指标

1. 成孔液的表观粘度与剪切稀释作用

如按上述，把成孔液分为 4 种流型的流体，则具体衡量这 4 种成孔液粘稠性的流变参数是互不相同的。可以用一个统一的指标参数来反映各种成孔液的相对粘稠性，这就是表观粘度 η_A。它等于成孔液流动时的剪切应力 τ 与剪切速率的比值，如式 $\eta_A=\tau/\dot{\gamma}$ 所示。对于牛顿流体，表观粘度就是牛顿粘度，是常量；而对于其他三种流型的流体，表观粘度不是常量，而是随剪切速率增加而减小的变量(这一点，无论从流变方程还是流变曲线上都能被明确地说明)。如果取剪切速率比较中间的某一定值为准，用该点对应的表观粘度作为平均表观粘度，则不同流型成孔液的粘稠性就有了相对统一的比较标准。

成孔液表观粘度随剪切速率增加而减小的性质称为成孔液的剪切稀释作用。剪切稀释作用对钻扩孔工作十分有意义：在钻头部位，成孔液流速差大，表观粘度低，有利于井底碎岩；而在环空中，由于成孔液流速差减小，表观粘度提高，有利于悬携钻碴。

2. 成孔液的凝胶强度和触变性

一旦成孔液停止流动即静止，便有或多或少的结构逐渐形成，直至趋于稳定。把成孔液静置时的结构力称为成孔液的凝胶强度，用动切力 τ_d 表示。凝胶强度是随成孔液静置时间的增长而增大的，即静切力是时间的函数。反过来看，当外加一定的切力使成孔液流动时，结构拆散，流动性增长，这就是成孔液的触变性。凝胶强度的大小和增长的快慢，对悬浮钻碴和开泵时的循环阻力有直接影响。为使停泵后孔内钻碴悬浮而不下沉，希望成孔液有快速凝结的触变性，但这又会导致重新开泵时的循环阻力过大。因此，应该使成孔液具有快速、恰当凝胶强度的触变性。

(四)成孔液流变性测量方法

1. 漏斗粘度计

如图 4-8 所示，以一定体积的浆液通过漏斗流出的时间来衡量粘性，粘度单位为秒(s)。

该法简便易行，但其粘度单位是相对比较单位（如我国普遍采用清水粘度为 15s 的漏斗）。

2. 旋转粘度计

如图 4－9 所示，当外筒旋转时，粘性流体将力矩传递给同轴内筒，并由扭力弹簧予以平衡，通过内筒偏转的角度来反映流体的粘性。现常采用的六速旋转粘度计，通过在 6 个不同转速下读出的偏转角度，经一系列公式计算，可以得到所测成孔液的牛顿粘度 η、动切力 τ_d、塑性粘度 η_p、稠度系数 K、流型指数 n、卡森动切力 τ_c 和卡森高剪粘度 η_∞、表观粘度 η_A 和凝胶强度等流变性指标。

图 4－8　漏斗粘度计

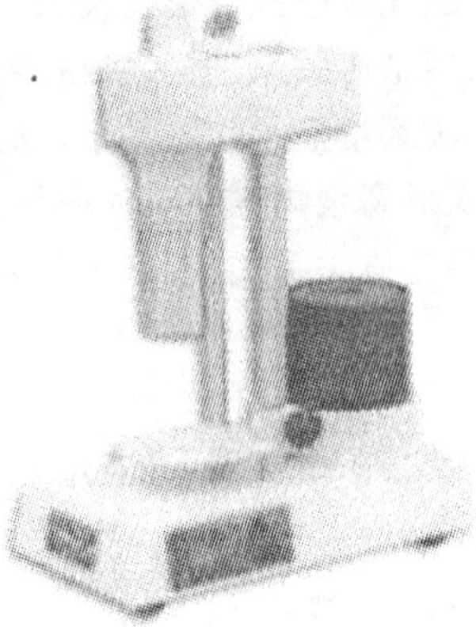

图 4－9　旋转粘度计

三、成孔液的失水造壁性

（一）失水造壁性的概念

在孔内液体压力与地层孔隙流体压力差的作用下，成孔液中的自由水通过孔壁孔隙或裂隙向地层中渗透，称为成孔液的失水。失水的同时，成孔液中的固相颗粒附着在孔壁上形成泥皮（泥饼），称为造壁。

压力差是造成失水的动力，它是由于孔中成孔液的液压力与地层孔、裂隙中流体的液压力不等而形成的。孔壁地层的孔隙、裂隙是成孔液失水的通道条件，它的大小和密集情况是由地层岩土性质客观决定的。除了较大的裂隙和空隙外，一般地层的孔、裂隙较小，只允许自由水通过，而固相颗粒周围的吸附水随着固相附着在孔壁上构成泥皮，不再渗入地层。

孔壁上形成泥皮，渗透性逐渐减小，减慢成孔液的继续失水。若成孔液中的细颗粒多而且水化效果好，则形成的泥皮致密而且薄，失水便小。反之，成孔液中的粗颗粒多且水化效果差，则形成的泥皮疏松而且厚，失水便大。

成孔液在孔内的失水处在两种不同情况下。一种是泵停止循环，泥皮不受液流冲刷，孔内的液压力只是成孔液柱静水压力，这时的失水称为静失水；另一种是泵循环，泥皮受到冲刷，孔内的液压力是成孔液柱静水压力与流动阻力损失之和，这时的失水称为动失水。根据实际钻孔工序，这两种失水是交替进行的。

静失水时，泥皮逐渐增厚，失水速率逐渐减小。因此时压力较小，泥皮较厚，故失水速率比动失水小；动失水时，泥皮不断在增厚，同时又不断被冲刷掉，当增厚速率与被冲刷速率相等时，泥皮厚度动态恒定，失水速率也就基本不变。

（二）失水性对成孔的影响

许多情况下，成孔液的失水对成孔的危害较大。

(1)当地层为泥页岩、黄土、粘土时，失水过大会引起孔壁吸水膨胀、缩径、散落、坍塌；

(2)对于破碎带、裂隙发育的地层，渗入的自由水洗涤了破碎物接触面之间的粘结，减小了摩擦阻力，破碎物易滑入孔眼内，造成孔壁坍塌、卡钻等事故；

(3)在溶解性地层中的失水越多，井壁地层被溶解的程度就越高；

(4)厚泥皮会加大对钻具的吸附，使钻杆回转阻力增加；

(5)厚泥皮使环空过流面积减小，循环阻力和压力激动增大。

成孔液的失水对钻孔的有利影响是：初失水可以湿润岩土，使其强度降低，有利于钻头对其破碎，提高钻进速度。

（三）失水量影响因素分析

分析失水量的影响因素及其相互之间的关系，以静失水为讨论基础。

成孔液的静失水是一个渗滤过程，因此遵循达西渗流定律。在此假设：地层的渗透率和泥皮的渗透率均是常数，且前者远大于后者；泥皮是平面型的，其厚度与钻孔直径相比很小。泥皮的厚度随时间增加而逐渐增大。按达西定律则有：

$$Q_t=\frac{\mathrm{d}V_t}{\mathrm{d}t}=\frac{KA\Delta P}{h\mu} \tag{4-9}$$

式中：Q_t——渗透速率(m^3/s)；

K——泥皮的渗透率(m^3/s)；

A——渗滤面积(m^2)；

ΔP——渗滤压力(Pa)；

h——泥皮厚度(m)；

μ——滤液粘度(Pa·s)；

V_t——滤失液体的体积，即滤失量(m^3)；

t——渗滤时间(h)。

经积分推导可得失水量计算公式：

$$V_f=A\sqrt{\frac{2K(\frac{C_c}{C_m}-1)\Delta Pt}{\mu}} \tag{4-10}$$

式中：C_c——泥皮中固体颗粒的体积百分数；

C_m——泥浆中固体颗粒的体积百分数。

由式(4-10)看出，单位渗滤面积的滤失量($\frac{V_f}{A}$)与泥皮的渗透率 K、固相含量因素($\frac{C_c}{C_m}-1$)、滤失压差 ΔP、渗滤时间 t 等因素的平方根成正比；与滤液粘度的平方根成反比。虽然式(4-10)是静态状况下的失水量关系式，但它能比较有效地反映影响失水的大部分因素，其数学推导过程确切，便于建立统一的衡量标准。

关于动失水，主要是在静失水的基础上加入对泥皮冲刷的影响，由于模拟环境与各种井内复杂的动态情况存在差异，建立统一的解析模型比较困难。现在，国内外已有一些动失水衡量的理论正在不断发展。从对泥皮的动冲刷力考虑，应该着重在两个问题上进行深入研究：

(1)钻井液循环和钻具回转引起对泥皮的液动冲刷，特别注意流速场分布在泥皮界面处流速的大小和流态；

(2)成孔液在泥皮界面上相对滑动的润滑性和粘滞阻力。

从以上讨论中可以分析成孔液降失水的主要途径为：①平衡或减小孔液与地层孔隙流体之间的压差；②选用优质造浆粘土和有关处理剂，增加水化膜厚度；③选用能提高水溶液粘度的处理剂，增加成孔液滤液粘度；④加快在复杂地层段的钻进速度，减少孔壁裸露时间；⑤减少成孔液循环对孔壁的冲刷。

(四)泥浆失水量的测量

1. 静失水仪

采用气压式失水仪(图 4－10)。测试条件：压差 7.1×105Pa，过滤断面 45.3cm^2，温度 20～25℃。测量时连续测两个点(例如 7.5min，30min)，然后按 $V_f=k\sqrt{t}$ 计算，衡量泥浆的失水特性。

2. 动滤失仪

如图 4－11 所示，仪器最高压差为 10MPa，相对滤器表面产生的流速梯度范围在 0～500^{-1}之间自由变换，用泥浆 2.2L。底部装有滤纸过滤孔，侧壁有两个岩心滤孔，可装岩心长 3～18cm，既可测得泥浆在滤纸上的动、静失水量，又能在不同渗透率的岩心上测得动、静失水数据。

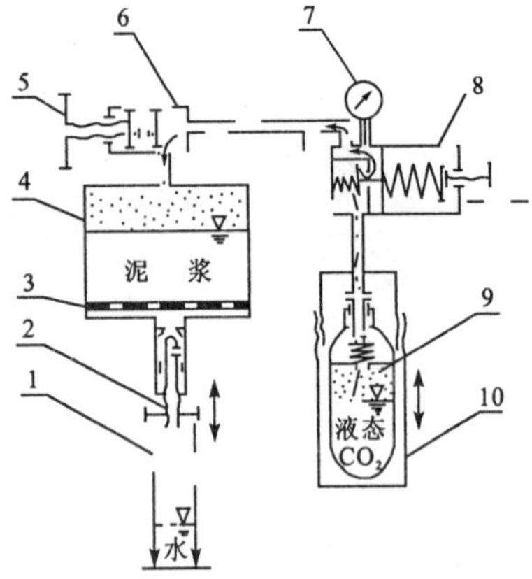

图 4－10　气压式静失水仪

1—量杯；2—放水阀；3—过滤板；4—泥浆杯；5—放空阀旋钮；6—放空阀；7—压力表；8—减压阀；9—CO_2 气瓶；10—气源

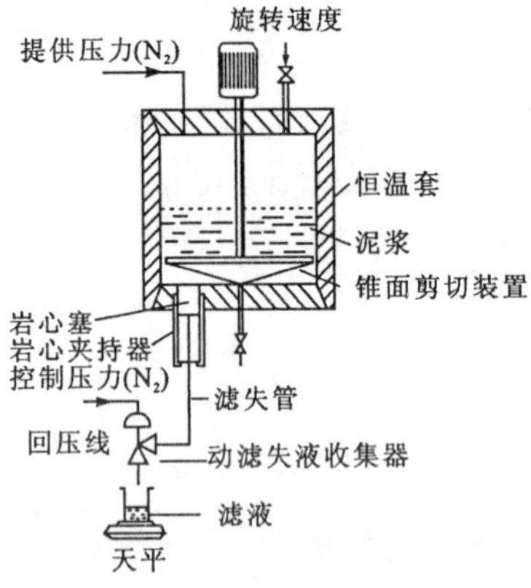

图 4－11　动滤失仪

四、成孔液的其他性能

1. 胶体率与稳定性

成孔液的胶体率是配液材料水化分散程度及悬浮稳定性的简易且有效的衡量指标。将 100ml 成孔液倒入有刻度的量筒中，静置 24h，观察析出水分的情况。如上部析水 5ml，则表明成孔液胶体率为 95％。一般要求成孔液的胶体率在 96％以上。

成孔液稳定性与胶体率在本质上相似，它是以静置 24h 后成孔液上下两层的比重差来衡量的，一般规定比重差值应小于 0.02。

2. pH 值

成孔液的 pH 值(酸碱度)对成孔液的性能有很大影响。多数造浆的水化颗粒带负电，必须在碱性条件下才能维持稳定，多数有机处理剂必须在一定的 pH 值下才能发挥好的效用。不同配方的成孔液具有自身的 pH 值，一般应控制在 8～11 之间。成孔液在使用过程中，若发现 pH 值相对于原设计值发生了变化，则应及时加以调节。提高 pH 值，可以加入 NaOH、Na_2CO_3 或 $Ca(OH)_2$ 等；降低 pH 值，可加入稀释的 HCl 或酸式盐。成孔液 pH 值的简单测量是用 pH 试纸；较精密的测量可用 pH 电位计（酸度计）。一般是对成孔液滤液进行测量，有时也可直接对成孔液进行测量。

3. 润滑性与泥皮粘滞性

成孔液的润滑性与钻具磨损、循环流动阻力、设备功率消耗等有密切关系。为提高成孔液的润滑性，可以使用含油成孔液、含润滑性好的高聚物的成孔液等，也可以在一般成孔液中加入无机润滑剂如硫化钼（MoS）和石墨粉等。成孔液润滑性用润滑仪测定，如图 4－12 所示。测量时，圆环和钢柱都浸泡在被测液中，由力矩控制机构控制两者的接触压力，当两者发生相对转动时，读出转矩数值并换算出被测液体的摩擦阻力值。

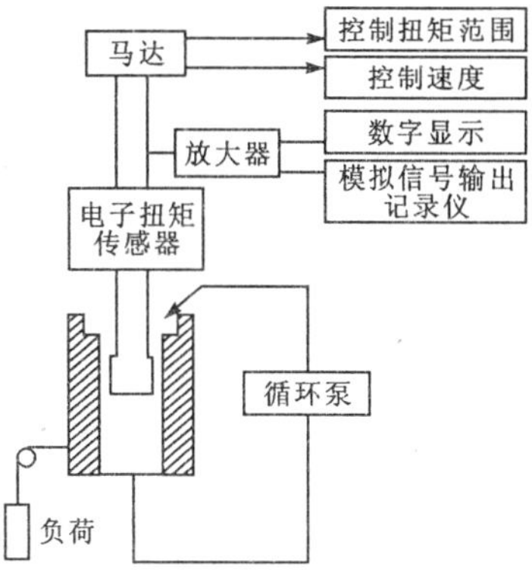

图 4－12　润滑性测试仪原理

泥皮粘滞性是衡量成孔过程中钻具回转或送入/拉出时泥皮阻尼的特性。泥皮粘滞性大时，往往粘附卡钻。因此泥皮粘滞性是成孔液一个比较重要的性能指标。泥皮粘滞性可用粘附系数测定仪测量。

4. 抑制性

成孔液的抑制性是指成孔液抑制孔壁岩土水化、膨胀、分散的性能，其评价实验的仪器和方法较多，例如简单的浸泡试验法、页岩膨胀测试仪、瓦式膨胀仪、滚子炉滚动回收法、毛细管吸收时间法、页岩稳定性指数实验法等。

第四节　针对砂、砾地层的配方

在砂层、砾石、卵石以及破碎带地层中钻进，成孔的难度很大。这类地层称为机械分散地层。由于颗粒之间缺乏胶结，钻进时孔壁很容易坍塌。

对于这类地层用泥浆或高粘浆液护壁，解决问题的关键是增加井壁颗粒之间的胶结力。粘性较大的浆液适当渗入井壁地层中，可以明显增强砂、砾之间的胶结力，以此使孔壁的稳定性增强。提高浆液粘度，主要通过使用高分散度泥浆（细分散泥浆）、增加泥浆中的粘土含量、加入有机或无机增粘剂以及采用高粘化合物钻进粉等措施来实现。

细分散泥浆是含盐量小于 1％、含钙量小于 0.012％，不含抑制性高聚物的分散型泥浆。其组成除粘土、Na_2CO_3 和水外，为了满足成孔需要，往往加有提粘剂、降失水剂和防絮凝剂（稀释剂）。依所加处理剂的不同，可有不同种类，如钠羧甲基纤维素泥浆、铁铬盐泥浆、木质素磺酸盐泥浆和腐植酸泥浆等。

高粘化合物钻进粉的主材源于大分子天然植物、高分子矿物化合物或生物聚合物。经不同的化学处理加工，其品种繁多。这类粉剂产品在水中易溶，能形成粘稠性高的浆液。

用高粘度的浆液在砂、砾层中钻进的成功工程很多，包括在流砂地层中钻进。在此举出以下一些典型的配方实例。

一、Na - CMC(钠羧甲基纤维素)泥浆

这是一种最普通的提粘型泥浆,Na - CMC 起进一步提粘和降失水作用。配方为:优质造浆粘土 150～200g,水 1 000ml,纯碱 5～10g,Na - CMC 6kg 左右。泥浆性能为比重 1.07～1.1,粘度 25～35s,失水量小于 12ml/30min,pH 值约为 9.5(注:加纯碱是配制泥浆的基础环节,目的是使粘土充分水化,提高分散性和造浆率,下同)。

二、铁铬盐—Na - CMC 泥浆

该泥浆提粘且稳定性较强,铁铬盐起防絮凝(稀释)作用。配方为:粘土 200g,水 1 000ml,纯碱液 50%浓度加量约 20%,铁铬盐溶液浓度 20%,加量 0.5%,Na - CMC 0.1%。泥浆性能为比重 1.10,粘度 25s,失水量 12ml/30min,pH 值为 9。

三、木质素磺酸盐泥浆

木质素磺酸盐取材于亚硫酸纸浆废液,一般与煤碱剂配合使用,以在提粘的基础上解决泥浆的防絮凝和降失水。配方为 $1m^3$ 泥浆用 80～200kg 粘土,30～40kg 亚硫酸纸浆废液,10～20kg 煤碱剂,5～10kgNaOH,5～10kg 消泡剂,900～940L 水。泥浆性能为比重 1.06～1.20,漏斗粘度 18～40s,失水量 5～10ml/30min,静切力 1min6～45dPa,10min12～90dPa,在钻进过程中为进一步降失水,可每 m^3 加 1～3kgNa - CMC。

四、腐植酸泥浆

腐植酸泥浆是用煤碱剂或腐植酸钠(钾)作稳定(防絮凝)的,它可以与其他处理剂如 Na - CMC 等配合使用,制备腐植酸泥浆的配方是 $1m^3$ 泥浆中加 50～200kg 煤碱剂(干量),3～5kgNa_2CO_3,905～955L 水,泥浆性能为比重 1.03～1.20,漏斗粘度 20～60s,失水量 4～10ml/30min,静切力 1min18～60dPa,10min36～120dPa,pH 值为 9～10。

五、植物胶钻进粉浆液

这是一类无粘土成孔液。基本粉剂取材于一些特殊的天然植物,含有丰富的纤维素、淀粉、微胶团、精油等,再经化学处理。现已制成水化效果强、分散稳定、具有高粘度的钻进粉产品,用于解决非开挖钻扩砂、砾地层的难题。这种钻进粉使用方便,每吨干粉的造浆率大于 $20m^3$。为了扩大地层适应范围,还加强了此类产品的降失水性、润滑性和抑制性等,还派生出用于下述不同地层的各类钻进粉。

第五节　土层中使用的成孔液

在粘土、泥页岩中钻进,突出问题之一是孔壁的遇水膨胀、缩径,甚至流散、垮孔。其原因是粘土、泥页岩中存在着大量的粘土矿物,尤其是蒙脱石粘土矿物的存在,使孔壁粘土接触到成孔液中的水份时,即发生粘土的吸水、膨胀、分散。这样的地层又称为水敏性地层。

显然,对于水敏性地层,尽量减少成孔液对地层的渗水,也就是降低成孔液的失水量以及增强孔壁岩土的抗水敏性、抑制分散是最为关键的问题。以下归纳出针对水敏性地层配制成孔液时的要点:

(1)选优质土。由于水化效果好，粘土颗粒吸附了较厚的水化膜，成孔液体系中的自由水量大大减少，所以优质土成孔液的失水量远低于劣质土的。

(2)采取“粗分散”方法。使粘土颗粒适度絮凝，而非极力分散，从而使井壁岩土的分散性减弱，保持一定的稳定性。

(3)添加降失水剂。Na－CMC、PAM等降失水剂通过增加水化膜厚度、增大渗透阻力、孔壁网架隔膜作用，可使失水量明显减少。

(4)提高基液粘度。成孔液中的“自由水”实际上是滤向地层的基液，其粘度愈高，向地层中渗滤的速率就愈低。

(5)调整成孔液比重，平衡地层压力。井眼中液体压力与地层中流体的压力差是成孔液失水的动力，尽可能减少压力差，维持平衡钻进是降失水的有效措施。

(6)利用特殊离子对地层的“钝化”作用。一些特殊离子的嵌合作用可以加强粘土颗粒之间的结合力，从而使孔壁稳定性提高。

(7)利用大分子链网在孔壁上的隔膜作用。成孔液中的大分子物质相互桥接，滤余后附着在孔壁上形成阻碍自由水继续向地层渗漏的隔膜。

(8)利用微颗粒的堵塞作用。在成孔液中添加与地层空隙尺寸相配伍的微小颗粒，可以堵塞渗漏通道，降低成孔液的失水量。

(9)活度平衡。调整成孔液中电解质的类型与含量，使之与地层物质相“平衡”，从而减少水份向地层移动的趋势。

下面介绍一些适于水敏性地层钻进的抑制性成孔液，包括钙处理泥浆、钾基泥浆、乳化沥青浆液和LG植物胶浆液的配方。这些成孔液抑制水敏往往是利用上述多个原理，而以其中之一为主。

一、钙处理泥浆

钙处理泥浆是粗分散泥浆的代表。粗分散泥浆的一个重要特性就是不使岩土过度分散，从而保持孔壁的稳定。Ca^{2+}的作用机理是部分取代粘土颗粒表面的Na^{+}，降低ζ电位，压缩双电层，使粘土颗粒适度聚结，孔壁的分散性降低。较为典型的钙处理泥浆有如下几种。

1. 石膏—铁铬盐泥浆

石膏可提供较高的Ca^{2+}和pH值较低，对孔壁起聚结作用；铁铬盐能抑制孔壁的分散，因而该泥浆的防塌性能提高。石膏泥浆多用于钻进厚石膏层和易塌的水敏性泥岩和页岩。配方：石膏的加量一般为泥浆体积的1.14%～1.7%，铁铬盐加量为0.86%～1.7%，烧碱为0.28%～0.42%，为降失水可加入0.14%～0.42%的CMC。配制的程序是：在淡水泥浆中先加少量铁铬盐和烧碱及一部分水，搅拌后，把其余的铁铬盐和石膏一起加入，再后加CMC控制失水量。典型的泥浆性能为：比重1.20，漏斗粘度25s，动切力3.0Pa，静切力1min1.0～10min4.5，失水量3～6ml，pH值10左右。

2. 氯化钙—褐煤泥浆

氯化钙和褐煤反应生成的腐植酸钙一方面使泥皮变得薄而致密、渗透性小，故成孔液失水量小；另一方面可调节泥浆中Ca^{2+}的浓度，即$CaHm_2 = Ca^{2+} + 2Hm^{-}$，从而有效地抑制地层造浆和泥页岩的水化膨胀，防止孔眼坍塌。配方：以加有0.3%～0.5%纯碱的比重为1.10～1.20的新浆一份，与煤碱剂(15∶2～3∶100～150)一份相混合，配成煤碱剂泥浆，然后加入0.5%～1.0%的氯化钙(配成溶液加入)经搅拌而成。其性能大致为：比重1.13～1.34，漏斗粘度 18～28s，失水量 3～5ml，泥皮厚 0.5～1mm，pH 值 10～11.5，滤液粘度 0.75～0.85mPa·s，Ca^{2+} 浓度 0.016%～0.024%。

二、钾基泥浆

钾离子对泥、页岩具有强的抑制作用。含钾离子的化合物有多种，因而可配制多种类型的钾基成孔液。若同时再加入基于其他稳定孔壁原理的处理剂，则解决地层水敏问题的效果会更好。已有 PAM－KCl、分散型氯化钾、氢氧化钾-褐煤、氢氧化钾－磺酸盐、铝钾等多种类型的钾基泥浆，现举两个具体实例。

1. PAM－KCl 泥浆

用无机盐 KCl 为离子交换型抑制剂，抑制粘土的膨胀，用絮凝型聚合物处理泥浆，聚合物吸附在井壁上，以包膜原理阻止水的渗入而维持孔壁稳定，属非分散型钾基成孔液。配方：粘土加量按在成孔液中所占体积计为 3%～5%，纯碱加量为土重的分子量在 300×10^4 以上，30%水解度的 PAM 加量为 1.43～3.583 kg/m^3，KCl 加量为 3%～15%左右。为除钙和提高抗温性能，可加入 5%左右的$(NH_4)_2SO_4$。这种成孔液对泥页岩的抑制作用，按稳定性指数仅次于油基泥浆。

2. 氢氧化钾-磺酸盐泥浆

用于施工蒙脱石含量高的地层。KOH 用于提供抑制地层分散所需的钾和控制 pH 值，钾含量必须使滤液中 K^+ 高于 0.2%～0.3%；木质素磺酸盐以其较大分子量起降失水和稳定作用，其含量必须保持在 24.8～28.6kg/m^3 之间。若钾和木质素磺酸盐含量低于此水平，便会因粘土水化而出现孔眼失稳问题。

三、乳化沥青浆液

乳化沥青浆液抑制水敏性地层的原理是成孔液循环时，由于孔壁岩土表面的矿物吸附乳化剂而使乳状沥青破乳，放出沥青微粒粘附在孔壁上，形成薄而坚韧的沥青质膜，起封闭隔水作用，防止水渗入水敏性地层，从而起到稳定孔壁的作用。

乳化沥青成孔液的配制方法是，先配制沥青膏，然后配制沥青成孔液。沥青膏的配制有多种方法，现介绍两种。

1. 用苛性钠皂化法

在容器中放入所需的水及部分碱，加热至沸腾，在搅拌情况下注入沥青和所需的碱液，搅拌 20～30min 即得。苛性钠加量，依沥青的酸值来定，沥青：水＝252～430kg：500～700l。

2. 用粘土粉制沥青膏

先将沥青加热至 180～200℃熔化脱水，保温在 180℃备用。按水：粘土(加 5%～6%纯碱)＝2：1 搅成成孔液加温至 80℃，在搅拌下细流加入保温在 180℃的沥青中，加完后继续搅拌 30～40min 即成沥青膏。

沥青成孔液的制备可用粘土粉制备的沥青膏为例来说明。其配方为：沥青膏 20%～30%，Na－CMC 0.3%～0.5%，水解度为 60%的水解 PAM 0.005%，水 70%～80%。

四、LG 植物胶浆液

LG 是樟科芳香植物，在我国分布较广泛。其中含有水溶性聚糖、精油、纤维成分和特殊微胶粒，经过一定的加工处理后，形成粘性调整范围较大的钻井液主剂或处理剂产品。

这种植物胶具有较好的降滤失和抑制泥页岩水化膨胀的能力。其原因是，它能通过叶粉中含有的水溶性纤维素和聚糖类大分子物质相互桥接，附在孔壁上形成隔膜，这些隔膜薄而坚韧，渗透性极低。另外，与地层配伍性较好的微胶粒的存在，能堵塞渗漏通道，从而达到堵漏和降低滤失量的目的，是一种新型的强抑制性护壁成孔液。同时，它的润滑性也很强。

使用时，取 20～30kg 的 LG 植物胶产品粉剂溶于 $1m^3$ 的基浆中，再搅拌 20～30min，即可使用。它也可以和膨润土一起配制成孔液。

第六节　硬岩土成孔液与润滑减阻技术

使用润滑减阻型成孔液不仅是提高坚硬地层非开挖成孔速度的有效措施，也是在许多地层中显著减少非开挖铺管阻力的好方法。

坚硬的岩石也是非开挖铺管钻进、扩孔常会遇到的地层，不仅像花岗岩、石英岩等非常坚硬的岩石，而且像大理岩、白云岩、千枚岩、板岩、密实的泥页岩等中等硬度的岩石也比粘土和砂、砾要硬得多。

对于钻进、扩孔而言，坚硬岩石有以下特点：

(1)由于岩石坚硬、摩擦性强，钻进时破碎岩石所需要的消耗大，进尺慢，钻头磨损厉害，容易发热烧钻。

(2)钻进坚硬岩石形成的井壁相对稳定，除了遇到较大的地层破碎带，一般情况下不易发生像土层、泥页岩和砂砾层那样的坍塌垮孔。

(3)由于硬岩钻进多采用磨削方式碎岩，钻屑颗粒细小，因而悬排钻屑较为容易。

针对以上特点，对硬岩地层成孔液的设计应侧重于增强润滑性和冷却性，减少固相含量以利于提高钻速；而对成孔液的悬排能力和护壁性往往要求不高。

就减小铺管阻力而言，在许多地层中进行非开挖铺管，经常遇到顶管、拉管的阻力较大，导致铺管困难，有时甚至半途而废。而解决这一难题的关键技术之一就是采用润滑性能好的成孔液，使孔壁岩土摩擦系数显著降低。

润滑减阻型成孔液可以分为乳状液、聚丙烯酰胺浆液和乳化泥浆 3 种类型。它们在性能和适应范围等方面有明显区别，下面分别予以介绍。

一、乳状液

乳状液是一种或多种液体(分散相、内相)以微小液珠的形式均匀分散在另一种和它不相溶的液体(分散介质、外相)中所形成的分散体系。分散相液珠的直径一般在 0.1μm 到 100μm 之间。非开挖铺管用乳状液的外相通常为水，内相通常为矿物油(柴油、煤油、机油)。要使油微粒高度分散在水中，即形成稳定的乳状液，必须加入第三种物质——乳化剂(表面活性剂)。乳化剂是同时具有亲油基和亲水基的物质，其作用是降低油、水界面的表面张力，减少油微粒相互吸引聚结的趋势，使油“化”在水中，因此它是形成乳状液的关键媒剂。非开挖乳状液的水、油、剂的体积比一般为 100∶10∶1。用润滑性测定仪测试的结果，乳状液的润滑性是清水的 3～4 倍。

因为有高度分散的且经过乳化的油微粒存在，乳状液易于高效地附着于孔壁岩土上，显著减小与管壁之间的摩擦系数，所以能够大大降低铺管阻力。采用乳状液的另一优点是冷却效果特别好，这从常见的机加工刃具都用乳状液来冷却就能看到。所以它在硬岩中钻进扩孔既能润滑减阻减耗，又能冷却钻具。从乳状液的有效配比来看，矿物油的用量比水的用量要少得多，因此制作成本低。只要正确掌握乳化剂的配方，这种液体的配制十分便利。表 4－2 列出常用乳化剂品种和性能特点。

表 4－2　常用乳化剂品种表

性型	名　　称	分子(通)式或结构描述	特　　点
阴离子型	油酸钠	$C_{17}H_{33}COONa$	水溶，润滑性强，稳定性差，碱性条件下用
	松香酸钠	$C_{19}H_{29}COONa$	
	十二烷基苯磺酸钠	R—⌬—SO_3Na	水溶，润滑性强，弱酸或碱性条件下用
	十二烷基硫酸钠	$C_{12}H_{25}SO_4Na$	水溶，润滑性强，可用于硬水条件
非离子型	聚氧乙烯脂肪醇醚	$R-O(C_2H_4)_nH$	易水溶，稳定性强，适应条件宽，润滑性不强
	聚氧乙烯烷基苯酚醚	R—⌬—$O(C_2H_4)_nH$	
	司盘(Span)	失水山梨醇与脂肪酸的缩合物	油溶，稳定性高，适应条件宽，润滑性不强
	吐温(Tween)	司盘与环氧乙烷的缩合物	水溶，稳定性高，适应条件宽，润滑性不强
阳离子型	十六烷基三甲基溴化铵		易吸附于固体表面、作油包水乳状液
	十二烷基吡啶盐酸盐	$C_{12}H_{25}(NC_5H_5)^+Cl^-$	

通常将阴离子型与非离子型乳化剂复合起来使用，发挥二者各具有的优点，使乳状液既有较强的润滑性，又有较好的稳定性。

使用乳状液的主要局限是它的粘度低，几乎与清水的粘度相近，而且降失水性差。因此，乳状液的悬排粗粒钻碴和保护易垮孔壁的能力较差。乳状液一般仅用在坚硬、稳定地层的非开挖铺管施工，才具有明显优势。

二、聚丙烯酰胺(PAM)浆液

这是一种既能润滑、减阻，又兼顾护壁、悬碴的浆液。水解聚丙烯酰胺的代号是 HPAM，它是一种长链大分子，分子式为 $\left[CH_2-\underset{COONa}{\underset{|}{CH}}\right]_x \left[CH_2-\underset{CONH_2}{\underset{|}{CH}}\right]_{n-x}$，分子量从几十万到 1 000 万不等。HPAM 中的 COONa 基团可以很好地水化，$CONH_2$ 基团则能吸附于岩土和钢材等固体。经理论分析和实践证明，HPAM 依托其长链分子的特殊作用，呈现出如下的优越性：

(1)有较强的润滑性，可以减少铺管阻力；

(2)循环流动阻力损失小，激动压力也小；

(3)具有捕捉聚沉钻碴的能力，易于成孔液的除砂净化、再生使用；

(4)固相含量低，加之流动性、润滑性、冷却性较好，使机械钻速明显提高，使钻机与泥浆泵的功率消耗降低，钻具的磨耗降低；

(5)具有较宽范围的可调粘度和降失水性，可在井壁上形成网膜多点吸附，因此其悬排钻碴和保护孔壁的能力较强。

使用 HPAM 作为非开挖成孔液，要掌握好水解度、分子量和加量这 3 个参数。一般情况下，水解度控制在 15%～80%之间；分子量选择在 100 万到 1 000 万之间；加量确定在 1%～0.1%之间。应视主要使用需求，对参数进行设计调整。例如：用于降失水和增粘为主，应采用分子量较低、水解度较高、加量适中的 HPAM；用于孔壁稳定为主，应采用分子量高、水解度适中、加量较大的 HPAM；用于成孔液的净化、再生使用为主，应采用分子量中高、水解度适中、加量较低的 HPAM。

HPAM 可以单独作成孔液用，也可以与泥浆复合使用。后者主要是为了达到成孔液的多项性能指标，以适于特定地层条件。用聚丙烯酰胺配制的泥浆种类较多，不仅有用于硬岩钻进即以除碴再生和润滑为主的，也有用于提高粘度、抑制地层分散等为主的。这里，以聚丙烯酰胺-聚丙烯腈泥浆（双聚泥浆）为例，介绍其具体配方。这种泥浆主要处理剂 HPAM 的分子量在 250×10^4 以上，水解度为 30%左右，起护壁防塌和除碴再生作用，用水解聚丙烯腈（HPAN）、聚丙烯酸钙（CPA）、聚丙烯腈钙（CPAN）、低分子量聚丙烯酰胺（LAP）等作为降失水剂。这种泥浆粘度低、流动性和润滑性好，有较强的护壁和除砂效用，失水量中等，可用于一般松软和水敏性地层钻进，其一些配方如表 4－3 所示。

表 4－3　几种双聚泥浆的配方和性能

编号	泥浆配方					泥浆主要性能							
	粘土（%）	纯碱量（占土量）（%）	PHP（$\times10^{-4}$）	CPA（$\times10^{-4}$）	HPAN（$\times10^{-4}$）	密度（g/cm³）	漏斗粘度（s）	表观粘度（$\times10^{-3}$ Pa·s）	塑性粘度（$\times10^{-3}$ Pa·s）	动切力（×478Pa）	失水量（ml）	泥皮（mm）	pH
1	4.7	6	200	200		1.02	26	15	9.0	6.5	14	0.5	8.5
2	4.7	6	400	200		1.02	29	19	12	9	12	0.5	8.5
3	5	6	100		100	1.03	23	14	—	—	20	—	9
4	5	6	350		150*	1.02	24.4	—	—	—	10.5	—	9
5	5	6	375		125	1.02	25	—	—	—	10.8	—	9
6	5	6	100		100*	1.02	25.4	—	—	—	11.1	—	8.5

注：* 为低分子量 PAM，分子量为 7×10^4，水解度为 30%。

需要提及，作为除砂净化剂使用时，PAM 与所絮沉的钻碴一起被消耗掉，因此需要不断补加。补加时，要在孔口循环液流出处加入，以达到在地表沉淀净化系统中而不是在孔内除砂的目的。

三、乳化泥浆

这种成孔液主要是普通泥浆与乳状液的复合。它既有泥浆的粘度调节范围大的优点，又有乳状液的润滑性强的优点，以综合满足悬排钻碴、保护孔壁、润滑减阻的需要。

乳化泥浆的配方即是前述普通泥浆配方与乳状液配方的直接组合。一般可采取先分别配出较稠的普通泥浆和乳状液，再将乳状液掺入普通泥浆中。例如，取 100kg 粘土粉、500kg 清水，加少量处理剂形成较稠的普通泥浆；再将 500kg 配好的乳状液加入其中搅拌混合。

第七节　一些特殊地层的成孔液

一、防地层溶蚀浆液

溶蚀性地层以氯化钠盐层最为典型，其他还有钾盐、石膏、芒硝、天然碱等。这类地层又称为水溶性地层，它们遇到成孔液中的水份就会发生溶解，使孔壁溶蚀掉，其结果经常导致孔眼超径、垮塌。

对付水溶性地层，主要从两方面入手解决：一是降失水；二是降低成孔液对地层的溶蚀性。在基浆中加入与地层被溶物相同的物质，使溶解度趋于饱和，就是常用的治理溶蚀的方法。例如在岩盐中成孔，采用盐水浆液作为成孔液，防塌效果良好。

为了使成孔液具有一定的粘度和重度，有时将盐水和粘土粉复配成盐水泥浆。它是粘土悬浮液中氯化钠含量大于1%，或是用咸水（海水）配制的泥浆，靠氯化钠的含量较大而促使粘土颗粒适度聚结并用有机保护胶维持此适度聚结的稳定粗分散泥浆体系。依含盐量的高低，分为盐水泥浆（一般含盐量为3%～7%）、海水泥浆（总矿化度一般为3.3%～3.7%）和饱和盐水泥浆（氯化钠约为33%～36%）。

盐水泥浆的粘度低，切力小，流动性好，抗盐侵，抑制岩盐地层的溶解，抗粘土侵的能力强，抑制泥页岩水化膨胀、坍塌和剥落的效果好。

盐水泥浆的配制有两种情况：其一是先用淡水制备分散性泥浆，然后加盐转化为盐水泥浆；其二是直接用咸水或海水配制泥浆。前一种情况相当于盐侵后泥浆的处理，容易配制；后一种情况，由于膨润土和普通粘土在盐水中不易分散，故配浆困难。为此，对于用盐水或海水直接配浆，宜用抗盐粘土，如凹凸棒土、海泡土等。

1. 由淡水泥浆转为盐水泥浆

淡水泥浆中加入NaCl，随NaCl含量的增加，泥浆性能有这样的变化规律：①NaCl含量小于1%时，泥浆粘度、切力和失水量的变化不大，属淡水泥浆的范围；②泥浆中含盐量大于1%时，粘度、切力和失水量随含盐量增大而迅速上升，当含盐量达某一值时（此值依粘土特性而定），粘度、切力达到最大值；③含盐量超过某一值时，粘度和切力随含盐量的增加而下降，失水量则继续增大；④pH值随含盐量的增加而逐渐下降。泥浆性能的这种变化，可用双电层原理解释。可以看出，若配制NaCl含量1%～3%的盐水泥浆，则泥浆处理应着重于降粘度和切力，而配制含盐量大于3%的盐水泥浆，泥浆处理主要应降失水。

由此，淡水泥浆加盐转为盐水泥浆的配制方法为：①粘土（加碱）预水化，制备淡水粘土悬浮液；②加有机处理剂处理，低盐泥浆主要加稀释剂，高盐泥浆主要加降失水剂；③加盐转为盐水泥浆，并用有机处理剂调节泥浆性能，如加CMC以降失水；④加NaOH以提高pH值到需要的范围；⑤钻进中，随盐的消耗（岩屑和孔壁吸附）需补加盐水溶液（含有机处理剂）。

2. 用咸水或海水直接配制泥浆

由于普通粘土在咸水中分散效果差，故粘土悬浮液的失水量大，泥浆易失去稳定性，这不符合非开挖成孔要求。最好采用凹凸棒土、坡缕蒿土这些抗盐粘土配制盐水泥浆。与膨润土比较，抗盐粘土虽然在淡水中的造浆率较低，但在盐水中的造浆率却较高。例如膨润土（山东高阳）在淡水中的造浆率为15m^3/t，而在饱和盐水中却只有6.7m^3/t；凹凸棒土（江苏盱眙）在淡水中的造浆率虽然仅为10m^3/t，但在饱和盐水中的造浆率却有14～19m^3/t。

二、低密度防漏液

在非开挖铺管施工中，有时会遇到严重漏失地层，成孔液无法循环返出孔口，从而造成钻碴在孔内积淤和成孔液消耗剧增的不良后果。针对这种情况，采用低密度泡沫浆液可以有效解决之。

泡沫浆液是含有大量气泡的气液分散体系。其中的液体为连续相，称为基液；其中的气体是分散相，常压下的气体总和体积可占到30%～90%。因此泡沫浆液的重量一般比同体积的水还要轻，密度可低到0.5kg/l以下。它用在低压漏失地层中，最主要的成效是显著减轻了向地层孔隙漏失的压力，使成孔液不向或少向地层里漏失而保障正常循环。归纳起来，泡沫成孔液在非开挖铺管工程应用具有以下特点：

(1)较低密度使得成孔液在低压漏失地层中得以正常循环；

(2)密集的泡沫膜网发挥出对孔隙的淤塞群堵作用，进一步提高了防漏效果；

(3)泡沫具有特殊的结构力和粘度，悬碴和粘结护壁能力比清水强；

(4)重量轻，流动惯性小，减少了抽动孔内钻具时的“激动压力”，有利于孔壁稳定；

(5)有一定的润滑性和较好的弹性，可以减少钻扩孔功耗和铺管阻力，降低钻具磨损，减轻钻具振动；

(6)节约大量的用水，尤其解决了干旱缺水地区的施工难题。

非开挖用泡沫浆液一般由发泡剂、稳泡剂、基液和空气组成，在液相中加入少量的发泡剂，经搅拌或专用混合装置与空气混合即能形成泡沫。发泡剂从原理上看就是气相和液相界面上的表面活性剂。这种物质的分子由两个极性端组成，一端是亲气相结构，另一端则是亲液相结构，所以能大大降低气液界面上的表面张力，使气、液相容，从而形成泡沫。

部分适于非开挖用的发泡剂(及其代号)有：烷基苯磺酸钠ABS、十二烷基硫酸钠和十二醇硫酸钠K_{12}(TAS)、脂肪醇醚硫酸钠ES、椰子油单乙醇酰胺磺化琥珀酸脂二钠盐F842、聚氧乙烯辛基OP7和OP10、十二烷基二甲基氧化铵OB-2、脂肪醚三乙醇胺盐TA-40、十二烷基二甲基甜菜碱BS-12等。其中大部分为阴离子型和非离子型表面活性剂。阴离子型的发泡能力强，但抗干扰性差；非离子型的发泡能力低，但抗干扰性强。为取二者优点，往往将阴离子型和阳离子型表面活性剂复合使用。

稳泡剂是以延长泡沫持久性为目的而加入的辅剂。一些有机大分子和表面活性剂可用作稳泡剂。例如CMC、HEC和PAM就是良好的有机稳泡剂，而月桂酰二乙醇胺等则是良好的表面活性剂稳泡剂，它们的作用机理是显著增加了液膜强度，例如CMC长链分子在液膜上具有搭结效应。

基液可以是清水、化合物溶液或泥浆等。发泡剂和稳泡剂只需很少的加量，按重量比在基液中各加入约0.4%即可。

这里介绍一种新研发的基液类型GWH-1。它采用一种密度比水还轻的植物粉末，其中含有纤维素分子和特殊的胶体结构，经过水解处理可以与水很好融合形成低密度基液。在这种基液中加入发泡剂和稳泡剂能够形成稳定泡沫。该泡沫浆液的特点是：①由于主材的密度就很低，所以它的低密度控制效果更加优于泡沫泥浆；②由于纤维素和特殊胶体结构的复合作用，使泡沫浆液的粘度与切力明显优于清水泡沫；③由于含有恰当的长链纤维素，液膜强度进一步增加，泡沫浆液的稳定性明显提高；④由于胶体结构对封堵地层漏失孔隙起到“骨架”作用，因而堵漏效果更加明显。GWH-1自2003年问世以来，在新疆哈密等严重漏失且干旱缺水地区使用，有效地解决了常规钻井液钻孔不循环返浆的技术难题。

三、水射流型液体

在非开挖导向钻进中采用钻头定向水射流，一方面是为了控制钻孔方向，另一方面是利用水马力和浸润软化作用帮助提高钻进硬地层的效率。若地层结构稳定，一般选用低粘度的流体作为水射流液体（如清水和乳状液），因为低粘度流体的冲击动量、浸润效果和洗刷作用都大于高粘度流体。但是相当多的非开挖铺管地层属于不稳定地层，清水一类的低粘流体无法满足护孔和悬碴需求。为了解决这一矛盾，使成孔液既能发挥较大的水马力，又有较好的悬碴护壁作用，应该配制具有明显"剪切稀释"能力的成孔液。所谓"剪切稀释"就是在低流速下浆液有一定的粘度，而在高流速下浆液的摩阻力并不明显增加。这正好符合我们想要的结果，即在钻头喷嘴处高速喷射浆液的摩阻力并不很高，有利于水马力发挥；在钻孔中流动相对缓慢，则成孔液的粘度较强，宜于排碴和护壁。

配制具有剪切稀释作用的成孔液，应选择一些长链分子化合物作为主剂。原理上，长链分子物质具有随流动速率增加定向性增加的特性，液体流速越高分子排列越"顺"，阻碍流动的"障碍"越小，这种特性在流变关系曲线中表现为幂律流体和卡森流体（图 4－7）。可以看出，具有剪切稀释作用的成孔液的摩阻力增幅明显低于清水和普通泥浆。

可以选用长链大分子的胍尔胶、田菁粉、HPAM 和一些野生植物胶等作为剪切稀释成孔液的主剂。这些粉剂在水中的加量按重量百分含量一般在 0.3%～1%，即可成为所需要的射流型成孔浆液。它们在使钻头喷射效果较强的同时，又能起到保护孔壁和悬排钻碴的良好作用。

此外，含有大量微小油粒的浆液（如乳状液）也有一定的"剪切稀释"作用。因为油粒是很明显的弹性变形物质，也具有流速越大、变形越大、定向越"顺"的特性。

第八节　成孔液的设计、用量计算与配制

一、成孔液的一般设计方法

较全面的成孔液设计的基本流程是：设计成孔液的比重、流变性、降失水性等主要技术指标——确定成孔液的胶体率、允许含砂量、固相含量、pH 值、润滑性、渗透率、泥皮质量等重要参数——选择造浆基本材料和处理剂——进行成孔液处理剂配方设计——成孔液材料用量计算——确定成孔液的制备方法——拟订成孔液循环、净化、管理措施。

（1）考虑悬排钻碴、护壁堵漏的要求确定成孔液的流变性。流变性的指标主要是粘度 η 和切力 τ。η 和 τ 的调整范围很宽，一般 η 的范围在 10～100mPa·s，τ 的范围在 0～20Pa，应视不同成孔情况具体确定。另外，在一些情况下，还要考虑成孔液的剪切稀释作用和触变性。

（2）按平衡地层压力的要求计算成孔液的重度 γ。即 $\gamma h = P_c$ 或 $\gamma h = P_o$。P_c、P_o 分别为孔深 h 处的地层侧压力或地层流体压力。那么，究竟是按 P_c 还是按 P_o 计算，要视实际情况下平衡哪一种压力更为重要来定。如果两者都需要平衡，就应该分别计算出两种结果，权衡出介于两者之间的某值。一般成孔液的比重在 0.60～1.30 之间。

（3）成孔液的其他设计指标的参考范围为：失水量应不大于 15ml/30min，含砂量不大于 8%，胶体率不小于 90%，pH 值视不同情况在 6～11 之间调整，润滑系数应控制在 0.02～0.50。

非开挖工程的地层特点及其钻扩孔工艺等差异甚大，因而对成孔液性能有明显的不同要求，设计重点也因此而不同。例如，在钻碴粗大及孔壁松散的地层中，成孔液的粘度和切力等流变性指标成为设计重点；在稳定的坚硬岩中钻进，成孔液设计的重点是针对钻头的冷却和钻具的润滑，而此时护壁和排碴等则处于次要位置。又如在遇水膨胀塌孔的地层中钻进，成孔液的设计重点则应放在降失水护壁上；在对压力敏感的地层中，成孔液的重度设计又显得尤为重要。因此，针对特定的钻扩孔情况，在全面设计中找出相应的设计要点，是做好成孔液设计的关键所在。

在成孔液性能设计中可能会遇到一些相互矛盾的情况，满足一些设计指标时，另一些指标则得不到满足。对此，应该抓住主要问题，牺牲次要问题，综合照顾全面性能。在一些要求不高的场合，可以酌情简化对成孔液性能的设计，适当放宽对一些相对次要指标的要求，以求得最终的高效率和低成本。

二、材料用量计算

(1)成孔液总体积的计算。所需成孔液总量 V 是孔内成孔液量 V_1、地表循环净化系统成孔液量 V_2、漏失及其他损耗量 V_3 的总和：

$$V=V_1+V_2+V_3 \tag{4-11}$$

若成孔长度为 L，成孔直径为 D，则孔内成孔液量为：

$$V_1=\frac{1}{4}\pi D^2 L \tag{4-12}$$

地表循环净化系统成孔液量为成孔液池、沉淀池、循环槽和地面管汇的体积之和。漏失及其他损耗量，应根据实际情况确定。

(2)粉剂用量计算(以粘土粉为例)。配制 $1m^3$ 体积的成孔液所需粘土重量 q 按下式计算：

$$q=\frac{\gamma_1(\gamma_2-\gamma_3)}{\gamma_1-\gamma_3}\times 1\ 000 \tag{4-13}$$

(3)配浆用水量计算。配制 $1m^3$ 体积的成孔液所需水量 V_W 为：

$$V_W=1\ 000-\frac{q}{\gamma_1} \tag{4-14}$$

(4)成孔液处理剂的用量计算。总的来看，处理剂在成孔液中的加量较少，按体积含量计一般只占成孔液总体积的0.1%～1.0%。具体数值由达到设计粘度、失水量等指标的配方决定。值得注意的是要弄清处理剂的加量单位。粉剂一般是以单位体积成孔液中加入的重量来计，而液剂则是以单位体积成孔液中加入的体积量来计。还有一些情况下，则以单位重量粘土粉中加入多少重量或体积的处理剂来计算。

三、成孔液的配制

制备成孔液的设备有机械搅拌机(卧式或立式的)和水力搅拌机两种。使用粘土粉造浆时，最好采用水力搅拌机。粘土粉加入漏斗中，并利用水泵排出管的液流与粘土粉在混合器中混合，混合液在混合器中沿螺旋线上升至容器上部，输出成孔液。反复循环几次后，便可配得所需性能的成孔液。

为使成孔液有较好的性能，用粘土粉配得的成孔液应在储浆池中陈化一天，称之为预水化，使粘土充分水化分散，然后再使用。

第五章　导向钻机设计的基本原理

随着材料及加工制造业的突飞猛进，目前的非开挖钻机向高性能、全液压、大功率方向发展。液压钻机以操作方便、功能器件体积小、使用安全可靠等技术优势成为钻机设计的主流方向。下面以美国威猛公司导/定向钻机为例，介绍导向钻机的发展趋势：

(1)功能模块化。设备由多个功能模块组合而成，而每个功能模块则由更小的、精度高的机械模块和控制模块组合而成，使得整个系统简单化，又由于模块本身具有很大的通用性和互换性，保障了设备的可靠性，降低了故障率，提高了设备控制的精确性和可维护性。如威猛大部分钻机都配备有许多不同的控制模块：水控制模块(除 D40×40 和 D50×100 这两个老型号的钻机外)、防碰撞模块、发动机冷启动控制模块及自动保护模块、NEVTEC II 控制模块和遥控锁定越控模块、油泵控制模块等。

(2)材料专业化。世界经济全球化和新技术高度发展的今天，采用和吸收外埠新技术对提高自己产品性能和竞争力是极其有利的。威猛钻机主要配备 Cummins、John Deere、Caterpillar 等世界知名品牌的高性能柴油发动机；采用世界上最著名的液压泵与液压马达，以确保设备性能；采用美国波音公司的配方和整体锻造技术来保障钻杆的柔韧性(确保小的曲率半径)和强度。

(3)操作自动化。自动化程度是设备性能的一个主要指标。许多设备厂家都设计有丝扣油自动涂抹装置、自动液压地桩系统、自动钻进和回拖装置、钻杆全自动存取装置、钻杆装卸位置自动选择装置和泥浆自动关闭装置等。VERMEER 公司的钻杆全自动存取装置可以依次连续自动完成钻杆的装杆和卸杆的辅助动作；在 D33X44 及以下的小型机器中都配备钻杆装卸位置自动选择装置，具有电控选择功能，只需一个开关就可轻松选择你所需的位置，以使所有的钻杆得到均匀使用，达到延长使用寿命的目的，对于中大型机器，有液动选择钻杆列数功能；泥浆自动关闭装置则在保证前虎钳夹住时，泥浆泵被关闭，为装卸钻杆做好准备，并防止因忘记手动关泵而造成泥浆四处飞溅的现象。

(4)使用安全化。安全化程度是钻机设计的一大亮点，包括操作人员安全和机器设备安全等两大方面。许多国外设备厂商在钻机上配备远程遥控锁定/熄火系统，该系统运用双向通信技术使工作人员在远离钻机操作平台的位置上能方便地将钻机锁定或使发动机熄火，保证钻杆另一端工作人员在装卸钻杆或从事其他工作时的人身安全；威猛公司在钻机上还配备电击报警装置，当钻头触及地下电缆时都能发出声响报警，以提醒操作者和钻机周围的工作人员有危险。为保障设备的安全性，许多先进设备配备有操作员在位开关、双手柄控制机构以及动力头浮动装置等。操作员在位开关可以确保操作员在离开座椅时钻机自动失去旋转、推进/回拖功能，有效防止了某些意外事故的发生；双手柄控制钻进/行走机构则使操作者的双手处于工作状态而不致在空闲时做出误操作；浮头系统则减少了钻杆与动力头在装卸过程中的频繁微调，减少钻杆和动力头螺纹的磨损，延长了钻杆和动力头的使用寿命。

(5)设备多功能化。如威猛的 D33×44 钻机可以直接与气动冲击胀管工具配套使用，用于旧管的改造或更新，扩展了水平导向钻机的市场范围；机器在设计时还预留了有线导向仪的接口，在某些特殊情况下，客户可能会选用有线导向仪，设计上充分考虑了客户的不同需求。

另外，某些钻机预留外部高压泥浆、泡沫和压缩空气的输入接口，能满足多工艺钻进要求。

(6)设计人性化。设备的人性化设计提高了人机之间的亲和力和工作效率。自载式设计把发动机、液压系统、操作室、高压泥浆系统、管钳系统一体设计，快速现场组装，减轻了劳动强度，提高了工作效率；集中控制设计则把所有操作功能包括行走、钻进、泥浆控制全部通过操作室发出指令来完成，操作员一人即可完成各种功能，大大提高了效率；人体工程学设计的座椅和操纵手柄能使操作人员舒适轻松地进行长时间的机器操纵而不至于疲劳；同机配备的高压水枪洗机装置使人、机显得轻松和谐。

本章主要介绍常用的液压非开挖导/定向钻机功能器件的基本原理和主要性能参数的计算方法。

第一节　钻机的功能单元及实现方法

目前，非开挖钻机逐渐向人性化发展，全液压动力头式钻机是发展的必然趋势。通过复杂的液压机构实现钻机自爬行、起吊重物和拧卸钻具等功能，极大地减轻了司钻人员的劳动强度；另外，钻机也向结构紧凑而又大功率方向发展，从而增强了钻机的现场适应能力。

一般来说，非开挖全液压动力头式钻机总体结构有以下特点：①液压马达驱动、可移动式回转器；②液压缸或液压马达驱动的给进/回拉机构；③双夹持器拧卸钻杆系统；④大多配备钻杆自动存放和提取系统；⑤装载方式以履带式底盘居多。图 5－1 为简化的钻机示意图。

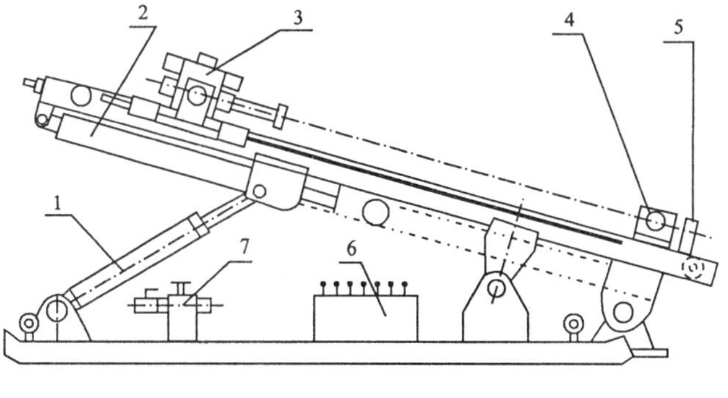

图 5－1　导/定向钻机总体结构示意图

1—支撑油缸；2—给进机构；3—回转器；4—夹持器；5—扶正器；5—操作台；7—动力站

非开挖液压钻机不论外形如何庞大或价格如何昂贵，其基本功能为：实现回转、给进和回拉、钻机水平角度调整以及其他附属功能。

一、回转机构

钻机钻进和回拉时所需的转速较低，而扭矩较大，国内外导/定向钻机的转速范围一般为 0～150r/min，要求大扭矩的钻机为 0～50r/min，高转速的则在 0～200r/min 以上。钻机的回转器(动力头)都由低、中速液压马达驱动，与液压泵组成容积调速系统，实现较大范围的无级调速。系统压力多在 17～25MPa。因对转速和转矩的范围要求不同，导/定向钻机的动力头有下面几种形式。

(1)液压马达直接驱动的通孔式低速大扭矩马达。

(2)液压马达＋齿轮箱，许多钻机的回转器设置一级齿轮减速以改善液压马达的输出特性，增大输出扭矩；也有的钻机为扩大调速范围，设置几档齿轮变速。

(3)双马达＋齿轮箱，威猛公司的几种钻机和宣化 Ingersoll - Rand 公司生产的 DZ200A 型钻机即采用这种方式，可获得较大的回转扭矩。

二、给进/回拉机构

该机构是非开挖钻机的主要执行机构之一，其性能的好坏直接影响钻机钻进效率、钻孔质量及钻机各项技术性能的发挥。因此，对非开挖钻机给进机构有如下基本要求：

(1)给进机构应为全液压式，能够实现无级调节给进力。

(2)由于施工中一般采用一钻到底的工作模式，很少中途提钻更换钻头。因此，在条件许可的情况下，尽可能加大给进行程和尽可能长的钻杆单根，以实现长行程连续给进，减少钻进中的辅助时间，提高效率，预防孔内事故发生。

(3)应具有足够的给进力、回拉力和较大的回转扭矩，以满足反扩拉管需要。

实现长行程给进是动力头式钻机的主要特点之一。下面介绍几种给进/回拉机构结构形式。

1. 液压缸给进/回拉机构

这种机构采用液压缸直接驱动回转器移动，结构简单，但给进行程小，如图 5 - 2(a)所示。

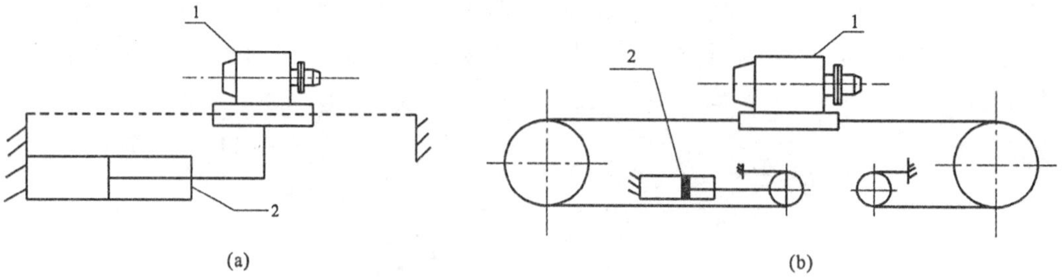

图 5 - 2　液压缸给进/回拉机构原理图

1—动力头；2—液压缸

2. 液压缸—链条(钢丝绳)给进/回拉机构

液压缸通过链(绳)轮、链条(钢丝绳)把作用力传递给回转器[图 5 - 2(b)]，工作时回转器的行程和钻进/回拉速度是液压缸行程的两倍，因而被称为倍速机构。钻机的给进机构在施工中的另一个重要作用是回拉。为保证所需的回拉力，该形式的给进/回拉机构大多采用链轮链条作为传力机构。其缺点是：给进油缸有效推力只利用一半；导轮数量多；钢丝绳(或链条)缠绕较多；活塞杆一端随滑轮运动。

3. 液压马达式给进/回拉机构

它分为两种，如图 5 - 3 是该技术的给进/回拉机构的示意图。一种为液压马达通过链轮、链条传递作用力，在后面章节中将重点介绍该类机构的液压计算原理。CASE 公司给进/回拉机构即采取此方式。另一种为液压马达直接驱动齿轮，回转器在齿条上实现前后移动。美国 Augers、Tulsa 公司和英国 Steve Vick 公司出品的钻机大都采用这种结构形式。

马达均采用低速大扭矩马达，该机构的优点有：结构简单、尺寸小；给进行程在设计上不受限制；能提供足够的给进力；操作灵活，无运动油路。

无论如何，以上功能的实现均须通过液压功能组件和液压流体介质组成的液压系统来完

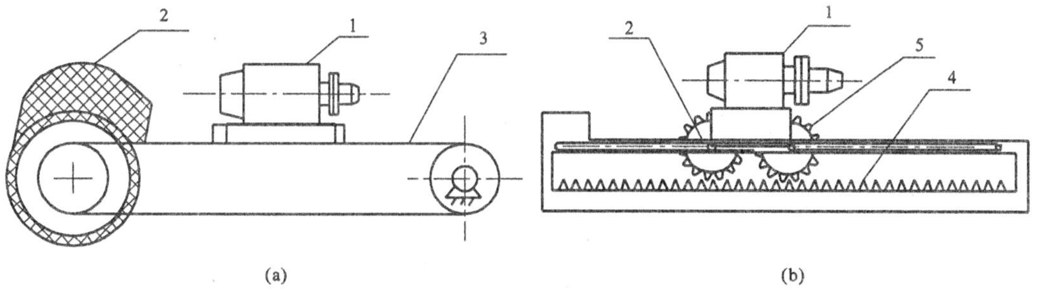

图 5-3　液压马达式给进/回拉机构示意图

1—动力头;2—液压马达输出;3—链条/链轮;4—齿条;5—齿轮

成。液压系统包括油泵等动力元件,马达、油缸等执行元件,压力阀、方向阀等控制元件。油泵将原动机输入的机械能转换成流动油液的液压能。液压马达则是将输入的液压能转换成旋转形式的机械能,液压缸则是把输入的液压能转换成直线运动形式的机械能,二者皆属于执行元件,用来拖动外负载做功,如回转、给进等。控制阀则是用来控制或调节液压系统中液流的压力、流量和方向,以满足钻机的工作性能要求。图 5-4 为钻机液压系统功能框图。

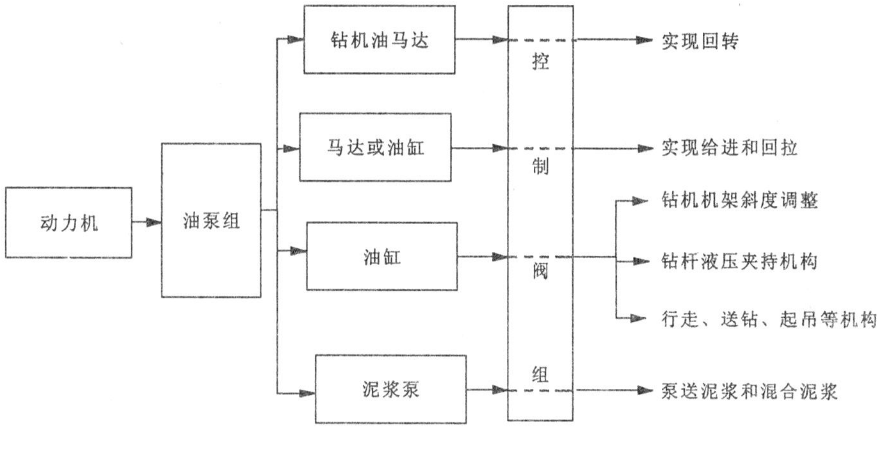

图 5-4　钻机液压系统功能框图

下面以勘探技术研究所生产的 GBS-10 型铺管钻机为例,介绍成型机的主要功能参数。钻机采用全液压动力头滑轨式。钻机分为主机与液压动力站两部分,工作时两者之间用液压胶管及快换接头连接。钻机的技术参数为:最高输出轴转数 130r/min;最大输出轴扭矩 2 000N·m;最大给进力 45kN;最大回拉力 100kN;最大铺管直径 400mm;最大铺管长度 300m(ϕ108mm 钢管,粘土层);额定功率 58kW。钻机主机主要由滑轨机架、动力头、卸扣装置、给进机构、钻机倾角调节机构、行走胶轮、锚固座、液压操纵台等组成(图 5-5)。液压系统主要由三联齿轮泵、溢流阀、三组多路换向阀、液压马达、液压油缸、吸油滤油器、回油滤器、油箱、液压胶管等组成。通过多路换向阀可使液压马达实现两泵三速,再通过调整柴油机的转速,可使液压马达有较宽的转速范围,以适应不同的钻进工况及扩孔需要。可通过调整溢流阀的压力来控制给进力的大小。液压操纵台固定在钻机主机上。采用多种换向阀集中控制钻机的各种动作。钻进用高压水泵的启动与停止,可在操纵台上直接控制。

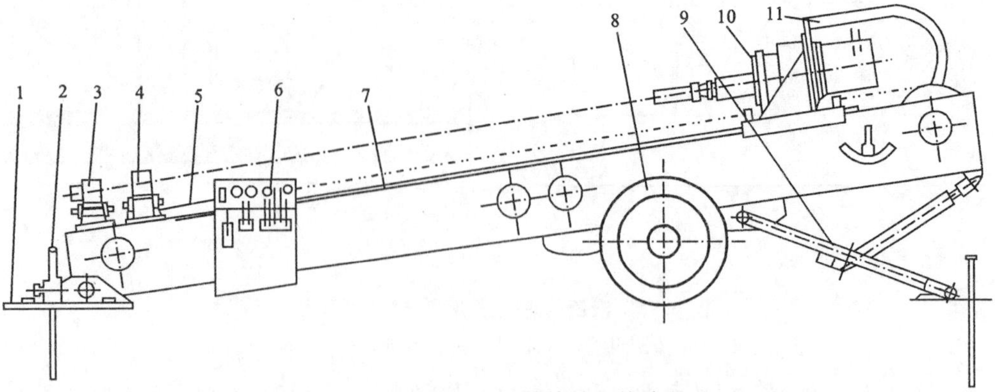

图 5－5　GBS－10 型铺管钻机外貌图

1—锚固座；2—地锚；3—导向夹持器；4—卸扣夹持器；5—链条给进机构；6—操纵台；7—滑轨；8—移动胶轮；9—后支撑；10—动力头；11—防护套

第二节　钻机铺管能力的衡量标准与设备的选择

衡量非开挖设备铺管能力的指标各设备生产单位各执一词，通常在比较钻机的性能时对比其回拉力是最常用的方法。然而回拉力完全可以通过增加液压系统的压力来实现。如果扩孔工作完成得非常理想，钻机本身可能始终用不到其标定的回拉力。但在实际施工中，由于钻孔弯曲或土层压应力的作用，钻机回拉力大是一个绝对优势。另外，在施工中，钻机大部分时间要进行回转钻进，以实现土层的切削和对土碴的外送，所以扭矩也是衡量钻机性能的一项重要指标。总之，衡量非开挖设备铺管能力的指标，比较有说服力的是以回拉力为主、扭矩为辅的综合评价标准。

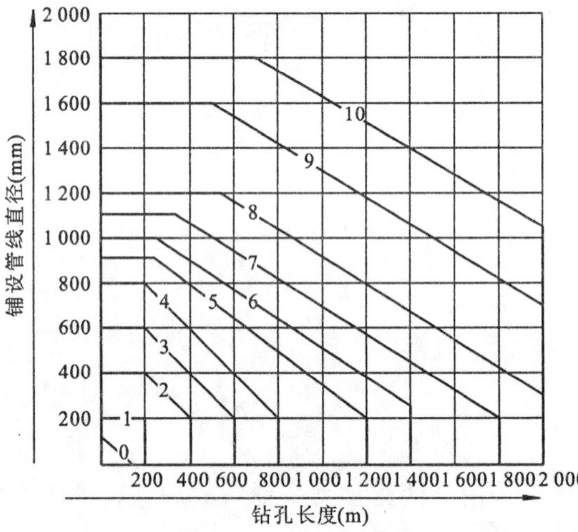

图 5－6　孔径和钻孔长度对应关系图

钻机功率的配备和扭矩、拉压力的确定非常重要，否则会出现“大马拉小车”或“小马拉大车”等不和谐情况，造成设备的适应能力差或高频率出现钻孔事故等。图 5－6 为对应铺管直径和钻孔长度条件下的钻机功率配备参考图，如钻孔直径为 600mm、长度为 200m 以内的铺管，宜选用第 3 组折线所对应的钻机功率，即选择 130kW 钻机，如采用过高功率（大于第 3 组折线），则造成功率上的浪费和其他搬迁、运输等费用的增加；如采用过低功率（小于第 3 组折线），则钻机负荷过大，不适应铺管要求。表 5－1 为对应孔径和钻孔长度的设备功率配备选择对照表，以供参考。

表 5-1　匹配与主要参数对应关系

性能要求	0	1	2	3	4	5	6	7	8	9	10
配备功率(kW)(2 100rpm)	30	60	100	130	160	220	300	360	400 以上		
拉力(kN)	100	150	250	320	640	750	1 000	1 540	1 800 以上		
扭矩(kN·m)(40rpm)	3	6	12	18	33	50	60	70	80 以上		

设备的选择一定要根据现场实际情况综合考虑。可以说，没有一种设备能适合于任何非开挖施工要求，因为施工条件是多变的，受到施工场所、地质条件、技术要求等多方面的限制。欲选择适合于各种场合的设备进行施工是不现实的，用有限的设备去适应各种施工条件是牵强的，非高效的。世界上没有"一把钥匙能开多把锁"。目前，有许多投资单位咨询，在购买何种设备最好的问题上大动脑筋，有的施工单位用单一的设备去从事不适应的工作，这些都值得重新考虑。

第三节　液压泵与液压马达的设计与选择

从原理上来说，大多液压泵和液压马达具有可逆性，即可互换使用，但是由于对实际结构的不同要求，并不是所有的都可以互换使用。对于液压泵，其输入能量的形式是转矩与转速的乘积(即 $M \cdot \omega$)，输出能量的形式是油压力与流量的乘积(即 $p \cdot Q$)；对于液压马达，则正好相反。当液压泵或液压马达在其能量转换过程中，如若没有能量的损耗，则它们的功率表达式将为 $N = M \cdot \omega$ 或 $N = p \cdot Q$。

在选择液压泵和液压马达时，应根据主机工况、功率大小及系统对其性能的要求来合理选择。液压泵和液压马达的形式很多，按其每转输出(输入)油液体积之能否调节而分为定量泵(马达)和变量泵(马达)两类。按其结构形式不同又可分为齿轮式、叶片式和柱塞式等多种类型。而轴向柱塞泵以其压力高、流量大、寿命长、噪音低等优势，经常被选择应用于非开挖设备中。

液压泵(或液压马达)在使用中常用的基本性能参数有：工作压力 P(记作 Pa)，流量 Q(m^3/s)，排量 q(m^3/r)，功率 N(W)，转矩(N·m)，转速 ω，n(rad/s，r/s)以及效率 η 等。

一、泵的基本计算及选择

1. 泵的流量

泵的理论流量 Q_{BO} 是指泵在没有泄漏的情况下，单位时间内输出油液的体积，它等于泵的排量 q_{BO} 与转速 n_B 的乘积。

$$Q_{BO} = q_{BO} \cdot n_B \tag{5-1}$$

式中：q_{BO}——泵的理论排量(m^3/r)；

n_B——泵的转速(r/s)，驱动液压泵的转速应按液压泵的额定转速选取。

液压泵的实际流量 Q_B 总是小于理论流量 Q_{BO}，泵的实际流量为：

$$Q_B = Q_{BO} \cdot \eta_{Bv} \tag{5-2}$$

式中：η_{Bv}——泵的容积效率(与泵的泄漏有关)。

液压泵的容积效率 η_{Bv} 是反映其容积损失的重要性能指标，它等于泵的实际输出流量 Q_B

与理论流量Q_{BO}的比值。

$$\eta_{Bv}=\frac{Q_B}{Q_{BO}} \tag{5-3}$$

液压泵的机械损失是指泵内相对运动间的相互磨擦所造成的损失。液压泵的机械损失程度由泵的机械效率η_{Bv}来衡量，它等于泵的理论输入转矩M_{BO}与实际输入转矩M_b之比。

$$\eta_{BM}=\frac{M_{BO}}{M_B} \tag{5-4}$$

液压泵的总效率η_B为其输出功率N_b与输入功率N_i的比值，亦等于它的容积效率与机械效率的乘积。

$$\eta_B=\frac{N_B}{N_i}=\eta_{Bv}\cdot\eta_{BM} \tag{5-5}$$

2. 驱动功率配备

液压泵输入功率（即驱动功率）：

$$N_i=\frac{P_BQ_B}{\eta_B} \tag{5-6}$$

式中：P_B——泵的工作压力(Pa)；

Q_B——泵的实际输出流量(m^3/s)；

η_B——泵的总效率。

因此选择泵时，应根据上述理论，首先确定系统要求的最大工作压力p_{max}和最大流量Q_{max}（包括系统泄漏损失），嗣后可进一步确定其具体规格和所需原动机功率。

确定液压泵的容量时，必须保证液压泵的额定压力，即：

$$p_{BH}>p_{max}$$

同时，应使所选液压泵在系统最大工作压力p_{max}及预选的动力机额定转速工况下的流量：

$$Q_B\geqslant Q_{max}$$

待液压泵类型、规格都定下来后，便可按下式确定电动机的功率N

$$N=\frac{p_{max}Q_B}{\eta_B} \tag{5-7}$$

二、液压马达的基本计算及选择

1. 输出转矩

液压马达的输出转矩M_M是指马达轴上实际输出的转矩。

$$M_M=\frac{\Delta p_M\,q_{MO}}{2\pi}\cdot\eta_{Mm} \tag{5-8}$$

式中：Δp_M——液压马达进出口压力差(Pa)；

q_{MO}——液压马达的理论排量(m^3/r)；

η_{Mm}——液压马达的机械效率。

2. 输出转速

液压马达的平均输出转速n_M为：

$$n_M=\frac{Q_M\eta_{Mv}}{q_{MO}} \tag{5-9}$$

式中：Q_M——液压马达的输入实际流量(m^3/s)；

q_{MO}——液压马达的理论排量(m^3/r)；

η_{Mv}——液压马达的容积效率。

3. 输出功率

液压马达的输出功率

$$N_M = \Delta p_M Q_M \eta_M \tag{5-10}$$

式中：η_M——马达的总效率。$\eta_M = \eta_{Mm} \times \eta_{MV}$。

实际工作中，非开挖钻机多数工况要求速度较低而转矩大，且有时是带负载起动的，可选用高速液压马达附加减速器的方案，也可直接选用低速大扭矩马达。随着机械制造业和材料科学的发展，目前生产的低速液压马达的输出扭矩大、工作可靠、体积小、效率高、布置较方便，从发展趋势看，非开挖设备中愈来愈多地直接采用低速液压马达来实现低速大扭矩运转的方案。

液压马达类型确定后，便可根据下式计算其理论排量 q_{MO}

$$q_{MO} = \frac{2\pi M_{\max}}{p' \eta_{Mm}} \tag{5-11}$$

式中：$M_{\max}$——液压马达的最大外负载(N·m)；

p'——拟定的系统工作压力(Pa)。

根据所确定的液压马达的类型和计算出的理论排量，便可选择参数较为接近的液压马达；再根据所选定马达的排量，计算出它的实际流量 Q_M

$$Q_M = \frac{q_{MO} n_M}{\eta_{Mv}} \tag{5-12}$$

式中：q_{MO}——选定的液压马达的理论排量(m^3/r)；

n_M——液压马达的平均转速(r/s)。

下面以液压马达驱动的无极绳(链条)给进机构为例说明它的工作原理及设计方法。传统钻机的给进和回拉一般通过液压油缸伸缩来实现，因此行程受到极大的限制，如果采用多油缸的接力，虽然能弥补行程短的缺陷，但机构复杂。采用低转速、大扭矩的液压马达驱动则能克服以上矛盾，如图 5-7 所示。液压马达产生的作用力通过链轮、链条传递给回转器后可产生双倍的给进力和回拉力，故称之为倍力机构，也就是说，外负载一定的情况下，驱动载荷降低50%。

该系统采用低速大扭矩液压马达，其实际扭矩为：

$$M_M = \frac{\Delta p_M q_{MO}}{2\pi} \eta_{Mm} \tag{5-13}$$

式中：Δp_M——液压马达进出口压力差(Pa)；

q_{MO}——液压马达的理论排量(m^3/r)；

η_{Mm}——液压马达的机械效率。

若链轮节圆半径为 R(m)，则液压马达作用于链条上的给进力为：

$$F = \frac{M_M}{R} \tag{5-14}$$

链条速度为：$v = 2\pi R n$

而
$$n = \frac{Q_M \eta_{Mv}}{q_{MO}} \tag{5-15}$$

式中：n——液压马达转速(r/s)；

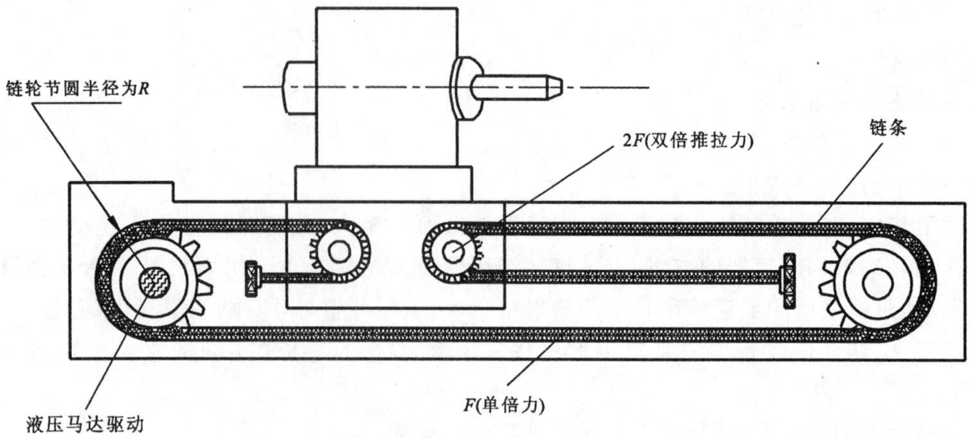

图 5－7　液压马达驱动的无极绳(链条)给进机构原理图

Q_M——液压马达的输入流量(m^3/s)；

η_{Mv}——液压马达的容积效率。

所以，液压马达驱动的动力头的给进参数为：

给进力　　$G=2F$　　(5－16)

给进速度　　$v_g=\frac{v}{2}$　　(5－17)

因此，调节给进液压马达的输入压力即可调节给进力的大小；调节液压马达的输入流量即可调节给进(回拉)速度。

第四节　执行油缸的设计计算

液压缸是液压系统的一种常用的执行元件，作为执行元件，它比液压马达容积效率高得多。而执行油缸中以单活塞杆液压缸应用最为广泛。它主要用来实现钻机某些机构的直线往复运动，如钻机的角度调整、钻杆的拧卸夹持等。

活塞将缸体分成左、右两腔。缸体上有两个通油孔，不同方向进入压力油，活塞杆产生左右往复运动。由于单活塞杆液压缸只有一端有活塞杆，故两端运动速度和推力均不等，计算原理如下。

1. 当压力油进入无活塞杆腔时

设背压为零，其输出推力为：

$$F_1=A_1\cdot P\cdot \eta_m \tag{5-18}$$

式中：A_1——无活塞杆腔有效工作面积(m^2)；

P——液压缸工作压力(Pa)；

η_m——液压缸的机械效率。

活塞移动速度：

$$v_1=\frac{Q\cdot \eta_v}{A_1} \tag{5-19}$$

式中：Q——液压缸输入流量(l/min)；

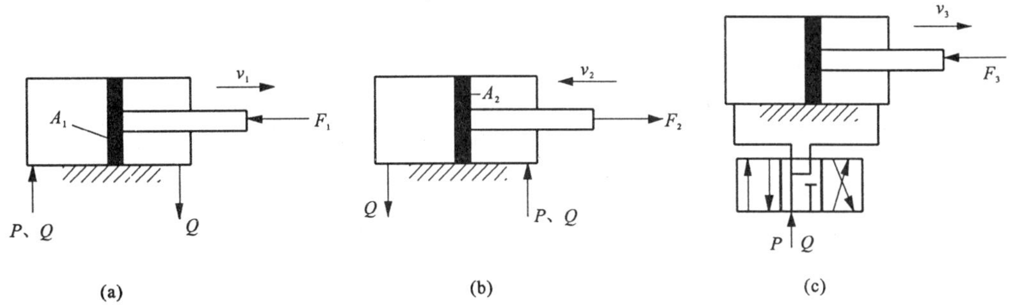

图 5－8　液压缸原理示意图

η_v——液压缸容积效率。

2. 当压力油进入有活塞杆腔时

设背压为零，其输出拉力为：

$$F_2 = A_2 \cdot P \cdot \eta_m \tag{5-20}$$

式中：A_2——有杆腔有效工作面积（环状面积）（m^2）；

活塞移动速度：

$$v_2 = \frac{Q \cdot \eta_v}{A_2} \tag{5-21}$$

3. 当液压缸的左、右两腔同时通压力油形成差动回路时

如图 5－8(c)所示。由于左、右两腔的有效工作面积不等，产生的作用力不等，活塞在两端推力差作用下将向右运动，同时从右腔排出的油液与泵供入的油液会合而同时进入左腔，这种联接方式称为差动联接。它的推力为：

$$F_3 = A_3 \cdot P \cdot \eta_m \tag{5-22}$$

式中：A_3——差动液压缸的有效作用面积，$A_3 = A_1 - A_2$

活塞运动速度：

$$v_3 = \frac{Q_3 \cdot \eta_v}{A_1} = \frac{(Q + A_2 V_3)\eta_v}{A_1}$$

因此

$$v_3 = \frac{Q\eta_v}{A_1 - A_2\eta_v} \tag{5-23}$$

式中：Q_3——差动连接时进入油缸左腔的总流量（m^3/s）；

由上可知，双作用单活塞杆液压缸当无杆腔进油时，输出推力最大，而运动速度最小，适合进给运动要求，但活塞杆处于受压工作状态，要有足够的刚度；当有杆腔进油时，输出力小而运动速度较快，适用于回程；当两腔成差动联接时，输出推力最小，运动速度最大，可实现低负荷快速运动。

第五节　调速回路的设计计算

非开挖液压钻机在钻进过程中的外负载是变化的，操作时要根据地层情况和钻机负荷灵活调节工作机构的工作速度，以适应外负载的变化，提高生产率，合理地利用能量。液压系统可方便地实现无极调速，其中，节流调速回路应用最为广泛。

定量液压泵和定量执行元件所组成的液压系统，液压泵输出的定量压力油，一路经旁通油路(指溢流)流回油箱，另一路则经阀门(节流元件)进入执行元件。当操纵油路上的节流元件，改变其液阻，使它们的流量相互发生变化时，就可以调节执行元件的工作速度。以这样的方式改变流量来调节速度的回路，称为节流调速回路。

根据节流阀在回路中安装位置的不同，可以进一步分为进油节流调速、回油节流调速(统称串联节流调速)和旁路节流调速(并联节流调速)三种基本调速回路。

节流调速回路中的执行元件，可以是液压缸，也可以是液压马达。下面我们以液压缸为例进行分析，因它们都是定量执行元件，故所得结论同样适用于液压马达。

一、节流口的流量特性

由流体力学知，液体流经节流口时其压力流量特性的一般表达式为：

$$Q=Ka\Delta p^{m} \tag{5-24}$$

式中：K——由节流口几何形状和油液性质决定的综合流量系数；

a——节流口的过流面积(m^2)；

Δp——节流口前后压力差(Pa)；

m——由节流口形状(即孔径与孔长的相对大小)决定的指数，$0.5\leqslant m\leqslant 1$；对薄刃孔 $m=0.5$，细长孔 $m=1$。

二、节流调速回路的计算方法

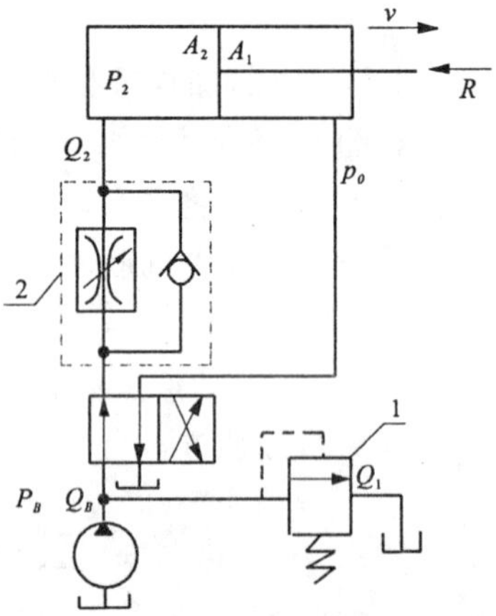

图 5-9　进油节流调速回路

以进油节流调速回路(图 5-9)为例，分析液压缸执行元件的调速计算方法。单向节流阀 2 安装在液压缸进油道上，单向节流阀用在正向运动速度可调，反向运动快速返回的系统上。液压缸的回油道直通油箱。当液压缸的活塞稳定运动时，活塞上的力平衡方程为：

$$p_2A_2=p_0A_1+R \tag{5-25}$$

因回油直通油箱，取 $p_0=0$，则：

$$p_2=\frac{R}{A_2} \tag{5-26}$$

式中：p_2、p_0——分别为液压缸无杆腔和有杆腔的油压力；

A_2、A_1——分别为液压缸无杆腔和有杆腔的有效作用面积；

R——液压缸的外负载。

通过节流阀 2 的流量为：

$$Q_2=Ka\Delta p^{m}=Ka(P_B-P_2)^{m}=A_2v \tag{5-27}$$

式中：P_B——液压泵的工作压力，由溢流阀 1 调节并视为常数；

v——外负载 R 的运动速度。

将式(5-26)代入式(5-27)，整理后得：

$$v=\frac{Ka}{A_2}\left(P_B-\frac{R}{A_2}\right)^{m} \tag{5-28}$$

式(5-28)就是进油节流调速回路的机械特性方程。它反映了液压缸活塞运动的速度 v、

外负载 R 同节流阀阀口的有效过流面积 a 三者之间的关系。

当节流阀的过流面积 a 一定时，根据机械特性方程(5 - 28)知：活塞运动的速度 v 随外负载 R 的增加按指数 m 的规律下降，通常称 a 为定值时，v 与 R 的关系为负载特性。

当负载 R 不变时，改变节流阀的过流面积(开口量)，就改变了进入液压缸的流量，从而调节了活塞的工作速度。且过流面积 a 增大，速度 v 增加。同样，通常称 R 不变时，v 与 a 的关系为速度特性。

第六节　钻机的保护设计

非开挖钻机设计时，还要考虑钻机本身的安全和司钻人员的安全，如支撑油缸的自锁设计、保护钻杆丝扣的动力头浮动机构设计以及防碰地下高压电缆的感应线圈设计等。在这里主要介绍两种类型的钻机保护设计。

一、锁紧回路

执行元件在工作过程中，常需要在中间的某一位置上停留一段时间保持不动。如用钻机升降油缸来调整钻具入射角，定位后就需要切断执行元件的进油或回油路，并利用液压力锁紧外负载。

图 5 - 10 为常用的液压锁的锁紧回路。无论外负载或大或小，它均可使负载锁紧在整个行程中的任意位置上。液压锁即液控单向阀。一个液控单向阀称单向液压锁，只能起单向锁紧作用；两个液控单向阀则称双向液压锁。图示 5 - 10 为锁紧回路中所使用的双向液压锁，它可以使液压缸双向锁紧，以防止油缸支撑期间的“软腿”而自动缩回以及因自重自行沉落。另外，液压锁(即液控单向阀)阀芯采用的是锥阀式结构，内泄漏很小，因此锁紧精度较高，其锁紧精度只取决于执行元件(如油缸)的内泄漏。实际使用中，常将液压锁安装在液压缸的进、出油口附近，使泄漏的影响区域局限于最小的范围之内，同时还可以防止因油管破裂而发生事故；此外，采用“H”形或“Y”形机能的换向滑阀，中位时可以使液压锁后边油路中的油液压力充分卸荷，保证了液压锁锁紧时的快速性和防止因背压引起的自动开锁。所以这种高精度的锁紧回路完全满足于非开挖钻机的使用要求。

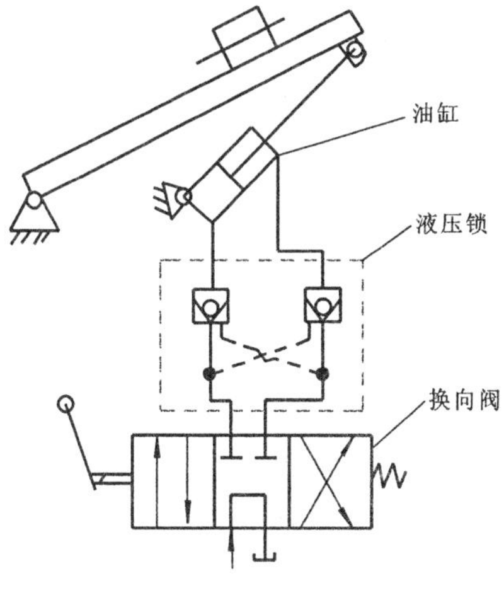

图 5 - 10　常用的液压锁的锁紧回路

二、浮动保护

1. 钻杆丝扣保护浮动装置

在钻杆的拧卸过程中，如果前部钻杆被夹持器夹持或孔内土层粘附，而后部动力头也相对固定，那么会造成钻杆丝扣剪切破坏。此时设计动力头浮动装置则有效地保护了钻杆丝扣。浮动保护装置形式很多，如图 5 - 11 所示为勘探技术研究所设计的浮动装置原理图，动力头托架与动力头之间设计有浮动间隙，上卸螺扣时，动力头会随螺纹的螺距前后浮动，保护了丝扣。当加压钻进时，动力头托架前移，顶住动力头前端面实现加压；当钻具回拉时，动力头托架后移，着力于动力头后端面实现回拉；中国地质大学(武汉)勘察系研制的"王牌"非开挖钻机则采用通孔式低速马达输出轴的内花键与内六方轴的外花键形成滑动花键副，起到了浮动保护作用，内六方轴内则通过穿入外六方轴起到了传递扭矩的作用，水龙头安装在通孔式低速马达的后端部，达到了很好的密封效果，维修极为方便。

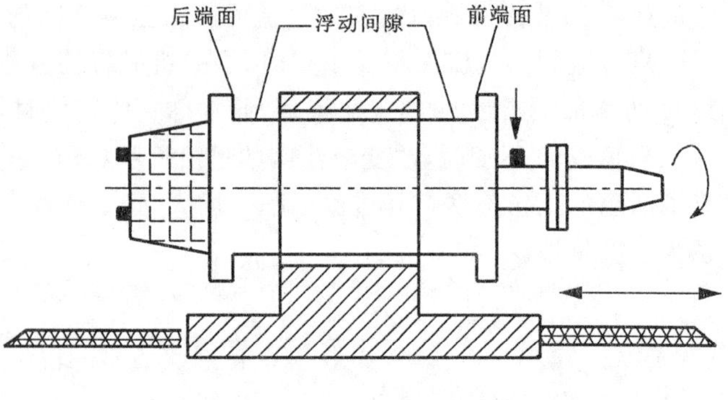

图 5-11　钻杆丝扣保护浮动装置原理图

2. 液压马达的浮动保护

非开挖钻机的回转通常采用大扭矩的液压马达来完成，由于负荷变化大，工况恶劣，需要对液压马达进行一定程度的保护。自由浮动保护就是保护措施之一，浮动回路是把马达的进油路、回油路直接连通或同时接通油箱，即使负载有强大的惯性力，但由于马达处于无约束的自由浮动状态，减轻了惯性力产生的液压冲击。另外，利用换向阀的浮动回路在换向的过程中首先使马达浮动，再进行换向，克服了外负载运动惯性大时机械骤停对马达的伤害。

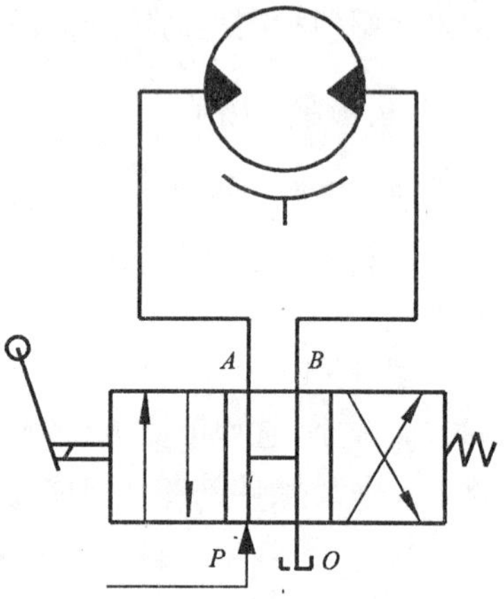

图 5-12　液压马达浮动回路

图 5-12 是利用"H"形机能的换向阀实现液压马达浮动的浮动回路。当换向阀处于图示中位时，A、P、B、O 四条油口全部连通，液压马达经换向阀自成循环系统，于是马达就处于自由浮动状态。除此以外，"P"形和"Y"形滑阀也可使执行元件实现浮动。

第六章　导向钻进导航仪

第一节　功用与分类

一、导航仪的功用

在导向钻进非开挖铺管工程中，导航仪是关键的技术硬件。只有通过导航仪，人们才可以准确地知道当前地下钻头的深度和位置(简称深位)、钻头的俯仰角、导向的钻具面角，而这三项数据正如第二章中所述，是控制非开挖铺管导向钻进按人们预定轨迹前行的重要参数。

例如图 6－1 所示，一种由地下导航探头、手持式地面跟踪仪和远程同步监视器组成的无线式导航仪，先将当前地下钻头的深度和平面位置实时地探测出来，掌握已行轨迹的准确性，即与设计轨迹的左右上下偏差；同时探测出地下钻头当前俯仰角，判断欲行轨迹的倾角是否合理。若已行轨迹准确且欲行倾角合理，则按此方向回转钻进。否则，分析继续前行的导向钻具斜面角应调整为多少，边缓缓转动钻杆边由探测仪观测出钻具面角调整的数据(图 6－2)，当达到调整要求时，即停止缓转而按此方向顶进钻具，直到钻孔轨迹方向符合需求，再回转钻进。可见导航仪是控制钻进方向的“地下眼睛”。

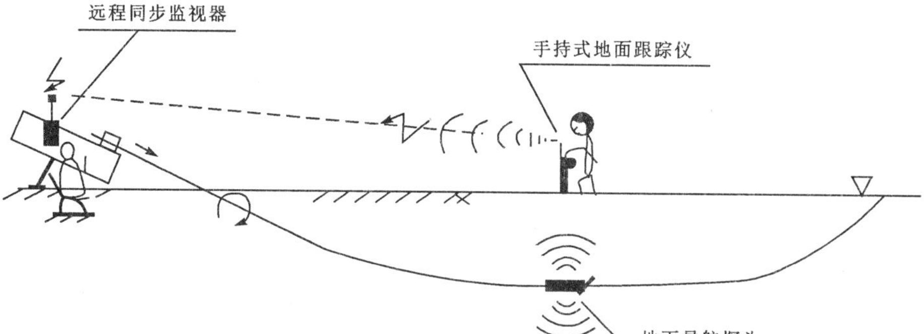

图 6－1　一种无线式导航仪工作原理示意图

有些非开挖导航仪不仅具有地下钻头的深度和位置、钻头的俯仰角、导向的钻具面角这三项必要参数的探测功能，还辅有钻头方位角、钻具温度、孔内液压力、孔内仪器电源电量、原有地下管线等探测功能。

二、导航仪的分类

目前世界上已有一些类型的专用于非开挖铺管导向钻进的导航仪，它们在工作原理和组成环节上各有区别。按地下信号传递到地面的方式可分为有线式和无线式两大类。有线式是将钻头深位、俯仰角、钻具面角等在地下探测到的信号用电缆传输到地面；无线式则是用电磁波等方式向地面无线发射地下信号。

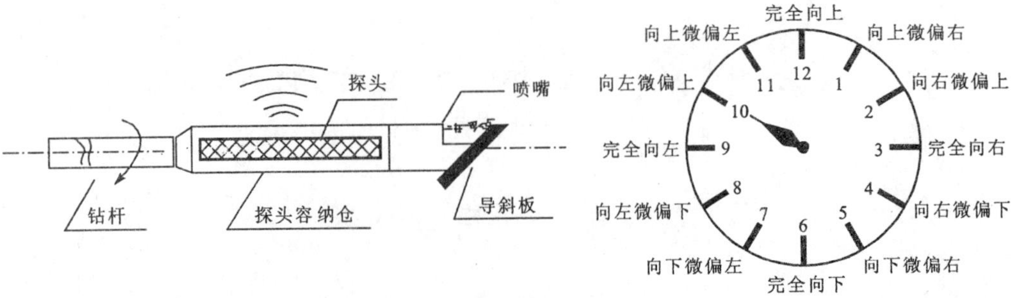

图 6－2　导向钻头结构以及钻具面角与导斜方向的对应关系图

两种方式比较：有线式的信号传输抗干扰性强，不受深度限制，但电缆线的安装和现场操作难度大，且钻头深位必须采用间接计算法得到；无线式可以直接探测到包括钻头深位在内的所有地下信号，操作便利，但地下发射机制作技术难度大，信号传递距离有限，且在使用过程中易受干扰。

目前，在钻孔距地面深度＞15 m、在跟踪测量路线上有地面障碍物、周围环境有明显磁性干扰的情况下则往往采用有线式随钻测量系统。一般地，有线式主要用在大深度、长距离、见靶精度不是很高的场合，如过江、河或大型穿越工程；无线式多用于较浅的非开挖铺管工程，轨迹控制精度高，如穿越马路等。

从俯仰角、钻具面角等参数的检测转换方式看，有些采用机械式传感器，如悬锤式、滚滑式、机械指南针等；有些则采用电子式传感器，如重力加速度式、磁通门式、电子罗盘等。后者一般检测精度高，响应速度快，体积也较小，但价格较贵。至于抗震性，二者各有强的和弱的情况。

根据不同的性能要求，将机械式和电子式传感器组合起来使用，可以取得更好的效果。例如本章第四节的 DXZJ－1 型非开挖导向钻进导航仪，合理考虑多方面因素，俯仰角传感器采用电子式的，而钻具面角传感器则以机械式为主。

应该说，非开挖铺管导航仪是应非开挖工程所需，吸收定向钻进技术、地球物理探测技术和现代电子技术而发展起来的一类新兴仪器。在定向钻进领域，经常将偏心楔或带弯外管的螺杆钻与多种类型的钻孔斜角、钻具面角和方位角测试相结合进行控向钻进；而在地球物理探测领域则有应用电磁定位原理，用于确定已埋地下管线位置并估计其埋设深度的管线定位器（Pipe Locator）；有通过向地下发送无线电波（300－500MHz），并用接收器记录反射波，探测地下埋设物体和其他目标引起的地下异常的探地雷达（Ground Penetrating Radar）；有与探地雷达的原理相似，只不过它是用压力波代替了电磁波的地震测量（ Seismic Survey）。

第二节　有线式导航仪信号传输原理

有线式导航仪用电缆将地下探测到的信号传输到地面，其缆线的安排形式主要有嵌壁式和穿接式两种。

嵌壁式（图 6－3）是在钻杆内壁上沿钻杆轴向加工出镶嵌沟槽，预先将绝缘电缆线敷嵌在每根钻杆上，再用特制的钻杆接头连接钻杆，使各段电缆能相互连接。特制接头可采用内插外旋形式[图 6－3(a)]或集流环形式[图 6－3(b)]。

穿接式是在钻杆内空中将电缆线从孔底穿接至地面，如图 6－4 所示。由于钻进施工中需

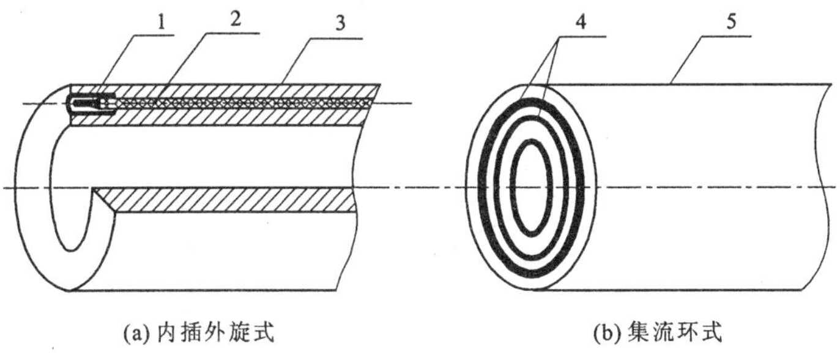

图 6－3　嵌壁式钻杆结构示意图

1、5—缆线插接头；2—敷嵌电缆；3—钻杆；4—集流环

要不断旋接钻杆，所以电缆须按钻杆长度分段，每段缆线之间用特制的密封插拔接头快速连接。使用时，每加接一根钻杆就要穿接一段缆线。当然，在机上钻杆与动力头之间还要设有专门的单动集流环机构。

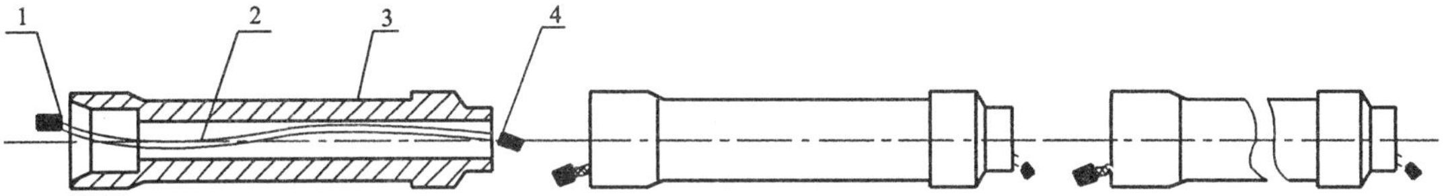

图 6－4　穿接式钻杆电缆连接示意图

1—上连接接头；2—电缆；3—钻杆；4—下连接接头

有线式导航仪虽然能将孔底探测到的俯仰角、方位角、钻具面角等参数通过导线传输到地面，而对于钻头的当前深度和位置，因无测距功能，则只能通过对俯仰角和方位角的间接计算得到，其原理如图 6－5 所示。

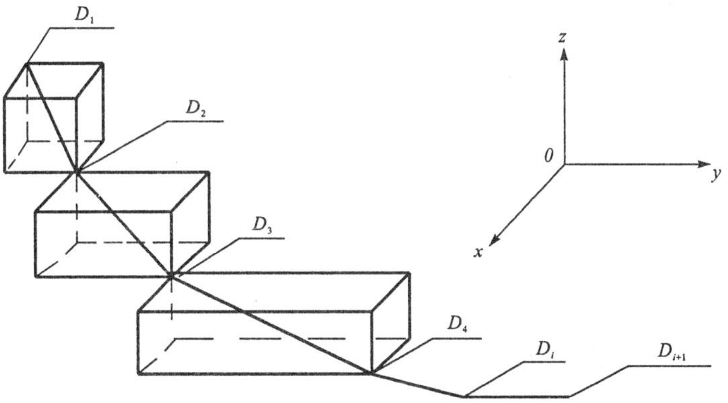

图 6－5　钻孔空间轨迹计算原理图

以已钻钻孔轨迹上的某已知点 $D_1(X_0, Y_0, Z_0)$（常取开孔位置）为原点，利用已钻轨迹上所测得的若干组俯仰角和方位角数据(θ_i, α_i)，通过一定的空间几何关系，计算单位进尺地下空间钻头的位置 $D_i(X_i、Y_i、Z_i)$，逐步递推到当前钻头所处的位置$(X、Y、Z)$。设钻孔孔口为相对坐标系原点 o，开孔方位方向为 x 轴正方向，逆时针旋转 90°为 y 轴正方向，垂直向上为 z 轴正

方向。当测量好钻孔的深度、倾角、方位角后，利用均角全距法计算钻孔各测点坐标。空间几何关系的表达式为：

$$\Delta X=\Delta L\cos[(\theta_i+\theta_{i+1})]\cos[(\alpha_i+\alpha_{i+1})/2] \tag{6-1}$$

$$\Delta Y=\Delta L\cos[(\theta_i+\theta_{i+1})]\sin[(\alpha_i+\alpha_{i+1})/2] \tag{6-2}$$

$$\Delta Z=\Delta L\sin[(\theta_i+\theta_{i+1})/2] \tag{6-3}$$

式中：θ_i、θ_{i+1}、α_i、α_{i+1}——分别表示相邻两测点 D_i、D_{i+1} 的倾角和方位角；

ΔL——A、B 两点的间距，也可以利用钻孔轨迹模拟程序直接输入测量数据，输出钻孔轨迹。

显然，这一间接计算结果的精度受数据点(θ_i，α_i)组数 N 的影响很大，N 越大计算越精确。一般用较高速度的检测系统加之处理较密集采样点的运算程序，就可以满足导向钻进速度下的计算精度要求。这在理论上是完全成立的。

然而在实际钻进时，已钻钻孔轨迹在运动钻杆的干扰下会存在一定的移变，这在软土和钻孔弯曲度较大时表现明显，由此将带来一部分测算误差。

第三节　国内外常用非开挖导航仪性能介绍

在导向钻进过程中，钻孔位置的空间坐标、钻孔俯仰角和工具面向角是控制钻孔轨迹的核心指标。要使钻孔准确命中某方位的靶区，必须测试钻孔俯仰角和工具面向角，根据这些数据，调整导向钻头的面向角来改变钻进轨迹，从而实现导向钻进。非开挖导航仪正是为了实现这一目标应运而生的关键仪器，它具有能精确测试这些重要参数的功能。目前，国内外常用的非开挖导航仪主要由地下探头、手持式地表接收机和远程同步监视器三大部分组成。

1. 地下探头

探头内装有传感器、编码器、发射器、电源等，如图 6-6 所示。置于导向钻头内部的传感器把钻头的状态信息（如俯仰角、工具面向角）和其他有用信息（如电池电量、温度）检测出来，按一定规律编码，并把有用信号调制到电磁波上，通过内部发射器传到地表，由地面接收机将信号译码并显示出来。电磁波频率一般为 8～33kHz，探头一般直径为 0～40mm、长 0～400mm。电源多用碱性干电池，寿命为 12～20h。为延长电池使用寿命，降低探头发热量，减少孔内事故，一般探头内有一套自我保护系统，它使探头连续工作一段时间后自动关闭、休眠，此外还有强振动状态下自动关闭等自我保护功能。

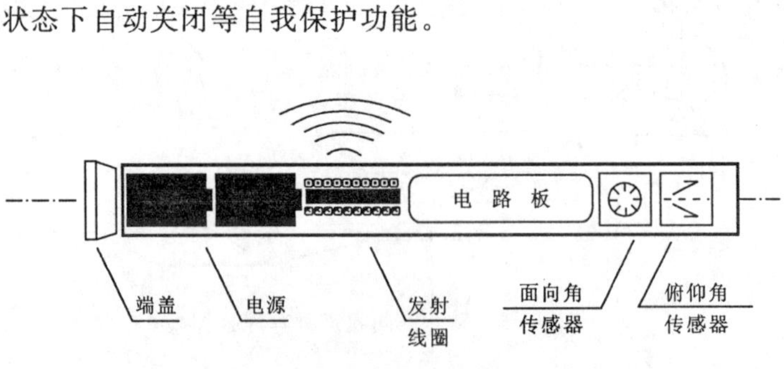

图 6-6　地下探头内部结构示意图

2. 手持式地面跟踪仪

手持式地面跟踪仪是接收探头信号的地面跟踪仪器，由解码器、微处理器、显示器等组成，用来探明地下探头发射出的电磁波信号的具体位置,并对接收到的信号进行滤波、放大、整形、解码、运算等处理,得到探头的定位和定深信号。接收机还配有同步发射器,将从探头接收的信息再发射出去,使同步显示器也同时得到孔内信息,以便及时调整参数,减少信息传递失误。接收机也是该仪器最关键的部件之一,它的精度、误码率决定了整个仪器的性能。手持接收机在进行无线探测地下探头的位置与状态参数如图 6-1 所示。

3. 远程同步监视器

远程同步监视器,又称为同步器,放置在钻机旁显示孔内信息,由信号接收模块和显示器组成。钻头内的探头信号通过手持式地面跟踪仪处理之后,运用射频发送方式,把信号第二次发射到同步监视器,同步器实时显示出探头状态信号,供司钻人员及时观察、掌握钻头状态信息并进行控制。同步器显示的内容一般有:钻头工具面向角、俯仰角、某点深度信号以及同步监视器自身电池电量信号等。显示器多为液晶数码显示,直观方便。

非开挖导航仪是由地球物理探测仪器发展起来的,英国和美国等发达国家走在前列,仪器改进和提高的重点都是放在测深功能、输出功能、抗干扰能力和轻便化方面,输出功能也从指针显示改进到液晶显示,同时都具有智能化的直读测深功能。

常用的地下导航仪有美国 Digital Control 公司生产的 Digitrak 系统、英国 Radiodetection 公司生产的 Drilltrack 系统、美国 Ditch Witch 公司生产的 Subsite 系统等。图 6-7 为一套导航仪器的三部分外观图。我国在该方面起步较晚,基本依赖进口的导航仪器。近来,中国地质大学(武汉)和杭州海博地基技术有限公司联合研究开发的导航仪已通过专家组鉴定,正在推出第一代产品。

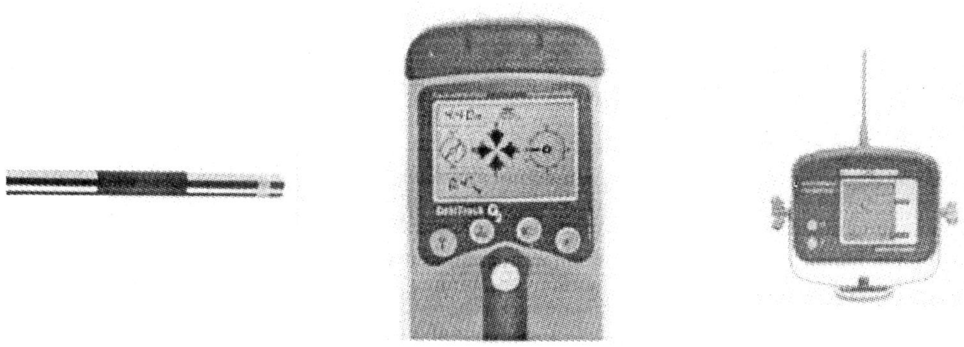

图 6-7　英国 Radiodetection 导航仪三个组成部分的外观图

由于非开挖的施工条件和环境相对以电磁原理来工作的导航仪来说是恶劣的,如施工地区往往存在着种种干扰,如电力和电话电缆、交通信号回路、其他能发出电磁信号或产生电磁场的干扰源,以及金属管道、钢板护栏、钢筋混凝土、盐水等都会使来自发射器的信号失真。另外,又由于在复杂的地下管网下,要实现避障碍穿越,这就对导航仪提出了高的性能要求,要求导航仪具有非常高的精度,好的工作稳定性、可靠性和抗干扰性。

近来,有的仪器采用双频发射器,可以在孔内改变发射频率,发出更强的信号,提高抗干扰性能,可将测量深度增加到 20m 以上;有的仪器可在监视器上直接显示钻进实时轨迹;有的仪器配备了钻孔记录仪,可以保存施工的具体数据并下载到计算机上;有的仪器做成有缆式,通过贯穿在钻杆内的电缆把信号传送到钻机控制台,这样不但避免了电磁干扰,而且还可以跨越任何地形和水面障碍进行测量。

下面分别介绍几种典型产品的性能。

一、英国 Radiodetection 公司的导航定位系统

1. RD385 导航系统

如图 6-8 所示，RD385 是非开挖行业的一套完备的信息系统。在钻进之前，其管线探测功能可以对各种地下设施进行定位，从而可以规划一条安全的钻进轨迹。在钻进过程中，RD385 可以提供钻头的位置、方向和深度等数据，从而保证钻进沿着预定的轨迹顺利进行。数据探头根据测深要求能实现 4m、10m、16m 距离的探测。

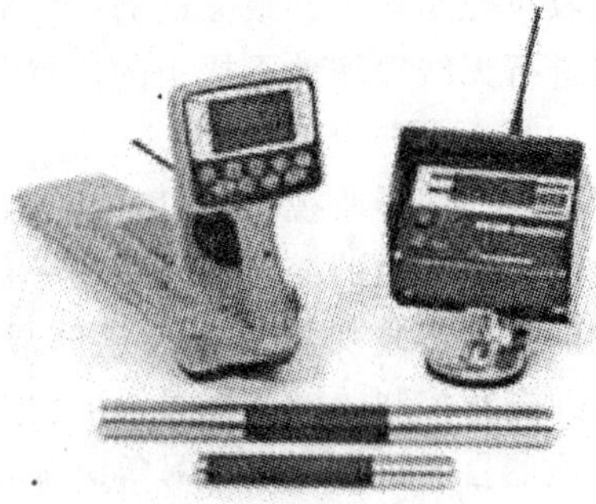

图 6-8　RD385 导航系统

地表跟踪接收机功能：用于地面上监测探头位置；能自动增益调节，连续监测钻头的面向角和俯仰角；大屏幕液晶显示清楚地显示钻头信息和信号响应；有声音信号强度指示；在钻进之前，可用定位仪对已埋地下管道和电缆进行定位；接收机与同步显示器之间采用无线电联系，远程监测钻头数据；可选用多种不同探测距离的数据探头。主要指标为：测深精度：深度的±5%；定位精度：深度的±5%；电池：12×LR6(AA)1.5V 碱性电池，寿命 30h；工作温度：-20℃～50℃；液晶可视显示信息：钻头的面向角、俯仰角、信号强度、温度、探头深度、电池状况等。重量为 2.3kg，尺寸为 60.5cm×29cm×13.5cm。

远程监视器主要指标为：工作距离：150m；电池：4×LR(C)1.5V 碱性电池，寿命 80h(使用背衬光 50h)。

2. RD386 导航系统

英国雷迪公司最新开发研制的 Drilltrack 定向钻进导航仪采用了四箭头指示探头位置的专利技术，具有更高的抗干扰能力，如图 6-9 所示。Drilltrack 接收机有两种工作模式：追踪定位模式：接收人员在地面走动，按照接收机液晶显示器清楚显示的四个箭头(前后左右)的指示对钻头进行定位和跟踪。当四个箭头同时显示时，表示钻头在接收机的正下方，这时深度值会自动显示在接收机的屏幕上，从而消除了“次峰信号”引起的误定位。远程导向模式：这种模式用于操作人员无法进行钻头追踪或定位的地形，如穿过一条河流或繁忙的公路。在这种模式下，接收机放在钻头的前方，障碍物的后面，接收机作为一个固定的目标。将接收机放置在钻头预定要到达的位置，同步显示器上的一组发光二极管实时地指示钻头是否偏离预定的轨迹以及偏离的方向和大小，钻机操作者根据这些指示及时地调整钻进的方向，使钻头能准确地到达预定的位置(接收机的位置)。

整个系统操作简单，探测钻头位置不需要任何按键，只有非常简单的箭头显示。数据探头最深探测距离为 20m。主要性能如下：

(1)钻头定位快速准确；

(2)自动箭头指示追踪，将操作人员快速引向钻头位置；

(3)没有“次峰信号”引起的误定位；

(4)没有复杂的+/-信号引起的混淆；

(5)钻头方向罗盘指示；

(6)先进的抗干扰技术；

(7)标准管线仪探测频率的过滤抗干扰；

图 6-9　RD386 导航系统及显示视窗图一瞥

(8)与所有雷迪公司的探头兼容,满足多种钻进需要;

(9)可选的双频探头,孔中频率切换以克服现场干扰;

(10)探头实时向接收机传送面向角和俯仰角信号,再通过内部的无线电联系(提供了500m 的工作距离)传送到同步显示器。

二、美国 Digital Control(美国数字控制 DCI 公司)的 Digitrak 定位系统

美国数字控制 DCI 公司生产的导航定位系统包括 MarkⅢ、MarkⅤ、Eclipse(图 6-10)等系列产品,基本性能如表 6-1 所示。其中 Mark V 定位系统是一种双频率系统,是为了克服被动和主动干扰源而设计的。主动干扰是指电子干扰或噪音,主动干扰源有交通信号线路、无线电通信、有线电视、输电线及电话线等等。被动干扰则是由金属(如地沟钢筋管道)和导电地层(如盐量高)直接减少信号接收强度引起的干扰。在极端情况下可能出现没有信号的情况。双频率系统可以通过使用第二频率来消除或减少主动或被动源干扰。频率可以在钻进工作开始之前在地面上变更,也可以在钻进过程中变更。Digitrak Mark V 接收器提供了简单易懂的图形显示,包括“目标入方框”(target-in-the-box)定位功能,图形显示能引导如何移动接收器来寻找定位点,如何找到传感器正上方或侧边的位置,以及如何在钻头前面得知预测深度。“目标入方框”定位功能是指在显示窗口的中央有一个方框,代表接收器,当操作员移向一个定位点时,一个目标记号(代表定位点)会出现在显示屏幕上。当接收器移至定位点的正上方时,目标记号也会移至方框中。要寻找定位点,只要移动接收器,使代表定位点的目标移至方框的中心。将方框在定位点上旋转 90°可以精确找出定位点的左/右位置。当接近钻头时,在显示屏幕上会出现一条直线;一旦直线移至方框内,就表示接收器在传感器正上方。直线也可以用来偏轨定位,当无法接近钻头时,此项功能特别有用。所有的 Mark Ⅲ 和 Mark Ⅳ 系统都可以升级为 Mark V 系统。

表 6-1　Mark 系列主要技术性能

	主　　频	探测深度(根据数据探头)	抗干扰类型
MarkⅢ	33kHz	15	
MarkⅤ	1.5/33kHz	13.7	抗主、被动干扰
Digitrak(r)Eclipse(r)	12.5kHz	9	抗主动干扰

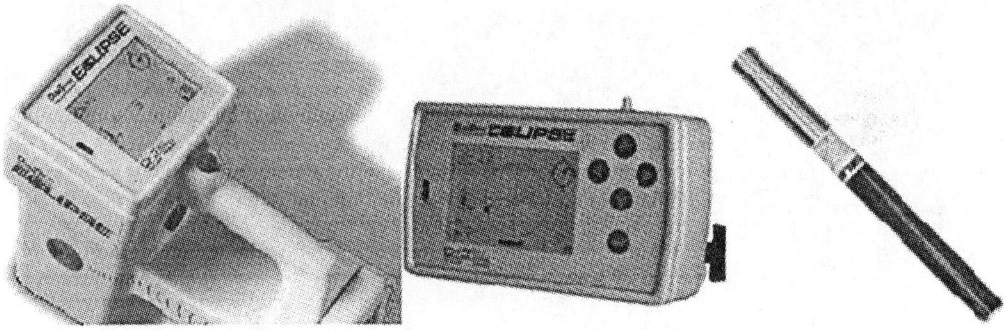

图 6-10　Digitrak Eclipse 导航定位仪的外貌图

Digitrak Eclipse 接收器和 Mark 系列的接收器一样，当找到前向定位点时，就可以确知左/右方向和钻头的预测深度，而不需要停止钻进工作。站在钻头前方，可以用前瞻(look-ahead)定位法来驱动或控制钻头。仪器也具有目标入方框的定位功能。另外，Digitrak Eclipse 系统远程操作时，可以将目标深度载入程序中。目标和十字丝的显示可以帮助操作员达到准确的深度和钻头的左/右定位。Eclipse 接收器所用的是标准 Digitrak 镍镉电池组和充电器。Eclipse 探头传感器和 Mark 系列的 Digitrak 探头大小一样，因此使用 Eclipse 系统不需要更换钻头。

三、美国 Ditch Witch(沟神)公司生产的 Subsite 系列导航仪

如 Subsite 750 管线仪，Subsite 750 可以有三个用途：跟踪定位、远程导向和管线定位功能；在 600m 范围内可遥控紧急关闭钻机动作，确保施工安全。跟踪器重量仅有 2.5 kg；6 C-cell 碱性电池可工作 20h；精度：3～6 m 为±5%、6.1 m 以上为±10%；俯仰角：以上/下箭头、数字百分比表示；工具面向角(滚动角)12 分度；左右箭头指示管线，易于使用。远程同步监视器可接收 600m 范围内跟踪器发出的各种信号，可储存 10 个孔(每孔 254 根钻杆)的各种技术参数。配套的沟神钻孔资料处理系统(TMS)可实时记录钻孔轨迹。可在装有 Windows 95 或更高版本操作系统的手提电脑上显示钻孔轨迹。Subsite 信号发射棒有 86B、86BH、86BHL，工作频率为 29kHz，探测深度分别为 15m、21m、30m。

四、DXZJ-1 型专用地下导航仪

中国地质大学(武汉)和杭州海博地基技术处理有限公司联合研究开发的 DXZJ-1 型导航仪达到国外同类导航仪的性能要求，而且仪器有多方式显示功能，具有和微机的接口通讯能力。数据可视性好、美观。如图 6-11 为液晶显示器和微机界面显示的一个视窗。左边用图形显示的方法形象地显示了地下探头内的电池电量和地下探头的温度(地平线以下)，地平线以上表明了手持接收机内电池电量的多少，这样能直观地观察电能情况，以便指导人员及时更换电池或充电。中间的圆、黑点和数字形象地反映了工具面向角的大小。右边为微机同步显示这些数据的视窗，形象地显示出地下钻头状态。

仪器还具有钻杆计数、翻查历史数据、记录存储、智能化分析计算等方面的功能，可直接生成曲线或表格供施工人员分析或生成施工报告。

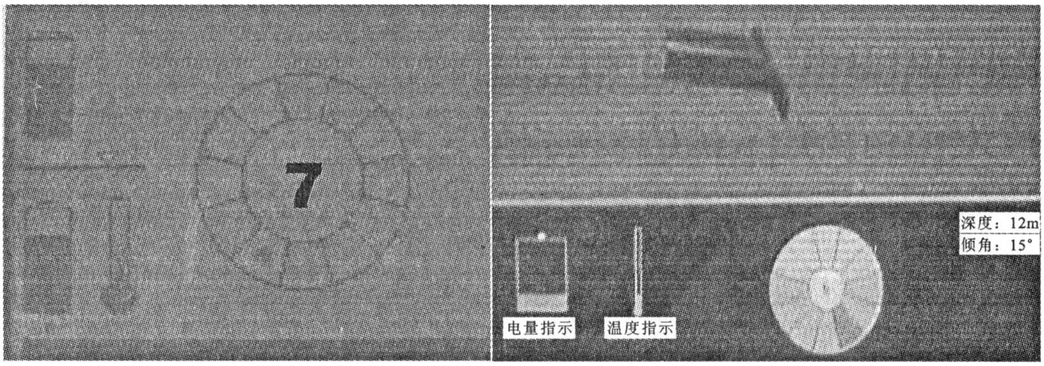

图 6-11　DXZJ-1 型导航仪液晶和 PC 机显示视窗一瞥

第四节　DXZJ-1 型非开挖导航仪的研究

本节以国内新近开发的 DXZJ-1 型非开挖导航仪为例，介绍导航仪的基本原理。仪器的主要指标有：测试深度为 10m；倾角测试范围为 $-45°\sim+45°$，精度为误差小于 0.5°；钻具面向角测试范围为 $0°\sim360°$，精度为 360°/12；温度测试范围为 $-5℃\sim70℃$，精度为误差小于 0.5℃。仪器具有测量精度高、稳定性、可靠性好、抗干扰能力强和使用方便等优点。在同步器设计时，采用了高性能接收模块使同步器的接收距离和精度得到了大的提高，距离可达 300m；在同步器的功能设置方面增加了钻杆记数、数据存放、翻查历史等功能；增加了和 PC 机通讯的功能，使得数据的处理变得容易，显示实现多样化和人机交互功能增强。在接收机方面，采用了最新单片机技术，精度和实时性大大增强；同时，在接收机方面采用了有效的信号选频方法和可编程＋反馈技术，实现了信号的放大或抑制处理，提高了信噪比。

一、仪器总体原理及各功能的实现方法

仪器由如图 6-12 所示的三部分组成，兼顾电磁波传播距离和对土、石体的穿透能力等因素，地下导航探头采用了几千赫兹到几十千赫兹的发射频率。根据参数检测的方式，用调制式发送方法，接收机收到信号后进行放大、滤波及整形，得到预处理信号，一部分电路对该信号进行解调，复原调制信号，即可获得导向钻进孔内参数（图 6-13），另一部分电路对该信号强度进行检测得到对应的深度参数。测深原理为当电磁波发射功率一定时，接收到信号的强度与接收距离直接相关。距离越近信号越强，反之距离越远信号越弱。深度指标用信号强度与距离的非线性关系，通过反函数线性化处理或直接标定列表方式予以显示。

我们采用的调制式发送原理如图 6-14 所示，属数字信号调制的一种类型（ASK），把钻头俯仰角、面向角、钻头温度的电量通过传感器转变成电信号后，再进行编码，形成一定映射关系的二值码，并把该信息作为调制信号，去调制一定频率的电磁波，通过定功率发射线圈向地面发送。图 6-14(a)、(b)分别为探头发射码和地表跟踪器接收、放大、滤波后解调出的对应码信号。码信号再按编码规律进行解码，还原出各参数的量值，并实时显示出来。

为了把解调处理后形成的二值码还原成真实的参数，软件上采取了一定规律的编码方法，如图 6-15 所示，将代表参数种类的信息作为地址，后面紧接参数的示值大小，接收机接收到

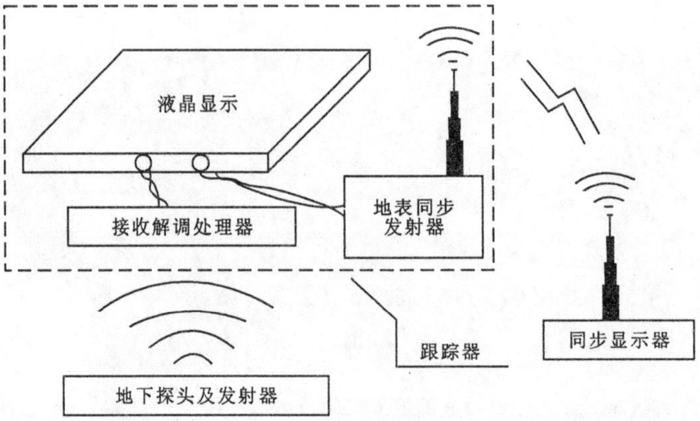

图 6-12　DXZJ-1 型导航仪总体构成示意图

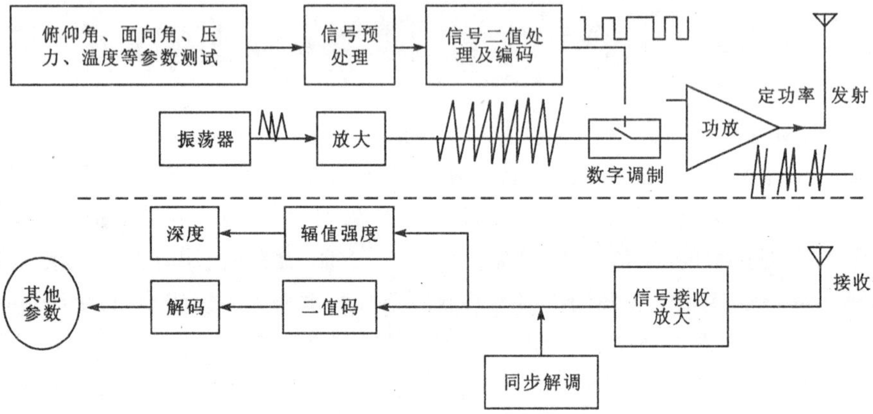

图 6-13　调制式发送钻进参数信号原理

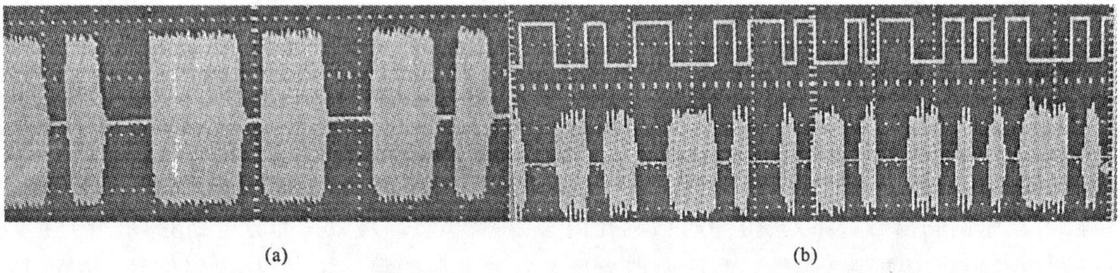
(a)　(b)

图 6-14　探头发射码和地表跟踪器解调出的对应码信号

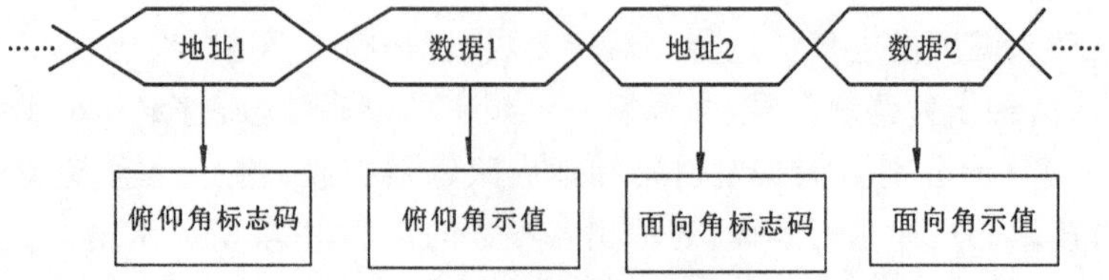

图 6-15　导航参数编码基本原理

码信号后，首先识别地址，再读入相应的参数量，如此类推，得到相应的导航参数。

仪器采用了液晶显示和PC机显示两种模式，具有友好的显示界面。软件主要有跟踪时显、模拟设计、数据记录分析三大部分。软件以采集的数据为核心，运用数据处理的方法，使数据精确、图形输出直观，极大地方便用户进行导向和纠偏。

仪器还具有模拟设计和数据记录分析功能。模拟设计主要由PC机完成，可进行导向施工模拟，给用户提供最优的施工参数以调整设计方案，用于指导施工。数据记录分析部分主要实现单次或多次工程施工的资料整理，进行入库分析，生成总结报告。

二、探头的研究与设计

探头是导向钻进的关键部件之一，探头必须把导向钻头的工具面向角、俯仰角等重要指标检测出来，并把信息准确无误地传送到地表。

探头设计时有以下难点问题：由于探头必须获得准确的第一手信息资料，因此对传感器以及电路的要求很高，如精度高、抗温漂性能好等。另外，由于探头是隐藏于导向钻头内部，在体积方面必须小型化；在密封上，必须承受冲洗液的压力；在检测原理方面，传感器和电路必须耐、抗振动能力强等。由于信号是采用电磁波方式传送，为了加强测试精度和加大测试深度，必须考虑发射功率以及载波频率的大小等问题，在此又要充分研究电池容量与发射功率之间的关系，达到最优兼顾的效果，在选择载频时，必须研究各频率信号在穿透不同的地层时的能量衰减关系，选择既能携带有效信息量(满足一定波特率)、抗外界干扰能力强，又具有地层穿透力强、衰减小的频率范围。在考虑发射线圈时，必须考虑品质因素问题。在选择振荡信号源时，必须考虑具有较高的频率稳定性和温度稳定性的振荡信号。

考虑以上研究难点，DXZJ-1型导航仪探头信号采用了单频或双频方式发射，实现频率变换方便。传感器信号(包括面向角、俯仰角、探头温度)和电池电量信号经过预处理之后，再通过CPU分析处理，最后变成具有特征符的组合信号和角度信号由串行口按一定波特率(设定为150bps)串码输出，这种信号即为按一定规律组成的编码信号。用这种编码信号去调制振荡源信号，得到具有有用信号特征的调制波，这种调制波再经过功率放大后，由探棒内线圈发射出来，原理如图6-16所示。

导航过程中，导向钻头的当前俯仰角和导斜板的面向位置是至关重要的参数，DXZJ-1型导航仪两重要参数的检测均采用了自行研制的传感器。

目前，工具面向角的分度有8、12、16位几种，最小显示角分别为360°/8、360°/12、360°/16。显示表头通常用钟面来表示。DXZJ-1型导航仪的钻具面角传感器采用了重力滚动滑块与光电效应结合的方法，实现钻具面角的随钻检测。

工作原理如下：传感器由一个随钻具一起转动的带前盖板的容纳仓、一个可在容纳仓中自由滚动的圆饼状重力式阻光器、安装在前盖板和容纳仓上的6对按圆周均布的小圆孔中的红外发光/接收管及其6路电平判别系统组成。受重力作用，阻光器始终“滚沉”在圆周底帮，遮住随钻具转至下部的一对光敏管的发光通道，使该接收管的输出电平改变，再由判别系统识别出该光敏管的序号(即体现与预定起始位置的偏转角)，从而得出钻具面角的数值。在设计时巧妙地利用“六孔位”实现“十二分度测量”。若透光孔直径为D_2，分度圆直径为D_3，则圆饼直径设计为：

$$D_1=D_3+2D_2 \tag{6-4}$$

容纳仓的内径设计为：

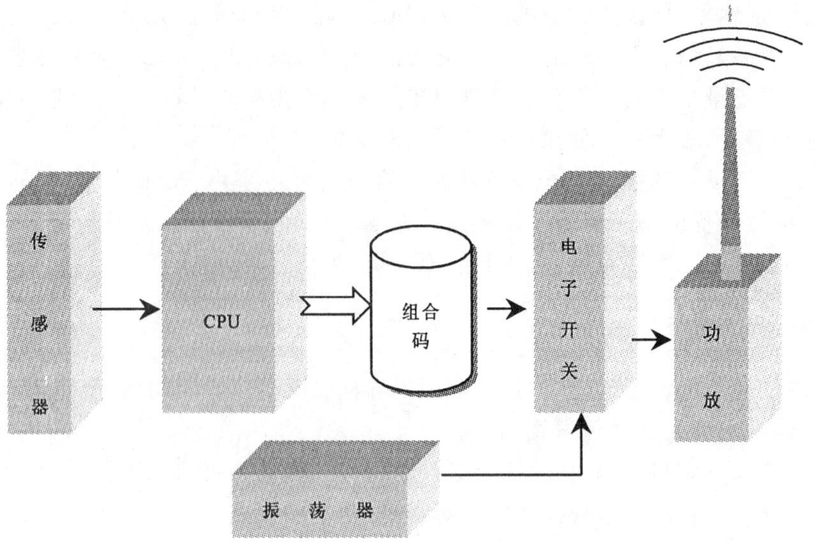

图 6-16 导航仪地下探头原理框图

$$D_0=\frac{1+\sqrt{3}}{2}D_3+D_2 \tag{6-5}$$

这样，当两圆孔对称处在最底部时，该两圆孔正好被全部遮光，如图 6-17 所示。

当圆周下部两个光敏管同时被遮住时，判定钻具面角等于这两个位置对应的钻具面角之和的一半。因此，只需在圆平面布置 6 个孔位就可以实现 12 分度的面向角测量，显著地缩小了传感器的体积，解决了小尺寸结构件难以加工较多孔眼的技术难点。

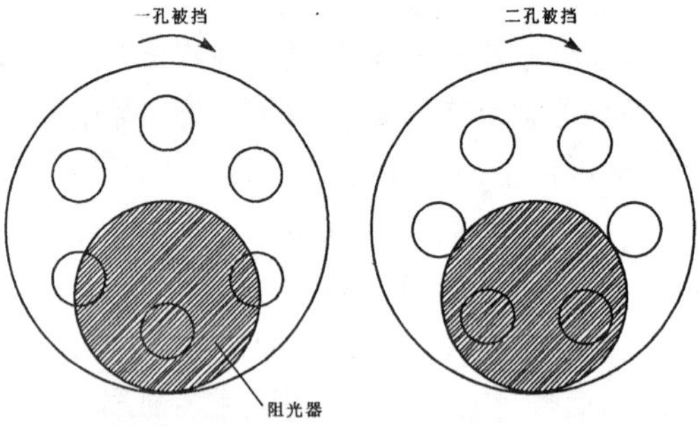

图 6-17 “六孔位”实现“十二分度测量”

钻头上倾或下倾的角度(即倾角或斜度)常用角度值或偏高百分比(钻孔的上升或下降高度除以钻孔的长度)来表示。

DXZJ-1 型导航仪采用了片状的重力加速度传感器来实现俯仰角的检测。该类传感器具有角度敏感功能，即它们的电量输出值是随其片(面)法线与重力铅垂线夹角的改变而有规律变化的。该传感器内具有对角度敏感的压敏电阻，分辨率高。器件上下两端都有硅盖，以提供过载制止，因此对强振动具有非凡的耐受力。

三、手持式地面跟踪仪研究与设计

在地下导航仪测试系统中，手持式地表跟踪仪所处理的信息量最大，实现功能最为复杂，要完成原始信号的选频、滤波、放大、整形、解码、A/D 转换，对键盘的人工干预能有正确的反映等等。每一个信号处理部分都要相当准确和快速。因此，要求测试系统有高的数据处理能力，技术要求归纳如下：

(1)需要处理多路高精度 A/D 转换，如深度信号等；

(2)要对地下导航传感器发射来的编码信号进行解码；

(3)要满足液晶显示模块的数据刷新、实时显示；

(4)响应键盘的人工干预信号；

(5)要把处理好的信号远距离无线方式发送到远程同步监视器；

(6)要根据无线接收信号的强度不断改变可编程放大器的增益。

另外，跟踪仪有许多技术上的要求，总结如下：

(1)接收机所接收到的信号变幅大，对接收系统的要求极高。当接收系统与探头距离较近时，信号强度相当大；当接收系统与探头距离较远时，信号非常微弱，甚至被噪声信号所淹没，有用信号的提取相当困难。

(2 探头发射信号的强度与深度之间的对应关系较为复杂。

(3)对选频滤波电路要求高，对频率稳定性和电路的温漂特性要求严格，否则信号解码后误码多，影响实时性等。

DXZJ－1 型导航仪采用了最新单片机技术，使得整个仪器性能、耗电量和体积都能适应野外恶劣条件下的地下非开挖导航工作。基本原理如图 6－18 所示。

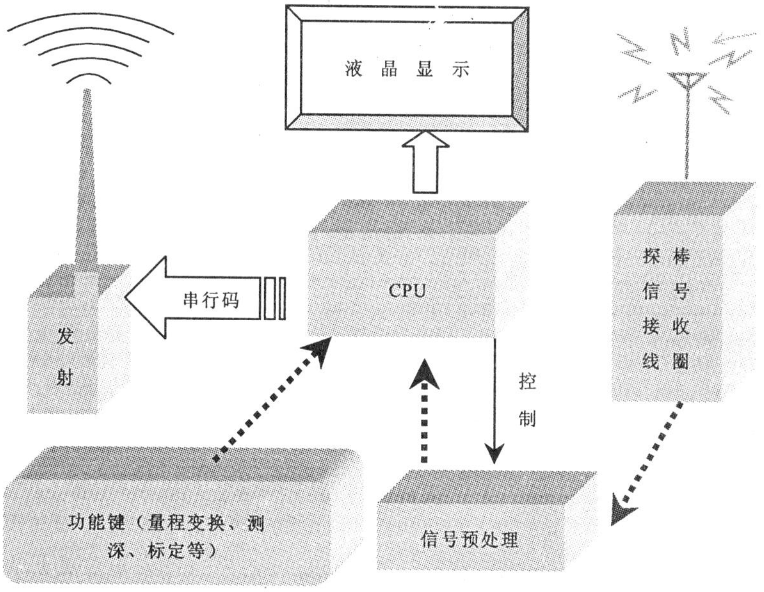

图 6－18　DXZJ－1 型手持式地表跟踪仪原理框图

四、远程同步监视器的研究与设计

DXZJ－1 型非开挖导航仪同步器显示的内容一般有：钻头工具面向角、俯仰角、深度信号以及同步器自身电池电量信号等。在该仪器的研制中结合工程实践，增加了许多功能，同时发射距离也提高到 300m 以上。

在这里主要介绍在满足一般功能的基础上同步器的新增功能。

(1)增加了与计算机的通讯功能。该功能的增加主要是利用计算机的强大处理数据的功能和人机交互功能，使得数据处理量增大、显示方式多样化、输出图表方便、数据库管理易于实现，也使得计算机控制系统应用于导向控制成为可能。为了实现该指标，采用了接收模块一拖二方式：地表探测仪器解析探头信号后，通过信号二次发射到同步器，同步器接收模块接收后，同时供给 PC 机和液晶显示 CPU，如图 6－19 所示。

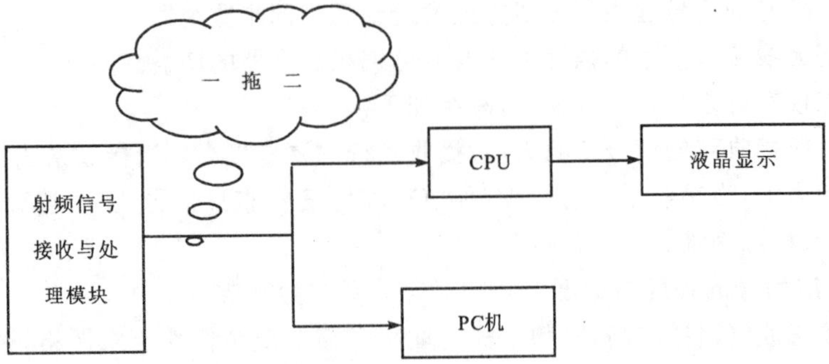

图 6-19　导航参数两种显示方式的数据流方向

(2)增加了钻杆计数功能。在实际工程实践中,钻杆计数功能相当重要,孔内钻杆数的记录对掌握钻孔历程和对孔内事故的处理有极大的帮助,在现场有经验的司钻人员往往通过"拈石计数"等方法来实现,该仪器设计有计数功能键,可方便地实现钻杆数的增减,在中途仪器停止工作时,已记录的钻杆数保存在非易失性数据存储器中,一旦恢复工作,钻杆数恢复显示。

(3)增加钻孔轨迹参数的存储功能和翻看历史的功能。远程监视器在同步显示面向角、俯仰角、深度等参数的同时,根据需要可实现每组数据的存储,通过功能键的操作,可随时翻看这些数据,便于了解整个钻孔轨迹的历史、现状和发展趋势。

远程同步监视器在硬件上由液晶显示器、微处理器、信号接受模块和功能键组成,可配套含功能软件的 PC 机系统,实现设计模拟、现场实际钻孔轨迹三维显示以及数据库建立、生成施工报告等功能,原理框图如图 6-20 所示。

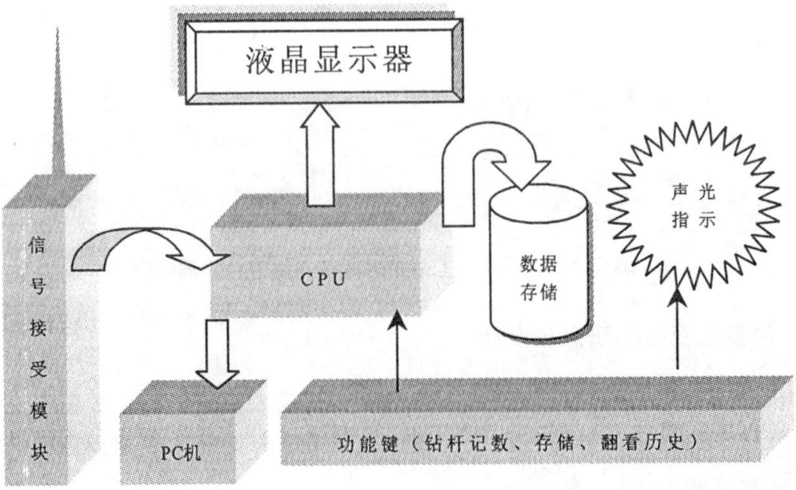

图 6-20　远程同步监视器原理框图

第七章 微型隧道铺管技术

第一节 概 述

一、微型隧道铺管技术简介

微型隧道铺管技术(Microtunnelling)是指用遥控的办法来操纵地下钻掘机械成孔,同时顶入要铺设的管道。它可准确地控制铺管方位,有效地平衡地层压力,控制地面沉降,实现非开挖铺设地下管道。该技术可广泛用于市政、煤气、自来水等管道工程。非开挖铺设金属或非金属管道,铺管直径范围一般为250～3 000mm,一次性铺管长度可达300m。微型隧道铺管技术与“挖槽埋管”工法相比具有不影响交通、不破坏环境、无须大量运输堆放杂土、无噪声干扰、不破坏地层结构、不产生地面沉降、施工周期短、社会和经济效益显著等优点。与其他非开挖铺管技术相比,具有铺管精度高(尤其适应于污水等重力流管道)、对地层适应性强(如卵砾石等复杂地层)、可在大含水量地层铺设各类管道、铺管直径范围宽等特点。

二、国外发展状况

微型隧道铺管技术是国外20世纪70年代中期发展起来的一项先进的非开挖管道施工技术。当时由于发达国家对环境保护的要求越来越严格,“挖槽埋管”带来的环境问题难以解决,城市地下管线越来越多,开挖作业的危险性也越来越大,地下空间的开发利用需要铺设更深的地下排污管网,开挖作业的成本急剧增加。这些原因促使人们研究和开发新的非开挖铺管技术。微型隧道铺管方法诞生于日本。1975年,日本的Komatsu公司推出了世界第一台微型隧道铺管设备。1976年,日本政府开始资助的一系列排污管道铺设计划对该技术发展起了重要的推动作用。1980年,原联邦德国由政府投资,开始研究开发用于排污管施工的微型隧道铺管技术。在引进日本技术的基础上,根据德国国情,进行了更深入的研究和开发。1984年,美国引进日本设备施工了第一个微型隧道铺管项目。据初步统计,欧洲采用顶管和微型隧道技术铺设的排污管道长达几百公里。如今,日本和德国在该项技术上处于世界领先水平。该方法的使用量首推日本。1993年,日本拥有顶管和微型隧道设备2 000多台,铺管长度约1 300km。其次是德国,柏林市新铺的排污管40%采用微型隧道铺管方法完成。据初步统计,欧洲1993年采用顶管和微型隧道方法铺设的排污管总长达几百公里,施工费用超过10亿美元。美国第一个微型隧道铺管项目于1984年执行,采用了日本公司提供的设备进行施工。至今,美国有30台微型隧道铺管设备,有几家设备供应商,主要是日本和德国的分公司。国外微型隧道铺管设备制造商已有40多家,产品品种已超过100多种,几家主要公司的产品见表7－1。

表 7-1　国外主要微型隧道铺管设备制造商产品

公司 (国别)	型　号	排渣 方式	适用管径 (mm)	立井大小 (m)	铺管长度 (m)
Iseki (日本)	Unclemole 250	泥浆	250～375	3.5×2.5	200
	Unclemole 300	泥浆	250～427	3.5×2.5	200
	Unclemole 400	泥浆	250～570	3.5×2.5	200
	Unclemole 500	泥浆	250～660	3.5×2.5	200
	Unclemole 600	泥浆	400～740	3.5×2.5	300
	Rockmole	泥浆	800～	4.3×3.7	150
	Piranha	泥浆	400～800	ϕ3.4	100
Soltau (德国)	RVS35	螺旋	100～250	ϕ2	35
	RVS100A	螺旋	250～400	ϕ2	100
	RVS250A	螺旋	450～1 000	ϕ3	180
	RVS300A	螺旋	500～1 000	ϕ3.2	250
	RVS100S	螺旋	250～400	ϕ2	100
	RVS250S	螺旋	450～1 000	ϕ3	180
	RVS300S	螺旋	500～1 400	ϕ3.2	250
	RVS100H	螺旋	250～400	ϕ2	100
	RVS250H	螺旋	500～1 000	ϕ3	180
	RVS300H	螺旋	800～1 400	ϕ3.2	250
Herrenknecht (德国)	AVN250	泥浆	368～415	ϕ2	150
	AVN300	泥浆	415～565	ϕ3	150
	AVN400	泥浆	565～665	ϕ3	170
	AVN500	泥浆	665～765	ϕ3	170
	AVN600	泥浆	765～875	ϕ3	200
	AVN700	泥浆	875～975	ϕ3.2	200
	AVN800B	泥浆	975～1 110	ϕ3.2	200
	AVN800	泥浆	1 110～1 295	ϕ3.2	300
	AVN1000	泥浆	1 295～1 540	4.5×3.5	300
	AVN1200	泥浆	1 540～1 840	4.5×3.5	350
	AVN1500	泥浆	1 840～1 960	4	400
Markham (英国)	Super Mini250	泥浆	250～430	4.8×2.4	180
	Super Mini300	泥浆	300～430	4.8×2.4	180
	Super Mini350	泥浆	350～550	4.8×2.4	180
	Super Mini400	泥浆	400～550	4.8×2.4	180
	Super Mini450	泥浆	450～660	4.8×2.4	180
	Super Mini500	泥浆	500～660	4.8×2.4	180
	Rcamer	泥浆	600～800	φ2.5	180
	Super Mighty	泥浆	600～1 000	φ4.5	180
Sanwa (日本)	SH-505	螺旋	200～300	4×1.8	70
	SH-308	螺旋	250～400	4.5×2	70
	SH-615	螺旋	350～700	5.5×2	70
	SH-716	螺旋	250～800	4.5×2.4	70
	SH-823	螺旋	350～800	6.4×2.8	100
	SH-1030	螺旋	600～1 000	5.5×2	100

三、我国微型隧道铺管技术的发展及市场前景

随着我国经济建设的飞速发展，传统的人工掘进顶管法已无法满足市场的需求，有些单位开始引进国外微型隧道铺管技术：1983 年，北京市政三公司引进日本 Sanwa 公司 SH1030 型；1985 年，上海市政二公司引进一台日本 Iseki 公司的 Unclemole 型；1986 年，有色金属总公司引进日本 Sanwa 公司 SH308 型；1994 年，无锡市政工程局引进一台德国 Herrenknecht 公司的 AVN600 型。在引进国外产品的同时，我国也在研究开发自己的产品。上海市政二公司研制的 1 650mm 泥土加压式掘进机，在上海市分流一期 2.8 标工程进行 157.8m 试验，安全穿越了房屋，地面沉降小，方向控制好，该技术成果鉴定为国内首创。上海市政二公司研制的 1 200mm泥水土压平衡掘进机是在消化、吸收国外产品的基础上研究开发成功的产品，该机运用先进的机电一体化方法控制油泵和水泵的输出量，确保掘进机工作面上压力平衡，可有效地控制地面沉降。

总之，我国微型隧道铺管技术的研究只是刚刚起步，与发达国家相比差距很大。然而在我国推广应用的市场前景却是相当乐观的。大城市管线埋设深度有加大的趋势，原因是为避开已存在的密集的管网系统。据估计，60%的排污管将要用微型隧道铺管法施工。微型隧道铺管技术在我国市场潜力很大，尤其是我国的一些南方城市地下水位浅，其他施工办法降水的成本太高，全面推广微型隧道铺管技术大有作为。

第二节　基本原理介绍

微型隧道铺管时，要求在要铺管的两端做两个立井(推进立井和接收立井)，立井的尺寸视管道和设备大小而定，立井周围应有足够的空间放置地表设备。微型隧道铺管设备由钻掘系统、激光导向系统、出碴系统、顶管系统、管道润滑系统、操作控制系统组成，如图 7－1 所示。

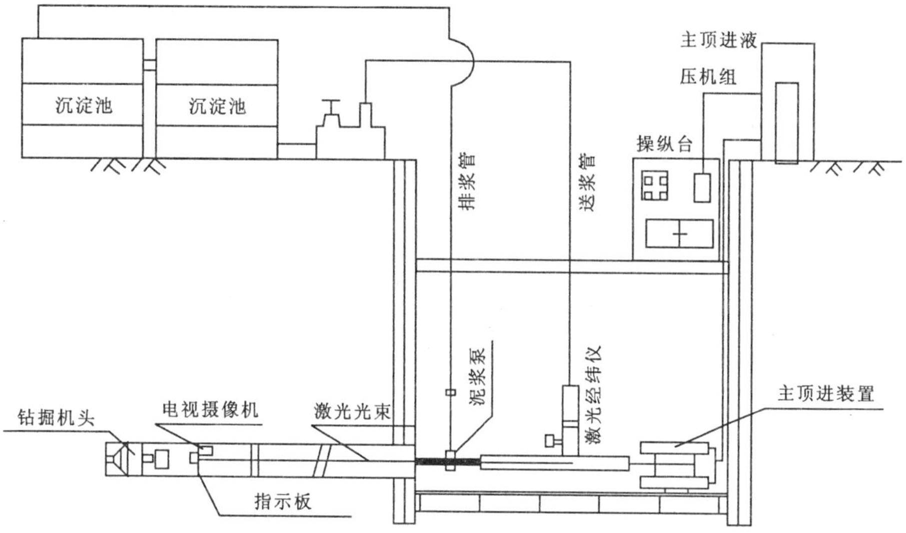

图 7－1　微型隧道铺管施工原理图

一、各系统的主要原理及作用

(1)钻掘系统。钻掘系统由驱动电机或液压马达、钻碴碾压装置、钻掘刀头组成。视地层不同,选用各种结构形式的钻掘刀头。如刮刀式切削头用于不含石块土层;盘刀和刮削相结合式刀头用于中软岩石地层;滚刀型切削头用于较硬岩层。钻碴碾压装置由内偏心旋转锥和固定的外锥套组成。随钻掘进行,较大的岩块或钻碴被二次碾碎,以便顺利地排出。一般可将1/3 钻掘头大小的石块碾碎到粒径 19～25mm,大大减少排碴堵塞现象。

(2)激光导向系统。激光导向系统由激光发射器和激光靶及信号传输显示系统组成。激光发射器固定在顶管立井中,发出的激光束照射在位于钻掘系统内的光靶上。测量信息传输、显示有两种方式:一种是主动式,光靶由光电管组成,铺管掘进的偏斜信息直接在光靶处转换成数字电信号后传往控制台;另一种是被动式,激光射在刻度盘上的偏斜信息,由光靶附近的闭路电视摄像系统拍摄后,传输到控制台的显示屏。根据测得的偏斜数据,可操纵液动纠编系统,使微型隧道掘进系统前部铰接的机头产生偏摆,从而实现铺管方向的调节。

(3)出碴系统。出碴系统有两种形式:一种是泥浆出碴系统,它由地表的泵站和泥浆除碴设备以及孔底管路组成,泥浆用来携带钻碴、冷却钻头、辅助碎岩以及平衡地层压力,这种系统具有一次性铺管距离较长、适应地层范围广、可在富水地层中应用等优点;另一种是螺旋排碴系统,它由螺旋钻杆、碴土提升装置等组成,一般用于无水土层。一次性铺管距离较短。

(4)顶管系统。顶管系统安装在推进立井内,由顶进油缸、滑架组成,油缸推力 1 000～10 000kN,视地层和管径、管长而定。

(5)管道润滑系统。管道润滑系统用来润滑管道外壁,减少顶进时的摩擦力。它由泵送装置、润滑液、管路组成。润滑液由膨润土泥浆或聚合物组成。

(6)控制系统。操作控制系统设置在地表,包括方向控制部分、钻掘参数显示、控制手把等,它是整个微型隧道铺管系统的遥控指挥部。

微型隧道铺管技术在非开挖铺管领域中是一项高新技术,因此要求有较高的操作水平以及严格的工艺规程。这也使这种施工方法的成本提高,但这种技术的优越性是其他方法难以达到的,这也正是其广泛应用的主要原因。

二、微型隧道铺管技术的关键技术

(1)地层压力平衡技术。地层压力的平衡关系到地面沉降及施工的安全性。常规的压力平衡办法有:控制顶管速度以控制机头切削面的土压力;控制排碴口的大小以控制排碴速度和压力;控制螺旋排土速度或泥浆排碴速度以平衡地层压力。

(2)密封技术。机头变向处的密封以及每段管节连线的各种管路、油路、线路的密封,直接影响铺管施工的成败。

(3)控向技术。主要是高精度低散射激光发生器,灵活的变向机构。

第三节　施工工艺过程及关键技术介绍

一、微型隧道铺管施工技术概述

按照施工设备和施工过程一般可将微型隧道铺管技术分为不可操纵施工法和可操纵施

工法。

不可操纵施工法又可分为土体挤压顶进和排土顶进。

(1)土体挤压顶进法。在需顶进管线两端设两个工作井，在一个井中用气锤将挤压锥挤土顶进到另一工作井，接着推进或拉出生产用管，或者用液压泵将导向杆顶进到另一工作井，然后安装上扩大头反向拉回导向杆并拉入生产管节。此种方法施工用的管道外径一般不大于20cm，推进长度小于25m。

(2)排土顶进法。在管线一端设工作井，用压缩空气锤带动钢制的工具管或生产管前进，并排出土体，或者用液压设备带动钢套管和生产管前进，在掌子面用机械开挖，螺旋出土器从工作井排土。此种方法施工用的管道外径一般不大于160cm，推进长度小于80m。以上两种方法施工的管道综合经济费用低，但对地质条件要求严，土体要均匀，无地下水(或采取措施降低地下水)，并且地下无障碍物。它的缺点也显而易见，就是不能有效地控制顶进方向，引起管道线路的偏差，有时不能准确到达要求位置。

20世纪80年代以来，远距离操纵自动控制导航、工作面上无人驾驶的微型隧道施工设备有很大发展。近几年来，欧洲和美国将此设备用在远距离供热、供气管道以及通信、电力电缆管道的铺设方面有较大的推广。可操纵施工法基本分为以下3种。

(1)导向杆牵引法。首先操纵导向杆向目标井推进，然后牵引顶进钢套管，最后顶进生产管。依据地质条件的不同，导向杆上分别安装不同的挖土和导向钻头。导向杆与生产管段铰接，操作头上装有纠正方向的导引汽缸，通过激光定向系统自动测量定位和调整，并能避开障碍物。此法适用于管道外径小于20cm、顶进长度小于100m、土体均匀的地段。

(2)顶管法。顶管有多种工作方法，这里仅介绍微型隧道中常用的盾构式顶管，该顶管机由两部分组成，最前面的操纵管类似盾构的头部，通过特定的密封舱，以泥土、压缩空气保持开挖面的稳定；固定安装在生产管上的千斤顶带动操纵管向一定方向顶进。后处理部分主要有管道的顶进、泥土排放设备，顶管机最大直径可达到300cm，对小于80cm的挤压顶管，就需靠精密测量和自动导航系统控制。

(3)盾构法。盾构原理起源于大型隧道盾构机。它由土体开挖运输系统、开挖面稳定系统、顶管系统和注浆系统组成。盾构施工的管道直径一般大于300cm，较大直径的，作业人员可进入头部操作。

按照施工方式和出碴系统的不同，微型隧道施工法一般可分为先导式微型隧道施工法、螺旋式微型隧道施工法和泥水式微型隧道施工法，如表7-2所示。

表7-2　微型隧道施工法的分类

分　　类	特　　点
先导式微型隧道施工法	先顶进先导管形成先导孔，随后扩大先导孔，同时顶进保护套管或永久管道
螺旋式微型隧道施工法	用切削钻头钻进成孔，并有螺旋钻杆排出钻屑，同时顶进保护套管或永久管道
泥水式微型隧道施工法	用切削钻头钻进成孔，利用循环浆液排出钻屑，同时顶进保护套管或永久管道。钻进时，用水压、浆压或机械压力来平衡工作面压力，维持工作面的稳定

1. 先导式微型隧道施工法

采用这种方法施工时，一般分为两个步骤进行。首先，沿预定轨迹施工先导孔，可用切削钻进成孔和压入挤土成孔，这两种方法均可以实现测斜和纠偏。其次，将先导孔扩大到所要求的口

径,同时将待铺设的管道顶入孔内。根据地层的不同,可以选用不同的扩孔头。施工工艺如下:

(1)先导孔施工。从起始工作坑向目标工作坑顶进先导管,边施工边测斜纠偏。根据土层的不同,可以选用挤压式先导头或切削式先导头。挤压式先导头适用于软土层,如标准贯入度$N_{63.5}$值小于20的粘土层和粉土层。切削式先导头适用于硬土层和粒状土层。排土方式主要是螺旋钻杆排土,少数用泥浆排土。

(2)扩大导向孔。先导孔完成后,可用挤压式或切削式扩孔头将先导孔扩大到预定的口径,同时将永久管道顶入扩大了的钻孔内。挤压式扩孔头仅适用于极松散的土层。在稳定的粘土层中,一般使用切削式扩孔头,切削下来的土由螺旋钻杆排出。在不稳定的土层中,如含水的土层,则选用泥浆排土方式。此时,加压力的水可起到平衡工作面地下水压力的作用,同时又是土的输送介质。

使用先导式微型隧道施工所需的机具主要包括钻掘系统、导向系统、排土系统、顶管系统以及操作系统等。

在钻掘系统中,最主要的是先导头和扩孔头。图7-2为两种常用的先导头,图7-3为采用螺旋排土的扩孔头结构,图7-4为用于处理含卵砾石土层的扩孔头结构。这种扩孔头可处理的砾石块度最大可达80mm,并可将它破碎到15mm。

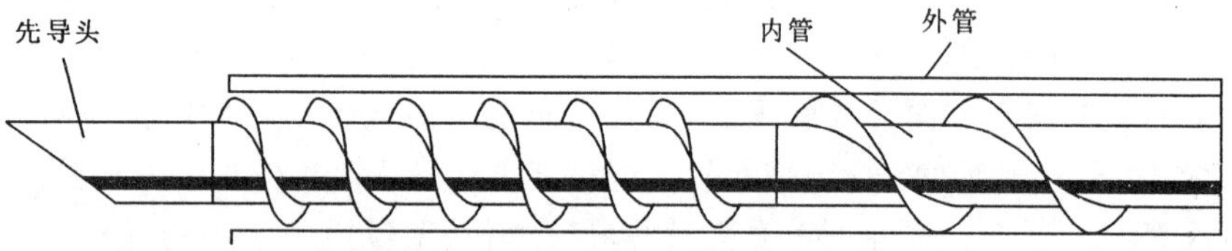

(a)

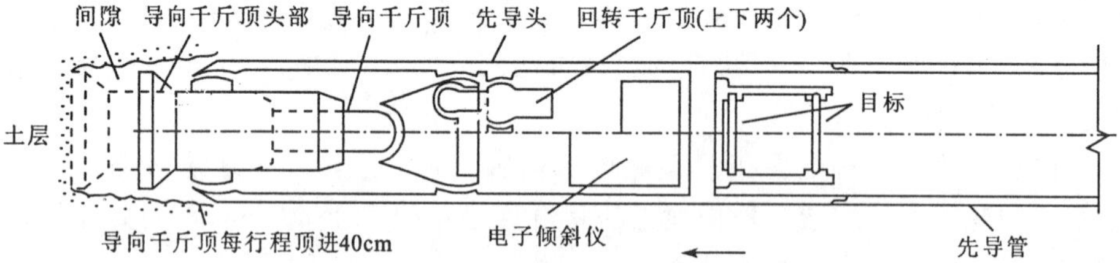

(b)

图7-2 先导头的结构

(a)斜口管鞋先导头;(b)平台式先导头

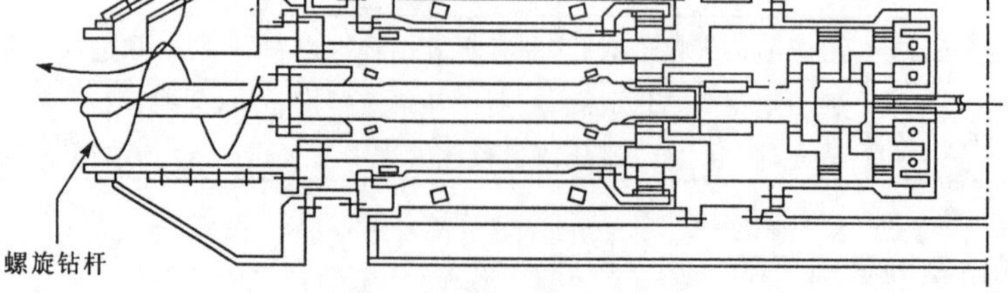

图7-3 螺旋排土式扩孔头

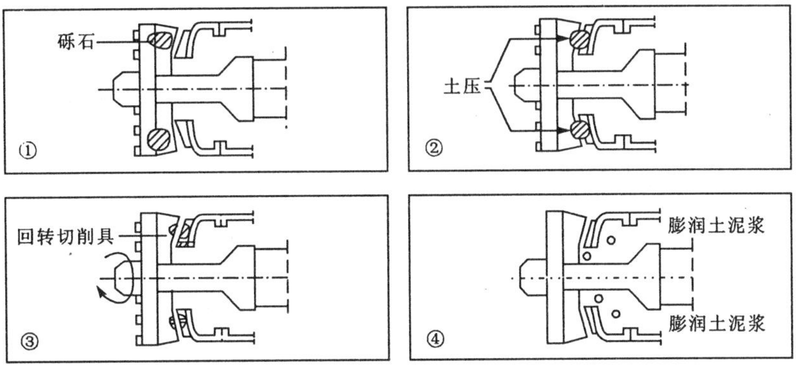

图 7-4　用于破碎砾石的泥浆排土式扩孔头

先导头和扩孔头的不同组合(表 7-3)可适合于不同土层条件的施工(表 7-4)。在表 7-3 中,第Ⅰ种组合使用得最广,第Ⅱ种组合适用的土层条件广,但需要有泥浆处理设备,投资较大。

表 7-3　先导头和扩孔头的不同组合方式

组合方式	先导头	扩孔头	特　　点
Ⅰ	挤压式	螺旋排土式	使用最广,尤其适用于软土层
Ⅱ	切削式	泥浆排土式	适用于致密的土层和含水的土层,泥浆可起到稳定工作面和作为排土介质的作用
Ⅲ	切削式	螺旋排土式	适用于不含水的致密土层(N 值小于 50)
Ⅳ	挤压式	泥浆排土式	适用于含水的软土层

表 7-4　不同组合方式的适用范围

土层		粘土		粉砂		砂或砂质土			
N 值		0～20	20～50	0～20	20～50	0～13		13～50	
水压(Pa)		—	—	—	—	0～4×104	4～6×104	0～4×104	4～6×104
组合方式	Ⅰ	⊙	×	⊙	×	○	×	×	×
	Ⅱ	△	○	△	×	△	△	○	⊙
	Ⅲ	△	⊙	△	⊙	△	×	⊙	×
	Ⅳ	○	×	○	×	○	⊙	×	×

注:⊙—建议采用;○—可以采用;△—*N* 值大于 5 时采用;×—不采用。

导向系统是微型隧道施工设备的重要组成部分。按所选用的先导头不同,导向系统也可分为两种:斜口管鞋和摆动千斤顶。斜口管鞋导向系统主要包括先导头、先导管、目标靶和经纬仪。当先导头偏移时,目标靶的中心点和瞄准光束的十字丝中心点不重合,这时可旋转先导管,使先导头的斜面向着偏斜的方向,随后继续顶进先导管,即可达到纠偏的目的。

另一种导向系统如图 7-5 所示,主要包括先导头、先导管、导向千斤顶、目标靶和经纬仪。导向千斤顶可使先导头的方向发生改变,沿着修正的方向使先导头向前顶进,最后由主顶进系统顶进先导管，即可达到纠偏的目的。

先导式微型隧道施工适用于管径为100～700mm的各种管线铺设，最长的顶进长度可达100m左右。施工精度可控制在±20mm(垂直方向)和±50mm(水平方向)的范围内，适用于在$N_{63.5}$值小于50、地下水位小于10m的土层中施工。

这种施工方法的最大优点是，在先导孔施工中可获得有关地层条件的补充信息，从而选择合适的扩孔头。

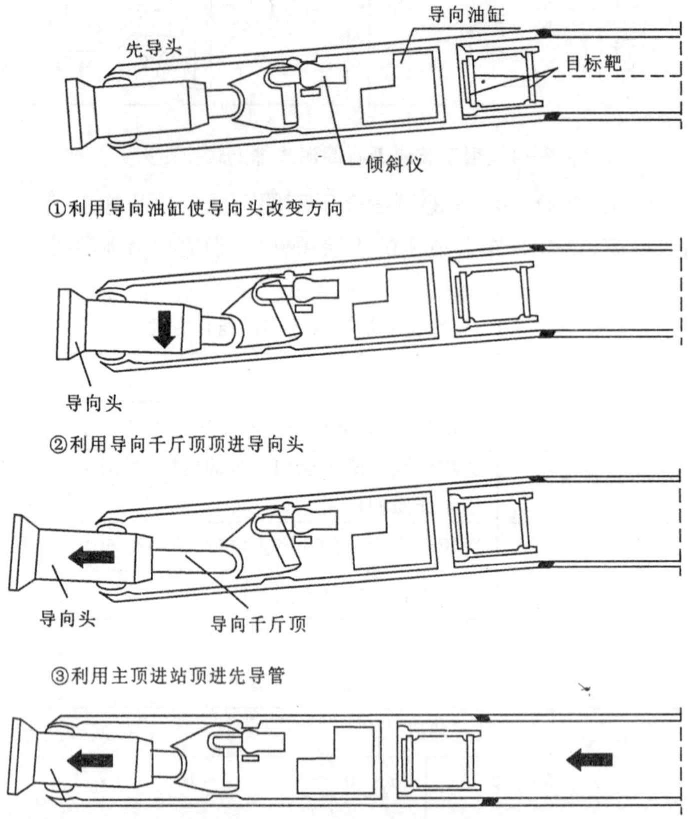

图7-5 利用导向千斤顶纠偏

2. 螺旋式微型隧道施工法

螺旋式微型隧道施工法是由水平螺旋钻进发展而来的，与螺旋钻进法的主要区别在于它采用的钻头式结构，可实现全自动操作，包括测斜和纠偏。此外，在螺旋式微型隧道施工法中，钻头既可由螺旋钻杆驱动，也可由独立的驱动装置驱动。

管道的铺设分单步施工法和双步施工法两种。单步法施工时，钻头在工作面进行切削钻进，切削下的土由螺旋钻杆排到起始工作坑，同时将永久性管道随顶进头一起顶入。当顶进头到达目标工作坑时，铺管工作也同时完成。

双步施工时，先顶进预制的保护套管，套管为施工机具的一部分。套管一般采用双层管，其环行空间可用作液压管线控制电缆的通道，以减少每节管的连接时间。当顶进头到达目标工作坑时，再从起始工作坑顶进永久性管道。

螺旋式微型隧道法所需要的主要设备包括钻进和排土系统、导向(测斜和纠偏)系统、顶进系统和控制系统等。螺旋式微型隧道顶管机的结构见图 7-6。钻进和排土系统由钻头、螺旋钻杆、套管和驱动装置组成。根据土层条件不同，可以选用不同类型的切削钻头。必要时，可抽出螺旋钻杆更换已磨损的钻头，或改变钻头的型式。钻头可通过螺旋钻杆由起始工作坑内的主驱动装置驱动，也可由位于钻头后面的独立驱动装置驱动。主驱动装置由于受到扭矩的限制，一般仅限于小口径、短距离的管道施工，为克服这一限制条件，可采用两种途径：一是在钻头和螺旋钻杆之间使用一个齿轮变速箱，变速比一般取 4：1，使钻头的转速降为螺旋钻杆转速的 1/4，则扭矩相应增大了；另一种途径是钻头和螺旋钻杆使用独立的驱动装置。

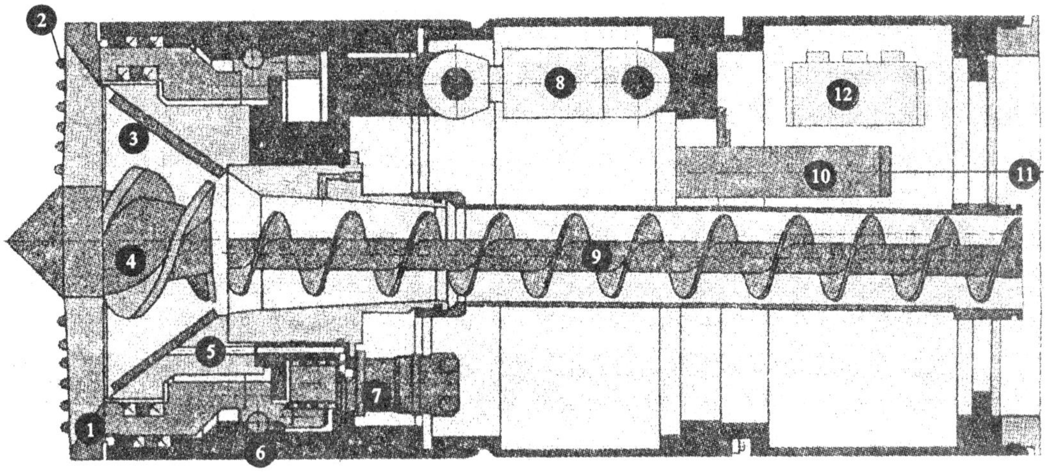

图 7-6　螺旋式微型隧道顶管机的结构

1—切削头；2—切削齿；3—破碎工作室；4—破损机构；5—高压喷嘴；6—主驱动装置；
7—驱动装置；8—导向千斤顶；9—螺旋钻杆；10—给水管；11—激光束；12—阀柜

测斜和纠偏系统用来检测施工过程中的钻孔方向的变化，并对偏斜进行修正，使钻孔的走向（垂直方向和水平方向）始终控制在允许的范围内。测斜系统主要由经纬仪、目标靶、显示仪等组成。纠偏由微型顶管机内的方向修正油缸来实现。经纬仪固定在起始工作坑内，通过观察孔可监视安装在微型隧道顶管机后的目标靶。方向修正油缸一般为四个，均布在微型顶管机的周围。图 7-7 为常用的测斜纠偏系统示意图。

微型隧道顶管机在起始工作坑按照设计的方向安装就位后，从经纬仪到目标靶两点之间的水平视线代表了钻孔的正确方向。当钻孔偏离正确方向时，从经纬仪图像上可发现目标靶的位置发生偏离，同时显示仪也将钻孔方向的偏斜情况显示出来。

纠偏时，通过方向修正操作箱操纵方向修正油缸，使油缸的活塞杆推动微型顶管机朝钻孔偏斜的相反方向偏转一个角度，微型顶管机与钻头之间的环形间隙随之发生变化，因而，微型顶管机的顶进阻力失去平衡，产生一个分力迫使微型顶管机朝偏转的方向顶进。在微型顶管机的带动下，钻头也逐渐朝正确的方向钻进，钻孔的方向就被修正过来。此时，在经纬仪图像上目标靶的位置也恢复到原来的中间位置。

顶进系统安装在起始工作坑内，主要由顶进千斤顶、顶座、滑架、后背座、顶进环等组成。顶进千斤顶的顶进力为 1 000～10 000kN，根据地层条件、管径大小以及施工长度而定。

操作控制系统由方向控制盘、施工参数显示仪和控制手柄等组成。为了减小起始工作坑

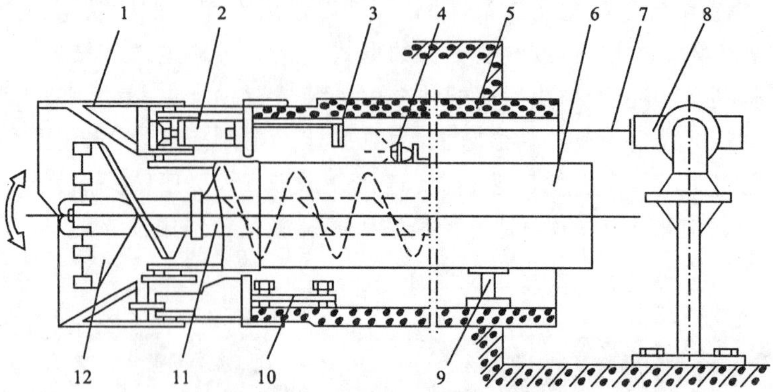

图 7-7 测斜纠偏系统示意图

1—微型顶管机；2—方向修正油缸；3—目标靶；4—照明灯；5—永久管道；6—套管；7—视准线；8—经纬仪；9—支腿；10—止动装置；11—螺旋钻杆；12—钻头

的尺寸，往往将操作控制系统和动力机组集装箱置于起始工作坑的上部，可实现全天候施工。

一般来讲，螺旋式微型隧道施工法适用于直径为 900～1 560mm 的管道铺设，顶进长度可达 150m，甚至更长。适用的地层主要为非粘性的土层，$N_{63.5}$值为 5～50，可处理的最大颗粒直径取决于螺旋钻杆的直径和螺距的大小，一般为 20～50mm。施工精度可达到上下偏差在±30mm以内，水平偏差在±50mm 以内。

为了解决螺旋钻杆的直径和螺距对处理最大粒径大小的限制，可采用特殊的钻头，或在钻头的后部增加一破碎机构以将大颗粒的块石或砾石破碎到螺旋钻杆可以处理的粒度大小。

由于螺旋式微型隧道施工法施工设备为开放式结构，因而，一般不适用于含水地层的施工。若采用辅助方法使螺旋排土系统成为封闭式结构，则螺旋式微型隧道施工法也可用于含水地层的施工。在钻进和顶进时，排土系统的后部处于密封状态，并向其施加压力以平衡切削工作面的地下水压力。当一节管顶入后，将排土系统的前端密闭，使地下水不能进入排土系统中，然后连接外管道和螺旋钻杆，进行加压和顶进。排土系统的加压可通过注压缩空气或高压水来实现。

3. 泥水式微型隧道施工法

泥水式微型隧道施工法是目前使用最广的一种微型隧道施工法。与螺旋式微型隧道施工相比，主要的区别在于：切削下来的土屑以泥浆的形式排出，输送介质（膨润土泥浆或水）同时可用来平衡工作面的压力；切削钻头的驱动装置一般在钻头的后部。施工工艺如下：

泥水式微型隧道施工法同样有单步和双步施工两种形式。除了排土方式不同外，其他均与螺旋式微型隧道施工法相同。在这里，工作面上切削下来的土屑通过钻头的入口进入泥浆室，再排到地表。

泥水式微型隧道施工所需的机具主要包括切削钻进系统、排土系统、导向系统、顶进系统和操作系统。切削钻进系统、顶进系统和操作系统与螺旋式微型隧道施工法相似。排土系统包括泥浆室、供浆室、排浆室、泥浆泵和沉淀池或泥浆分离装置。根据土层条件和地下水情况，可选用清水、膨润土泥浆或聚合物泥浆作为输送介质。

双步施工法中专门设计的临时管（图 7-8）内装有排浆管、结浆管以及其他服务管线，可简化施工时各种管线的连接。

标准的泥水式微型隧道施工法可用于直径 250～900mm 的各种管道，最大顶进长度可达 300m；适用于 $N_{63.5}$值 5～50 的各种地层，包括含饱和水地层（最大水压可达 25m）；施工精度同样可控制在上下（垂直方向）偏差±25mm 以内，水平偏差在±50mm 以内。

为了处理粒度大于 30～50mm 的大块卵砾石，可采用如下的措施：采用特殊的切削具；在微型顶管机内增加一个二次破碎机构。

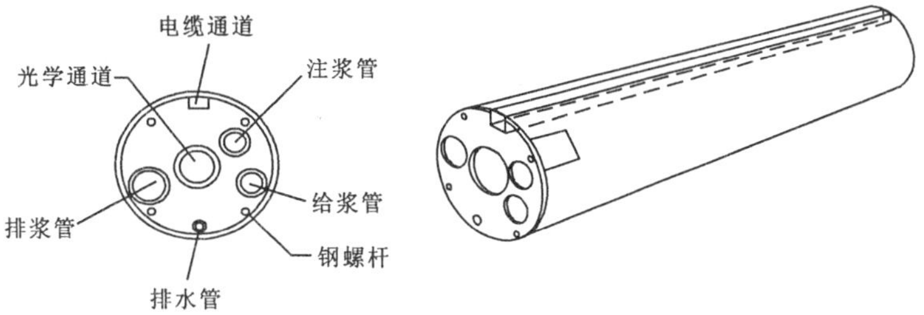

图 7-8　双步施工法专门设计的临时管

常用的方法是采用具有滚刀形切削具的微型隧道顶管机。这种微型顶管机（图 7-9）可以破碎土层中的大块卵砾石和混凝土构件，但是在粘性土层中容易造成堵塞（糊钻）现象，降低施工速度。

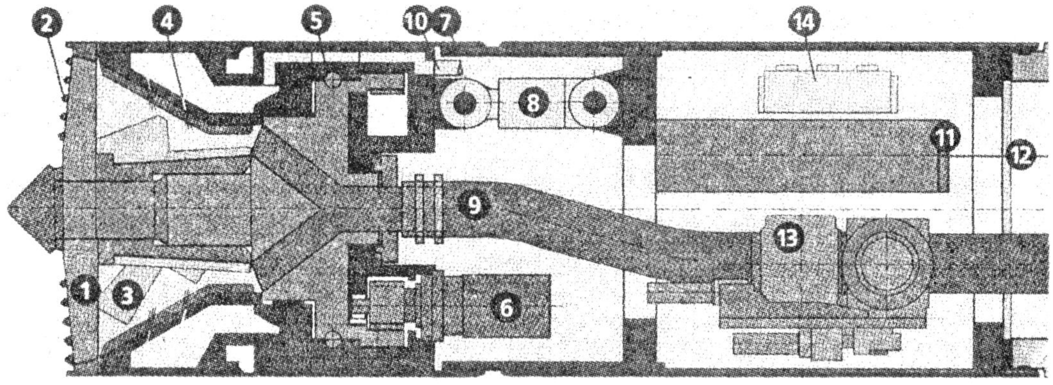

图 7-9　泥水式微型隧道顶管机的结构

1—切削头；2—切削齿；3—破碎工作室；4—破损机构；5—主轴承；6—主驱动装置；7—密封圈；8—导向千斤顶；9—排浆管；10—给浆管；11—目标靶；12—激光束；13—旁通接头；14—阀柜

顶管机后增加一个二次破碎机构后，大块卵砾石经二次破碎后再排出，因而，可大大减少堵塞现象。在图 7-9 中，回转式破碎机构固定在泥浆室内，并与驱动轴相连，钻头切削下来的土经过刀盘上入口和挡板上的可调式闸门进入泥浆室，在此经回转式机构二次破碎后可使其最大粒速降低到 50mm 以内。这种破碎机构可处理的最大粒度一般为管径的 20%。

图 7-10 为另一种处理大块卵砾石的微型隧道顶管机，它主要通过带切削轮的内锥体和带内倒锥的壳体的间隙破碎大卵砾石。这种微型隧道顶管机可将最大粒度为 1/3 管径的卵砾石破碎到 19～25mm。与回转式破碎机构相比，偏心式破碎机构的优点是：不易引起堵塞，尤其是在粘性土层；松散的土在挤入排土系统之前处于压密状态或成团块状，有利于分离；钻头

的磨损大大减轻。

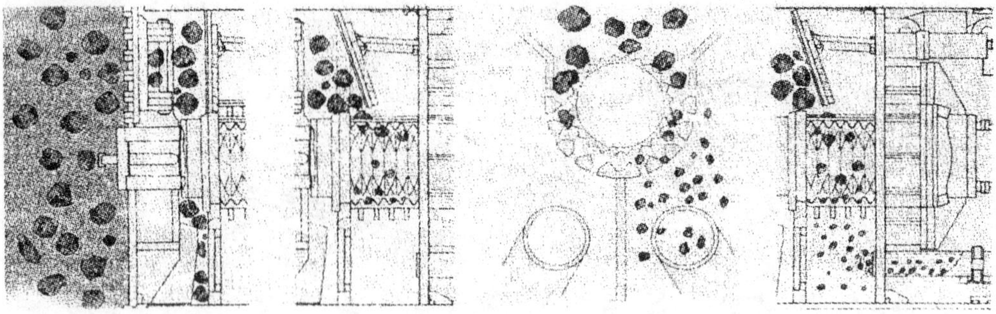

图 7-10　CRUNCHINGMOLE 处理大块卵砾石的微型隧道顶管机

(A)含卵砾石的土壤被挖并被压送到进泥室内；(B)当作用于挡土板上的力量超过顶管的压力时挡土板打开，所挖出的泥土和卵石被吸入破碎室；(C)进入破碎室的卵砾石被破碎成小的碎片；(D)含有碎片的泥石碴通过排泥管道被排泥泵送到地面

二、施工方法的选择

非开挖地下管道施工的关键是选择施工机械，施工机械的选择又取决于施工场地的工程地质和水文地质条件。对于软弱的粘土，宜采用挤压冲击掘进；对于砂性颗粒状土，宜采用排土顶进的方法；对于土体较松软、含水量较大的砂质粉土，可采用水冲式顶管机；长距离顶管中，应采用盾构。根据地质条件的不同，可选择不同的挤土或切土设备。本章中将盾构法微型隧道铺管技术进行单独介绍。

第四节　盾构技术在微型隧道铺管中的应用

盾构技术一般用于较大直径的隧道施工，在微型隧道铺管施工中，常常运用盾构法结合顶管技术进行施工。在这里，我们将盾构法在微型隧道铺管施工中的应用作简单的介绍。

一、盾构施工过程、结构和工作原理

1. 盾构施工过程

建筑竖井或基坑(盾构工作井)→将盾构掘进机吊入入口井安装就位→隧道掘进施工(掘进、出土、运土、铺管、注浆、轴线测量等)→盾构进入接受井。

2. 盾构结构和工作原理

盾构的前端是切削刀盘，用油压马达驱动切削土体；推进油缸顶推盾构向前以克服盾构外壁与周围土体的摩擦力及开挖面土体作用于盾构的正面阻力等；切下来的土由排泥装置排出。

盾构施工中的一个重要问题就是要求施工时对土体的扰动要小，即要求盾构推进后，隧道上方地表的沉降量应控制在 3cm 以内，过大的沉降量将引起其上的地面管道破裂、建筑物倒塌等危害。

二、盾构施工工艺

使开挖面地层保持稳定主要有泥水加压和土压平衡两种方法。

1. 土压平衡式(Earth Pressure Balanced Type 或 Controlled Soil Pressure Type)盾构(图7-11)

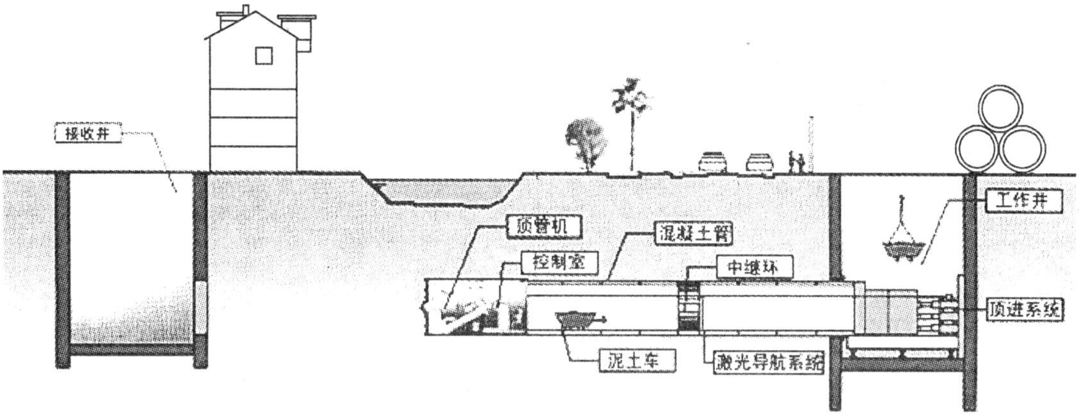

图 7-11　土压平衡工艺示意图

土压平衡盾构是在推进时靠刀盘切削下来的土体使开挖面地层保持稳定。盾构的前端紧靠刀盘设置密封土舱,盾构推进时,前端刀盘旋转切削土层,切削下来的土体进入密封土舱,当土舱内的土体足够多时,可与开挖面上的土、水压力相抗衡,使开挖面地层保持平衡。这类盾构的排土采用螺旋输送机将碴土排送至土箱,再运送至地面。螺旋输送机的排土口上装有滑动闸门或旋转漏斗,用以控制出土量。

土压平衡盾构一般通过控制其排土量等于开挖量即可使开挖面的地层始终保持稳定。

土压平衡盾构克服了泥水加压盾构的缺点,是盾构法技术的一大进步,尤其适用于城市地下隧道的施工。具有地面沉降易于控制,对周围环境影响较小等显著优点。具体可分为:

(1)土压式。适用于切下的土本身即具有塑性流动性,如软粘土、泥碴等。

(2)泥土压式,亦称加泥式。当土屑为砂质土时,内摩擦大,塑性流动困难。为此,应从刀盘前方注入加泥材料使土压保持平衡。

(3)泥土加压式。把和刀盘同时旋转的搅拌叶板置于盾构壳内,进一步提高泥材与土屑的混合效果。图 7-12 为一种泥土加压式微型盾构的结构。

由图 7-12 可见,泥土加压盾构由盾壳、刀盘及其驱动装置、螺旋输送机、盾构推进装置、砌块安装器、盾尾密封装置等主要部件组成。刀盘按照其支承方式,又可分为中心支承式、周边支承式和中间支承式三种。而螺旋输送机则有无中心轴和有中心轴之分,后者给螺旋以较高的强度,前者则使排土更为流畅。

2. 泥水加压式(Pressurized Slurry Type 或 Mud Pressure Balanced Type)盾构(图7-13)

泥水加压盾构采用有压泥水在较短的时间内使开挖面土体的表面形成透水性很低的泥膜,位于土层和加压泥水间的泥膜,性能优于土层,使泥水压力可通过泥膜向土层传递,形成地层土水压力的平衡,从而使开挖面地层保持稳定。

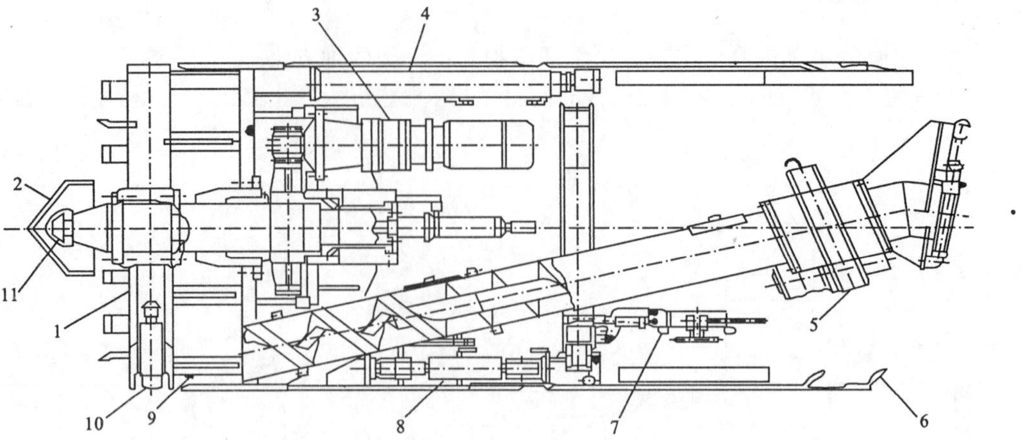

图 7－12　泥土加压式盾构

1—刀盘；2—中心刀；3—刀盘旋转驱动电动机；4—盾构推进千斤顶；5—螺旋输送机；

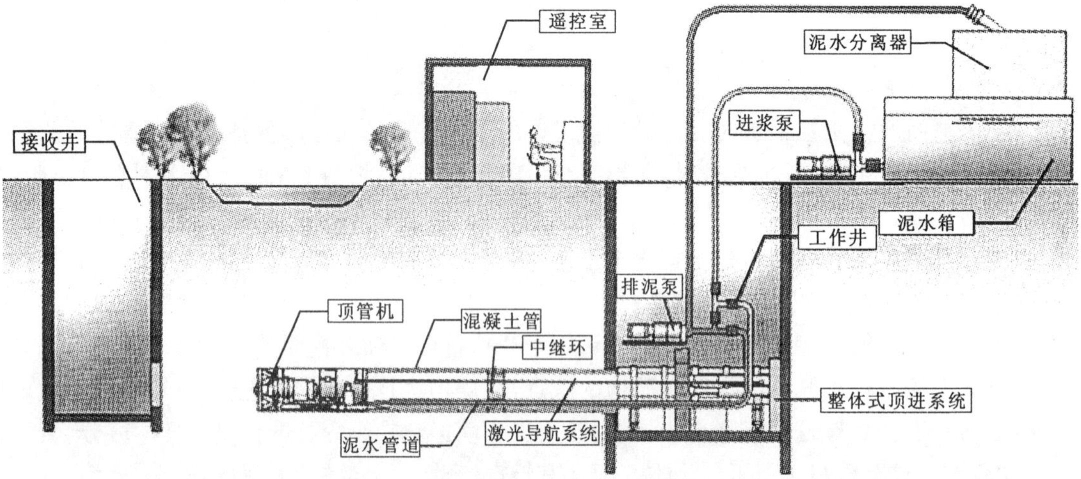

图 7－13　泥水加压平衡工艺示意图

泥水加压盾构刀盘后方为泥水室，通过隔板和后方隔开，用于存贮有压泥水；泥水室内装有搅拌器，用于拌和进入泥水室的切削土体和稀泥水，使之成为水、土混合的浓泥水；泥浆泵用于将稀泥水泵入泥水室，又将浓泥水泵出地面。其内部结构如图 7－14 所示。

这种盾构的出泥方式是湿式，就是以泥浆的形式排土。在地面上设置泥水分离装置，将水和土分离。

在施工时，将加压泥水注入被隔板封闭的舱内，利用膨润土泥水的特性，减弱刀片上的土压，稳定刀片的工作状态，并通过循环的泥水把土屑随泥浆送出。此方法适用的土质范围相当广。图 7－15 为一种小型泥水加压式盾构。

由图 7－15 可见，泥水加压盾构是经泥水管道将切下的土随泥浆带到地表。该方法在地表需设置一容积相当大的沉淀池，以及一套强有力的泥浆液流泵送系统，而前者在现代的大城市是难以提供的。

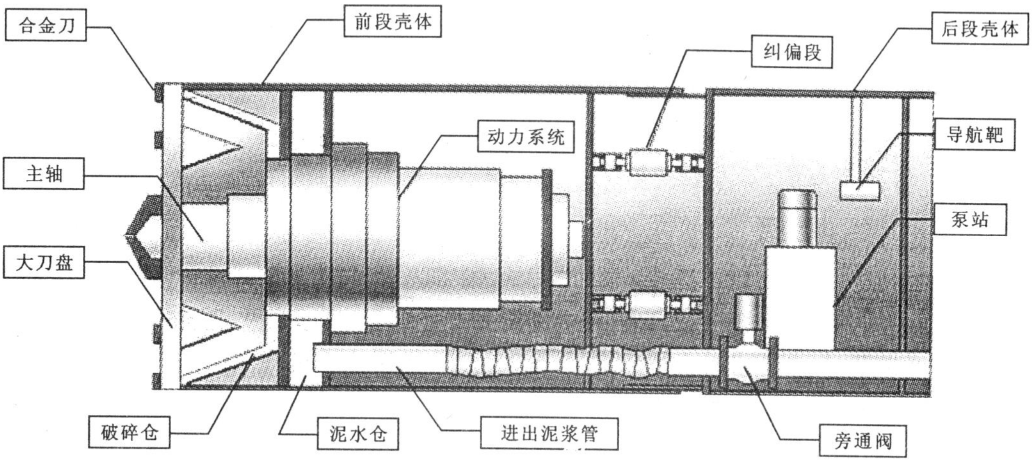

图 7-14　泥水平衡内部结构示意图

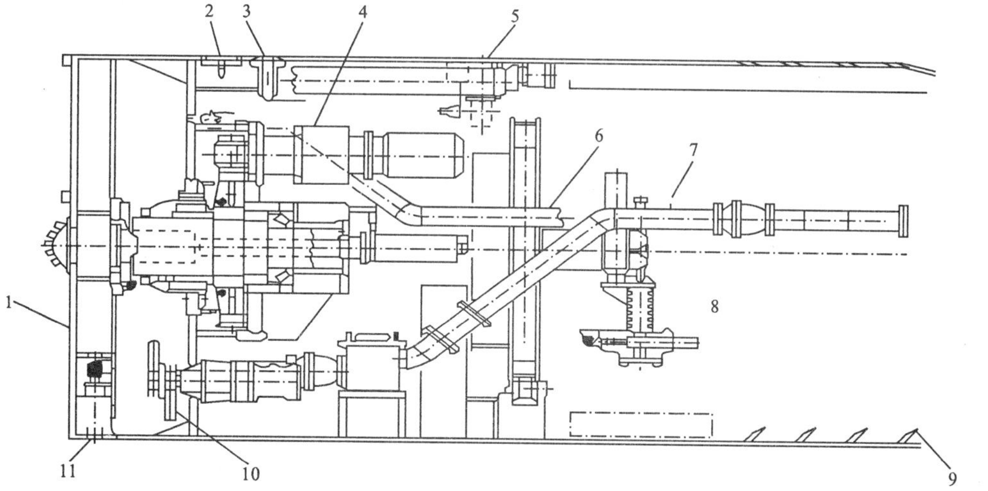

图 7-15　泥水加压式盾构

1—刀盘；2—探测装置；3—探针；4—刀盘旋转驱动电动机；5—盾构推进；
6—泥水供入管；7—泥水排出管；8—安装器；9—盾尾；10—搅拌器；11—扩孔刀

泥水加压盾构推进时，开挖面土体的稳定性主要取决于泥水压力选择的合理性和送泥水泵对泥水压力的控制。泥水加压盾构的主要缺点是需要泥水处理设备，将泥和水分离，以便循环使用。该设备投资大，需要宽敞的施工场地。

第五节　国外微型隧道铺管施工实例

国外的微型隧道铺管技术于 20 世纪 70 年代末 80 年代初兴起，取得了许多实质性的进展，积累了许多丰富的施工技术经验。

以德国为例，在德国，非开挖微型遂道施工技术的开发导致了许多可调向的微型隧道掘进机的产生，其设计和操作上的主要特点不大相同。然而，对所有掘进机来讲，其液压顶管的原理是相同的。这些掘进机或是非调向装置的改进，或是配有与地下空间和隧道施工中所使用的全断面掘进机类似机构的新型设备。掘进机的工作原理均基于排土法或取土法，或者是二者的结合。

微型隧道掘进机的适用范围主要由土质条件和施工成本决定。

一、土质条件

在微型隧道掘进机的钻头内配备破碎机是朝扩大微型隧道施工使用范围迈出的重要一步，因此含块度超过 50mm 的砾石层也可施工。

带有特殊切削具的岩石钻头可用于 BK6 到 BK7 类的地层(DIN18300)施工。非均质地层，尤其是遇到砾石层时，可用带有特殊岩石钻头的掘进机施工。在这种情况下，粘结性的松散砾石层往往也会给施工带来问题。因为粘结块会堵住钻头上碴土的入口，使施工速度明显下降。这一问题可用配有高压喷射机构的岩石钻头加以克服，高压水可清洁被堵住的入口，并可使这类钻头也适用于粘土层。

加入这一特殊机构的微型隧道掘进机不仅适用于非均质的地层，而且也同样适用于建筑物、高速公路、铁路和水路下进行复杂的顶管工作。在这些地方，不是地层条件不能加以详尽的调查，就是不能进行开挖施工。

贮存式微型隧道掘进机 WBM - C10 为另一种新型的装置。当贮存器与钻头连结好后即可开始施工，钻出的碴土由螺旋钻杆排到贮存器内，当每根管顶进之后，将贮存器移到起始坑内并排空，接着又将其送回到与钻头相连的管内(图 7 - 16)。

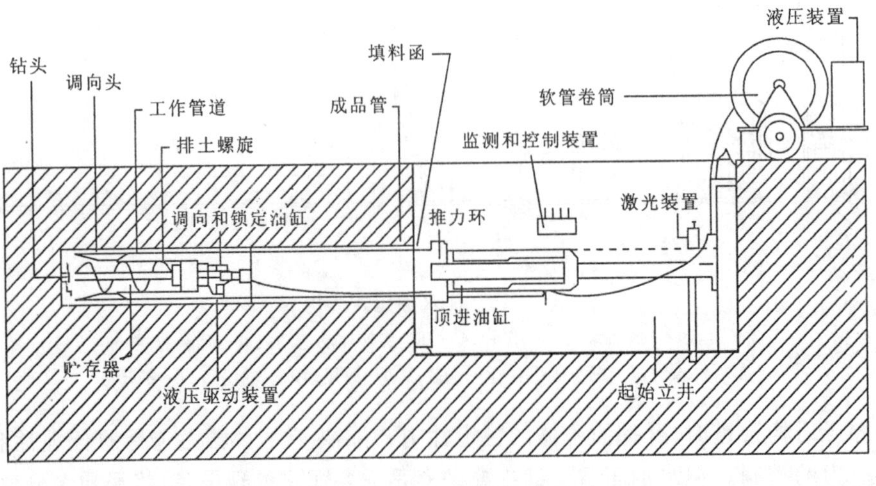

图 7 - 16　贮存式钻进装置

当切削具或整个钻头需更换时，如为了适应地层的变化，还可将钻头和贮存器一起从管内移出。因此，这种掘进几乎可适用于任何地层。

WBM - C10 微型隧道掘进机可适用于铺设内径为 800～1 000mm 的管道。

二、施工成本

微型隧道施工法和设备的有效使用在很大程度上由设备的购买价格、顶进管的价格、设备布置及转运的费用以及顶进长度所决定。

通过使用标准化的主顶进钻(可适用于不同的掘进机),减少现场控制站的尺寸,或者使用一台设备用于不同的工作,则可降低折旧成本,继而降低施工成本是有可能的,如顶进不同内径的管道,铺设和更新管道。

1. 控制站

直到目前,控制站均是按可在任何条件下铺设各种管道而设计和制造的。这样就要求控制站的尺寸较大(高达 3.6m),并使用特殊的平板拖车,以及大型提升绞车以便布置和拆除工作使用。此外,在狭窄的街道上行驶时也易造成交通阻塞。

一种更为经济的方法是使用较小的控制站,只需容纳掘进机和有关的设备,而不是设计成可盖住施工立井的形式,这是目前的一种趋势。小型的控制站价格大大低于大型的控制站,并且移动和运输的费用也更为少,仅需承包商自己的机动车和提升绞车就可完成。

德国有家公司专门将这些小型的控制站固定到一辆机动车上(例如 RVS100A 和 RVS300AMOBIL)。这样可保证最佳的机动性、最短的布置时间以及不依靠公用动力线(若控制站配有柴油发动机),这种设备才真正是在小施工现场代替开挖施工法的最经济方法。

2. 使用范围

扩孔器可使一种微型隧道掘进机用于顶进不同内径或外径的管道。因此,一台 AVN250 掘进机可用于铺设内径为 250mm、300mm 和 400mm 的管道。实际上,内径为 250～1 000mm 的管道,只需 4 种型号的掘进机,为适应管径的变化,只需半天的时间并可完成掘进机的转换。

现有破损管线的更线工作将逐渐超过新管线的铺设工作量,因为对这种的需求更大。为了适应这一趋势,汉堡市已开始在日本 Iseki 公司的 Unclemole 掘进机的基础上进行管道更新设备的开发工作。

同时,德国大部分的掘进机制造商也开始进行这项工作,并已取得成功。一台德国自己制造的掘进机 HERRENKNECHT RVS100A 已首次在柏林市使用,这种掘进机配有螺旋钻杆和岩石钻头。

而且,已证明配有液流输送装置的标准型掘进机 AVN500 也适用于这类工作,已用内径 500mm 的玻璃化陶土管更新一段 60m 长的内径为 250mm 的同样材质的下水管道。在开始实际的更新工作之前,先将旧管道封闭并充填满砂,与此连接的下水道也用同样的方法堵塞住。与螺旋式的 RVS100A(8 小时可顶进 1～8m)相比,标准的 AVN500 的顶进度可达 15m/人。

3. 顶进长度

尽管使用了预制件,起始和目标立井的施工成本在任何微型隧道施工中仍相当可观,这就是为什么要通过延长顶进长度来减少施工立井的数量的主要原因。这些努力的结果列于表 7-5中,它表明顶进长度取决于管道内径的大小和所使用的排土方式。

表 7-5 顶进长度和管道内径及排土方式的关系

管道内径(mm)	顶井长度(m)	
	螺旋排土	液流排土
DN250	60	120
DN500、600	80～100	150/160

注:钻头和螺旋钻杆各用独立的驱动装置。

为了改进采用螺旋排土方式的微型隧道掘进的有关性能,凡用于顶井内径大于 600mm 的掘井机目前均采用独立的驱动装置来驱动钻头和螺旋输送器。

在德国,目前最大的顶进长度已达 210m。这一纪录是由一台 AVN800(液流排土)掘进机实现的,施工时使用了膨润土泥浆来润滑内径为 600mm 的钢筋混凝土管。

如今,500mm 的中断站已用来增加小口径管的顶进长度,因小口径管不能用膨润泥浆润滑,这种中继站可安装在掘进机后约 20m 的地方,以便有足够的储备动力。

微型隧道施工同样适用于曲线施工,在柏林和荷兰已有这种施工的实例,顶井长度超过 200m,管径大于 1 000mm。

4. 顶进管

小口径非开挖施工使用的管道可由下述材质制成:

(1)钢筋混凝土;

(2)玻璃化陶土;

(3)石棉水泥;

(4)玻璃纤维塑料;

(5)钢材;

(6)复合材料。

在顶进管方面的最新进展是顶进球墨铸铁和高密度聚乙烯(HDPE)管。

在德国,还根据有关规范对顶进管进行应力应变分析,如 ATV 规范 A(1990)或 GW312。

第八章　其他非开挖技术方法

第一节　非开挖技术方法分类与适应性

非开挖施工的技术方法很多，且随着市场不同需求和时间的推移，还在不断增加。按成孔时对周围岩土的影响，非开挖方法可分为挤土法、部分挤土法和非挤土法。其中的挤土成孔铺管是一类很有特点的方法，包括静压挤土法（小口径顶管法）、振动挤土法、冲击器挤土法（冲击矛和夯管锤）和滚压挤土法等，见表 8－1。非挤土法和部分挤土法有别于挤土法，它们以排土或部分排土的方式为主，如泥浆循环的钻进法归于非挤土法，螺旋钻进法可归属于部分挤土法。

表 8－1　非开挖各种挤土（挤密）方法应用的特点

评价指标	静压挤土法	振动挤土法	气动冲击挤土法	滚压挤土法
适宜地层	粘土和亚粘土	砂土、砂质粘土及饱和土	略软粘土、中密砂土层	粘土层、砂土层
适用管径（mm）	<500	<500	40～250	50～230
施工长度（m）	40～60	25～50	20～100	50
铺管速度（m/h）	—	20～60	—	10～20
使用管材	混凝土、钢、铸铁	钢管	钢、塑料管	混凝土、钢、铸铁
环境效应	挤土效应	挤土和振动效应	挤土和振动效应	挤土效应

按非开挖工艺和设备分类有夯管锤法、气动矛法、振动冲抓法、跟管法以及热钻法等许多种。在目前常用的 10 余种非开挖铺管方法中，根据设备、施工环境、施工地质条件以及目标管线种类不同，每种方法都有其适应性。表 8－2 列举了几种典型工法的适应性。表 8－3 为几种非开挖铺管方法应用的特点。本章后续各节主要按工艺设备分类方法介绍不同于导向钻进的其他几种非开挖铺管方法。

表 8－2 各种非开挖施工方法的适用性

施工方法	市区主管线	市区支管线	短跨越孔	长跨越孔
顶管法	*	×	⊙	*
小口径顶管法	*	*	⊙	×
定向钻进	×	×	⊙	*
导向钻进	⊙	*	*	×
水平螺旋钻进	×	×	*	⊙
顶推钻进	⊙	*	*	×
水平钻进	×	⊙	*	×
冲击矛法	⊙	*	*	×
夯管法	×	×	*	×
碎管法（更新）	*	⊙	×	×
内衬法（修复）	*	⊙	×	×

注：*—极具竞争力；⊙—具有竞争力；×—不具竞争力。

表 8-3　各种非开挖铺管方法应用的特点

评价指标	水平钻进法	挤土法	顶管法	微型隧道施工法
主要技术	水平定向钻进法 导向钻进法 螺旋钻进法	静压挤土法 振动挤土法 气动冲击挤土法 滚压挤土法	机械式顶管	隧道盾构技术
适用地层	Ⅳ级以下土层	粘土层、砂土层	Ⅲ级以下土层	土层、岩层
适用管径(mm)	50～1 420	40～500	529～1 720	250～3 000
使用长度(m)	40～60	20～100	60～80	100～3 000
铺管速度(m/h)	1.8～5.5	10～60	0.5～1.5	3
环境效应	泥土污染	挤土、振动	地面隆起或下陷	泥土污染

第二节　冲击矛

冲击矛是根据冲击器原理设计加工而成。根据工作介质不同可分为液动冲击器和气动冲击器,本节主要介绍专门成孔的小口径气动冲击器,即气动矛的基本原理、工艺特点和施工方法。

一、基本原理

冲击矛俗称"地下导弹",是最简单、开发最早、最廉价的设备,属于一种挤压土壤式的非开挖技术方法。冲击矛(以其形状像矛而得名)是使用得最早和最广的一种非开挖施工机具,它由钢质外套(矛体)和重型活塞组成。冲击矛通常由压缩空气驱动。20 世纪 60 年代,俄罗斯人发明了一种无阀式气动冲击矛。随后,德国的 TT 公司和美国的 Allied 公司相继开发了类似的产品,并在前端增加了一个矛头,这便是目前广泛使用的气动冲击矛。近几年,国外有些公司已经开发研制了液体驱动冲击矛。其基本结构如图 8-1 所示。

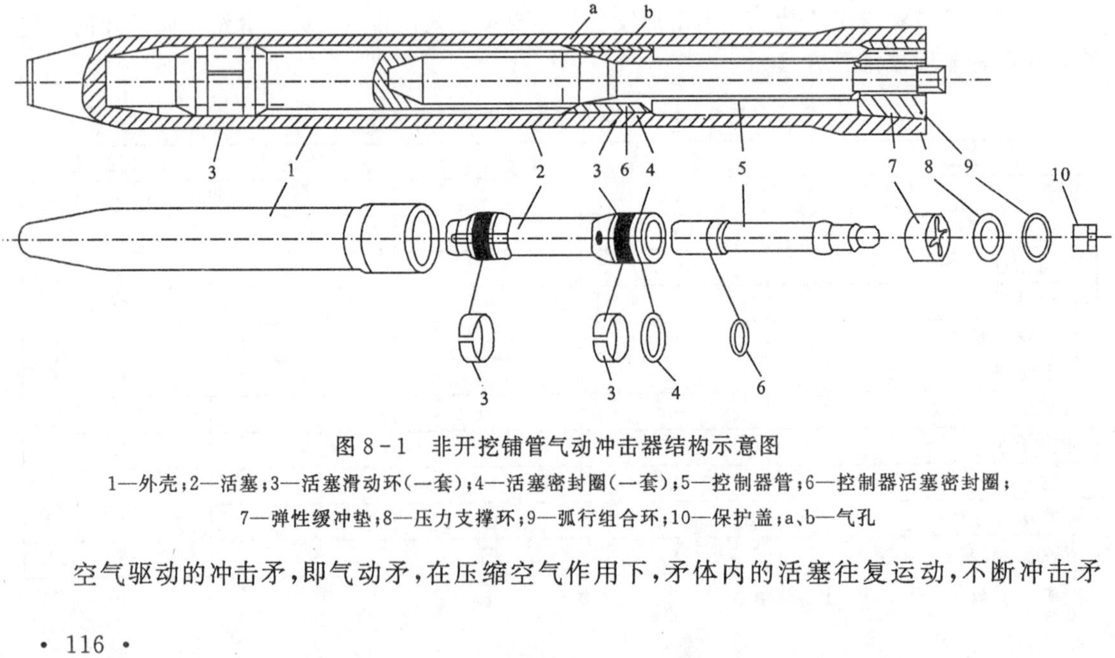

图 8-1　非开挖铺管气动冲击器结构示意图

1—外壳;2—活塞;3—活塞滑动环(一套);4—活塞密封圈(一套);5—控制器管;6—控制器活塞密封圈;7—弹性缓冲垫;8—压力支撑环;9—弧行组合环;10—保护盖;a、b—气孔

空气驱动的冲击矛,即气动矛,在压缩空气作用下,矛体内的活塞往复运动,不断冲击矛

头，矛头在土层中挤压周围土层，形成钻孔并带动矛体前进。由于活塞的质量很大(一般为矛头质量的10倍)，每次冲击使矛头获得很大的冲击力和高速度，足以克服矛体与土层的摩擦力，形成钻孔并带动矛体前进，活塞往复运动冲击力远大于回程时的反作用力，所以冲击矛可以在土层中自行移动。冲击矛可以前进，也可以后退，一般通过反转送气管改变配气行程来实现活塞的向后冲击。冲击矛的后退，主要用来回拖管线或前进有困难时返回起始工作坑，重新开孔。冲击矛的矛头有多种结构形式，可根据不同土质条件选择使用，如锥形矛头适用于均质土层，台阶式矛头可在含砾石层中施工，活动式矛头能够冲碎砾石并保直前进。

二、施工工艺

气动矛施工时，一般先在欲铺管地段的两端挖起始工作坑和目的工作坑，坑的大小可根据矛体的大小、铺管深度、管的类型以及操作方便而定。将冲击矛放入起始工作坑，置于发射架之上，用瞄准器调整好矛体方向和深度，启动冲击矛，冲击矛沿着预定方向进入土层。当矛体进入土层1/2后，再用瞄准器校正矛体方向，如有偏差应及时调整。校正过程可重复数次，直至矛体完全进入土层。随着冲击矛的前进，可将直径比矛体小的管线拉入孔内。冲击矛到达目的工作坑后，卸下矛体，管线留在孔内，铺管完毕。

冲击矛铺管的方法很多，根据力的作用点不同，可分为拉管法、顶管法和胀管法。根据施工工艺，可以分为冲击矛直接拉入、冲击矛反向拉入和扩孔后拉入三种形式。

1. 冲击矛直接拉入

这是成孔与铺管工作同时完成的方法。待铺设的管线通过锥形管接头或用钢丝绳及夹具与冲击矛相连接。当铺管长度较长时，可在发射坑利用紧线夹，并通过钢丝绳或滑轮对管施加一个辅助的推力。有时，也可用一个千斤顶来提供辅助推力。

当土层的稳定性较差或施工长度较长时，为了避免孔壁的塌落，最好使用该方法。

2. 冲击矛反向拉入

当冲击矛到达目的工作坑，将待铺设的管线与冲击矛相连接。然后旋转1/4圈压气软管，使冲击矛反向冲击而后退，同时将管线拉入孔内。也可用直接拉入法来增加辅助推力。

3. 扩孔后拉入

如果管径较大，而且土层稳定时，可先用冲击矛形成先导孔，然后在冲击矛上外加一个扩孔套，边扩孔边将待铺设的管线拉入孔内。一般扩孔套的外径与冲击矛的外径之比应小于1.6。这种方法的优点是：一种冲击矛可用于不同直径管线的铺设；贯穿先导管的钢绳在一定程度上可起到调节方向的作用，同时又可施加辅助的拉力。

三、施工设备

使用冲击矛施工时，常用的设备主要有冲击矛、空压机、注油器、高压胶管、发射架、瞄准仪、拉管接头等。

空压机提供压缩空气，压力一般为6～7atm，排气量一般根据气动矛的大小而定，一般小于$6m^3$/min。注油器在压气中注入润滑油，以润滑气动矛和冷却矛体。常用的注油器为自吸式注油器，注油量一般为0.005～0.01L/min.

冲击矛为主要的钻具，它由钢质外壳、冲击活塞、控制活塞和矛头组成。矛头与矛体的固定方式对能量的传递效率具有较大的影响。目前，主要有矛头与矛体为整体式结构和矛头可沿矛体的轴线滑动的分体式结构两种方式。

整体式结构的优点是冲击活塞相对较大，因而冲击能量也较大，所以施工速度快。另外，冲击矛的结构简单，没有易损件，维修方便。

分体式结构的冲击矛工作时，冲击活塞首先冲击矛头，使之向前推进并形成先导孔，此时矛体不动。随后在冲击活塞的作用下，矛体再向前推进。当遇到坚硬的卵砾石时，冲击活塞可反复冲击矛头。与整体式冲击矛相比，由于分体式冲击矛的冲击作用集中在矛体上，所以能量的传递效率高，并且可有效地破碎大块的卵砾石。此外，由于矛体成孔在前，向前推进在后，因而不易产生偏斜。

近几年，为了避免冲击矛冲击施工的盲目性，提高施工精度，并且避免破坏已有的地下管线，对传统的冲击矛进行了一系列的改进。除了设计不同形式的矛头外，最显著的是研制成功了可测式和可控式冲击矛。可测式冲击矛是在矛头内附加一个信号发射装置，施工时在地表用手持式探测仪接收该信号发射装置发射出来的信号，并显示其深度和平面投影位置。当发现冲击矛严重偏离设计方向或接近现有的地下管线时，可退回冲击矛，重新开孔。可控式冲击矛在可测式冲击矛的基础上，利用带斜面的矛头来实现控制冲击矛的推进方向，因而，施工精度更高。

四、适用范围

虽然目前绝大多数气动矛是不可控的，但由于传统形式价廉，所以改进方法不多，仅致力于加大尺寸范围和功率输出。冲击矛一般只用于铺设直径小于200mm的各种管线，如PVC、PE、HDPE、钢管、电缆等管线。从理论上讲，该法对施工长度没有限制，然而由于冲击矛一般不能控制方向，长度越大，偏斜量就越大。故冲击矛施工法一般用于长度为10～50m的管线施工，在均质地层中可以更长。在一般情况下，如果操作员按照规程施工，误差可控制在1%以内。即如果气动矛起动前定向无误，到达50m处目的点的施工误差为0.5m。

主要适用于均质非富含水地层，如粘土、亚粘土等地层。含有不同颗粒大小、粘性成分低、且最大颗粒不大于60mm的不含水地层用冲击矛施工法最为理想。目前有的冲击矛也可以在含少量的砾石层中成孔，但最大的砾石直径不应大于冲击矛的外径。另外，冲击矛的矛头有多种结构形式，可根据土质条件不同选择使用。如锥形矛头适用于均质土层，台肩式矛头可在含砾石层中成孔，往复式冲击矛头能够冲碎砾石，保直前进。

在含地下水的地层，由于冲击振动使矛体与接触面的周围发生“液化”，摩擦力降低，因而冲击矛无法前进，或前进的速度极慢，并且有可能造成下沉。在这种地层中，若使用冲击矛施工法，最好在冲击矛的后面跟入钢管，并在工作坑外对钢管施工外力，不断推进钢管。

一般地，气动矛的直径应比打算铺设的管道的外径大10%～15%，平均钻进速度为10～15m/h，施工速度主要取决于土层条件，一般为10～20m/h，最高可达90m/h。不同土层的平均施工速度见表8－4。

表8－4　冲击矛在不同地层中的平均施工速度

土　　层	速度(m/h)
粘土、砂质粘土、河道淤泥	30～90
亚粘土、砾石、砂砾石、砂层	15～25
最大颗粒为120mm的砾石层，含最大颗粒为500mm的路基结构	5～10
风化的粘土页岩和泥、灰岩	0.5～3.0

五、优势分析

冲击矛是以冲击挤压方式成孔，为保持周围土体压力均匀，前进过程中不发生方向偏斜，并防止冲击挤压造成的路面隆起，一般施工时要求冲击矛以上地表土层厚度应大于冲击矛直径的 10 倍。

冲击矛的优点是：

(1)操作简单，不要求较高的专业技术；

(2)施工成本低；

(3)对地表干扰小。

冲击矛的缺点是：

(1)地层条件的变化或遇到障碍物时易偏离设计方向；

(2)不可控制方向，精度有限；

(3)不适用于硬土层、含砾石的地层以及含水地层。

冲击矛用来成孔并铺设管线，具有配套机具简单，操作、维修、运输、安装方便，施工成本低，铺管速度快等优点。

第三节　夯管锤

一、基本原理

夯管锤和气动矛的作用原理相似，不同的是：①夯管锤将钢管直接打入土中，而冲击矛通过进入地层成孔；②规格尺寸、质量、冲击能和冲击频率、设备配置等不同。冲击矛的主要参数是其冲击矛的外径，即成孔直径；而夯管锤的主要参数为打入钢管的最大外径。

夯管施工法是指用夯管锤将待铺设的钢管沿设计路线直接夯入地层，实现非开挖穿越铺管。夯管锤实质上是一个低频、大冲击功的气动冲击器，它由压缩空气驱动。夯管锤工作时，夯管锤本身并不进入土层中，而是被设置在起始工作坑内，通过冲击或活塞创造的冲击能量将钢管夯入土中，该方法突破了小直径气动冲击矛的适用范围(冲击矛一般限制在 200mm 以下)，可以铺设较大直径的管道。夯管锤和气动矛又有相似之处，有的气动矛也可以兼做夯管锤。在夯管施工过程中，夯管锤产生较大的冲击力，这个冲击力直接作用在钢管的后端，通过钢管传递到前端的管鞋上切削土体，并克服土层与管体之间的摩擦力使钢管不断进入土层。随着钢管的前进，被切削的土芯进入钢管内，待钢管抵达目标后，取下管鞋，钢管留在孔内。可用压气、高压水射流或螺旋钻杆等方法将其排出，有时为了减少管内壁与土的摩擦阻力，在施工过程中夯入一节钢管后，间断地将管内的土排出。该技术的特点是冲击力大，最大的夯管锤的冲击力每次 2 000t，最大能夯击 3.5m 直径的钢管，适于大管径和管幕施工。选择夯管锤时，一般应根据钢管直径及夯进长度适当的机型。

由于夯管过程中钢管要承受较大的冲击力，因此夯管锤铺管只能用于铺设钢管，一般使用无缝钢管，而且壁厚要满足一定的要求，如果夯管距离超过 40m，壁厚应增加 25%。夯管要求的壁厚见表 8-5。钢管直径较大时，为减少钢管与土层之间的摩擦阻力，可在管顶部表面焊接一根小钢管。随着钢管的夯入，注入水或泥浆，以润滑钢管的内外表面。钢管间的连接由现场焊接来完成，一般夯入一段，焊接一段。根据铺管现场具体条件，来确定管段长度，如果条件许可，应尽可能用长的管段，以便减少焊接造成的铺设偏差，节约焊接钢管所需的时间。

表 8-5　夯管要求的钢管壁厚

管径(mm)	≤250	350～800	800～1 200	1 200～1 500	1 500～2 000
壁厚(mm)	>6	>9	>12	>16	>20

二、施工工艺

这种施工方法适用于除沼泽和岩石以外的各种地层。夯管锤的适用管径为 100～2 000mm。其施工精度取决于调准定位工作，误差大的约为夯进长度的 2%，由于被打入土中钢管本身起到了支撑作用，所以不会出现地表沉陷的现象。

夯管施工前，首先将夯管锤固定在工作坑上，并精确定位。然后通过锥形接头和张紧带将夯管锤连接在钢管的后面。为了保证施工精度，夯管锤和钢管的中心线必须在同一直线上。在夯第一节钢管时，应不断地进行检查和校正。如果一开始就发生偏斜，以后就很难修正方向。

每根管子的焊接要求平整，全部管子须保持在一条直线上，接头内外表面无凸出部分，并且要保证接头处能传递较大的轴向压力。

当所有的管子均夯入土层后，留在钢管内的土可用压气或高压水排出。排土时，须将管的一端密封。当土质较疏松，管内进土的速度会大于夯管的速度，土就会集中在夯管锤的前部。此时，可用一个两侧带开口的排土式锥形接头在夯管的过程中随时排土。对于直径大于 800mm 的钢管，也可以采用螺旋钻杆、高压射流或人工方式排土。当土的阻力极大时，可以先用冲击矛或其他方法形成一导向孔，然后再进行夯管施工。

三、施工设备及机具

配套夯管锤铺管系统的主要设备机具有空压机、夯管锤、带爪压盘、锥形接头、排土锥、张紧带及管鞋等。

1. 空压机

驱动夯管锤的空气压缩机与驱动气动矛的空压机一样，属于低空压机，工作压力为 0.6～0.7MPa。但排气量较大，最大达 $50m^3/min$，需要的空气量根据夯管锤的直径不同而变化(表 8-6)。

表 8-6　德国 Tracto-Technik 夯管锤技术参数

型　号	外径(mm)	适应管径(mm)	耗气量(m^3/min)	冲击频率(次/min)	重量(kg)	长度(mm)
TITAN	145	100～400	4	310	137	1 545
MINI-OLYMP	180	100～400	3.5	580	175	1 080
OLYMP	180	100～500	4.5	280	230	1 690
HERKULES	216	120～600	8	340	368	1 913
MINI-GIGANT	270	200～600	10	430	460	1 230

2. 夯管锤

夯管锤提供铺管所需的冲击力，通常为低频、大冲击功的气动冲击锤（中国地质科学院勘探技术研究所开发的H系列气动夯管锤）的部分构件提供夯管所需的冲击力。有时，气动矛也可以作为夯管锤使用，这主要用于小口径管道的铺设。

3. 带爪压盘

罩在锤的后端，盘上的爪用于挂张紧带。

4. 排土锥

其前端与要铺设的钢管连接，后端与钢质锥套连接，主要作用为传递冲击力和排除进入管中的部分土体。

5. 张紧带

一般为柔韧性强的尼龙带，在锤的两侧对称张紧，以便锤的能量有效地传递给钢管。

6. 管鞋

焊接在钢管前部，其内径比钢管内径小，外径比钢管外径大，主要用来切割土体，减少土层及土芯与钢管内径及外壁的摩擦力。

7. 锥形接头

锥形接头由一组钢质锥套管叠加而成，其作用是传递冲击能量。根据钢管和夯管锤的直径可确定所需的锥套个数，即可用一种型号的夯管锤，通过不同数量锥套的组合，进行不同直径管线的施工。

四、适用范围

夯管锤铺管对地层适应性较强，几乎可在任何土层中使用，即除含有大量粗颗粒卵砾石的土层外，无论是含砾石土层还是含水土层均能顺利地夯入管道，而且铺管速度较快，一般夯速为6～8m/h，快时可达15～20m/h。夯管锤铺管具有对地表的干扰小，铺管精度高（一般地，这种施工法的水平和高程偏差可控制在2%以内），施工成本低，设备简单，投资少，操作、维护方便等优点。

夯管施工法适用的管径范围较宽，可以从ϕ50mm到ϕ2 000mm。视地层和夯管锤的不同，施工长度一般在10～80m，最大可达100m左右。

施工速度主要取决于夯管锤冲击力的大小、钢管的内径和土层的性能，一般为5～10m/h，最快时可达20m/h。

五、应用举例

北京姚家园燃气管道工程位于北京朝阳区平房乡附近，需要穿越姚家园路铺设3条平行的ϕ711mm套管，然后在套管中导入ϕ529mm工作管道。套管单条穿越长度47m，3条管道中心相距2m，要求出口处中心偏差小于0.2m，不能影响道路交通和破坏地下原有构筑物及地下管线，工期15天。中国地质科学院勘探技术研究所采用自行研制的H420型气动夯管锤承揽了此项工程施工。在实践中，仅用5天即全部完成夯管工作，工程利润率高达426.88%。

第四节　振动法

一、振动滚压法

滚压挤土方法由俄罗斯专家发明，在 1991 年日内瓦新技术发明博览会上以及 1995 年的世界工业创新成果展览会上均获得了金奖。该方法是一种自旋转滚压挤土成孔技术，它在成孔时采用滚压器，滚压器在钻进时不排土，而是将土沿径向挤密。

滚压挤密装置如图 8-2 所示。驱动装置 2(马达或液压马达)与工作部分的输出轴刚性连接，而该轴相对于滚轮 4 是偏心设置，回转轴线与滚轮的中心线在回转过程中形成了螺旋上升角。工作时滚轮沿螺旋线转动，旋入土中，形成钻孔并挤密孔壁。螺旋上升角决定了转动滚轮步长，即偏心轴回转一周的进尺。回转轴上的滚轮数量取决于生产工艺和钻进深度。在驱动装置的外壳上设有翼板 5，目的是承担滚轮转动所产生的反扭矩。滚轮转动的能量由电缆 6 或高压胶管来提供。可以在一个很宽的范围内无级调速。施工泵站由液压泵、电机、油槽和控制箱组成。液压执行机构通过钻杆给滚压器施加一定的压力，随滚压器的贯入，钻杆不断加长，形成钻孔。

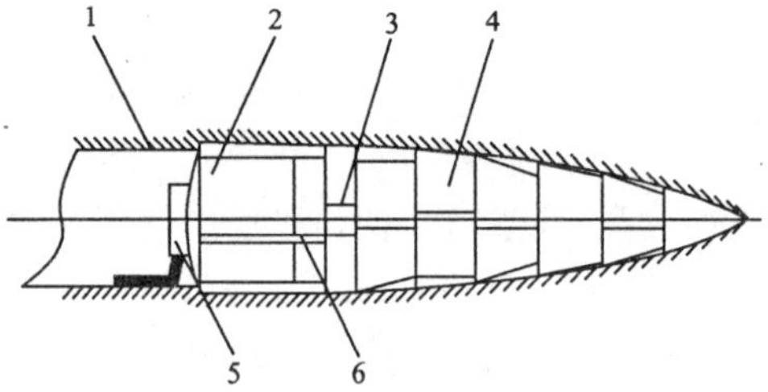

图 8-2　滚压挤密装置原理示意图

1—孔壁；2—驱动装置；3—偏心轴；4—滚轮；5—翼板；6—电缆

二、振动挤土法

振动法铺管时不使用冲洗液，可以不排土干作业成孔，采用挤土和振动效应成孔。适宜地层为砂土、砂质粘土及饱和土，施工长度一般为 50m 以内，适用管径一般为 273～426mm。该法在施工速度上占有较大优势，其振动挤土成孔原理与振动沉管原理一致。将振动打击锤设于被铺设管的端部与管刚性连接，形成一个振动体系。当启动振动锤时，锤内两组对称的偏心块通过齿轮控制作相反方向、同步的旋转运动，转动时产生的离心力的垂直分力相互抵消，水平分力大小相等、方向相同，相互叠加，从而产生忽前忽后周期性的激振力，使管沿管轴线方向产生振动。当管的振动频率与周围土的自振频率一致时，土体发生共振，土中的结合水释放出来成为自由水，颗粒间粘结力急剧下降，呈现液化状态，土体对管表面的摩阻力、端阻力均大为降低(一般减少到 1/8～1/10)；同时由锤头和砧子相撞产生冲击脉冲，由于冲击脉冲使管有很高的振动速度，在管上产生很大的冲击力，所以钢管就很容易被挤入到土中预定深度。振动工作时冲击力约为激振力的几倍。一般要求滑轮组能提供一定的静压力。

三、振动冲击抓斗

国外有关单位还研制了专用于顶管内取土的可自行移动的振动冲击抓斗，提高了排土效率，该抓斗结构如图 8－3 所示。

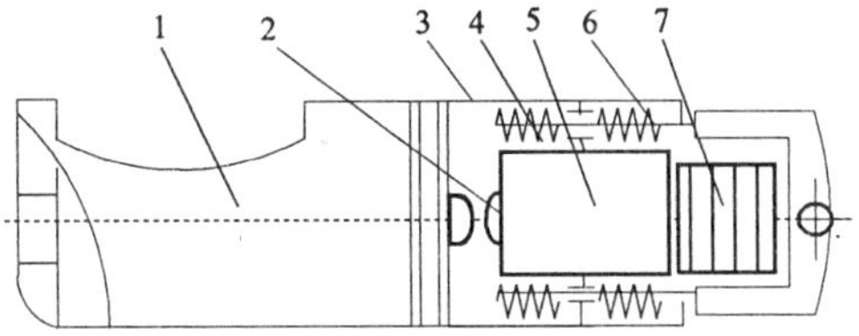

图 8－3　振动冲击抓斗结构示意图

1—集土器；2—锤头；3—振动抓斗外壳；4—隔振弹簧；5—振动器；6—冲击弹簧；7—电机

第五节　顶管法

一、传统顶管法

大口径顶管施工作为传统顶管法应用最早，它是利用竖坑中的油压千斤顶将大口径管道按顺序压进土层的一种施工方法，根据排土方式分普通顶管（人工排土）、机械顶管、水射顶管、挤压顶管等。通常采用大吨位的顶管机直接顶入管道或边排土边顶入，为了减小阻力，第一节管的前端一般制成楔形，对于大直径的管道施工时，人可直接进入前部进行排土作业，楔形面处于上部，有利于防止地层坍塌，保护作业人员安全，如图 8－4 所示。排土作业时，根据土层的稳定程度，可以进行一定程度的超挖，以减小顶入阻力和加快顶管速度。对于小直径顶管，可以采用螺旋钻、水力等方法辅助排土。该方法铺管精度较难控制，特别是管道较重时问题尤为突出。

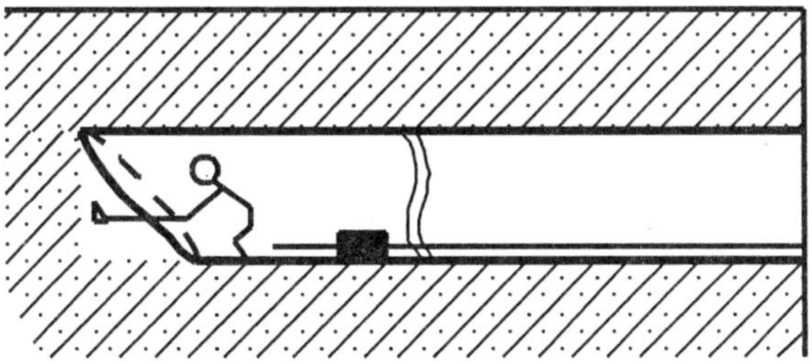

图 8－4　大直径顶管人工进入排土的减阻及安全防护

二、改进的顶管法

其工作原理与盾构掘进机有许多相似之处，目前德、日两国处于世界领先水平，在本书的前面章节已经进行了介绍。设备一般包括掘进机工作头、控制系统、激光测量系统、泥水输出系统、后方顶进系统等。常见的有土压平衡式和泥水平衡式两种。被顶推的管道接在掘进机工作头之后，后方顶进系统为一套4～6只成规律布置的液压千斤顶，需设置反力墙，其适用管径为250～3 000mm。我国前期曾用泥水加压平衡顶管设备在深达248 m的黄浦江底把ф2 200mm的管道顶过510m宽的江面。

该类型的顶管机械还具有以下优点：①顶管机前端部分采用条幅刀盘进行偏心回转，从而能破碎岩石，因而能在粘土、淤泥、砾石等地层施工；②顶管机具有纠偏功能，操作员通过摄像系统和定位系统来预测顶管机偏离顶进计划线的偏差值，从而进行方向修正。偏差在30mm以内；③一次顶进距离可达100m以上，顶进速度为70～200mm/min。

第六节　跟管钻进法

由于非开挖铺管目标地层主要为第四系覆盖层，相对来说较为松散，易于垮塌。在非开挖施工中通常采用合理的钻进方法和钻进规程，通过压力平衡钻进或钻孔液本身的护壁性能来维持钻孔的稳定。在一些极不容易成孔的特殊复杂地层，如河床砂卵砾石等地层钻进护壁相当困难。为解决复杂地层普遍存在的钻进效率低和钻孔质量差等技术难题，产生了跟管钻进的非开挖铺管方法。下面介绍两种跟管钻进原理与方法。

一、翼片张敛式跟管钻具

采用翼片式张敛机构，两级碎岩原理，超前钻头比套管小一个级别。在钻进状态下，钻具前部的超前钻具执行先导钻进，翼片承担扩孔任务，为套管跟进提供必要的空间条件，后续跟管护孔，维持钻进速度同步。张敛机构采用楔形张敛原理，主要通过水压作用，使张敛翼片轴相对钻杆轴线外移，依靠斜面驱动扩孔翼片张开并维持其稳定，起拔钻具时，卸压翼片收张敛，钻具可从套管内抽出。图8－5(a)为翼片收敛跟管状态，图8－5(b)为翼片张开钻进工作状态，

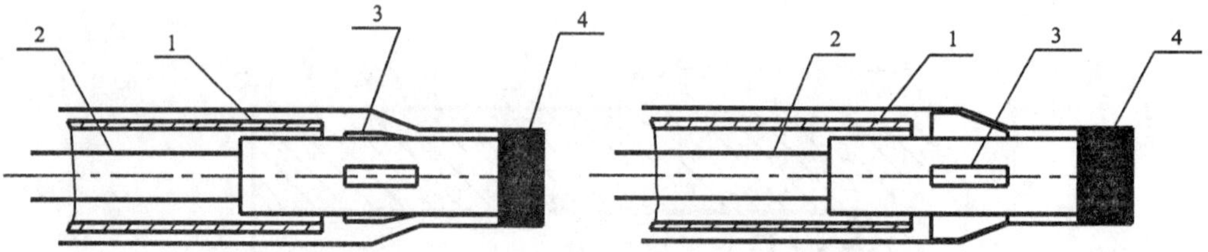

图8－5　翼片张敛式跟管钻具结构示意图

(a)为翼片收敛跟管状态；(b)为翼片张开钻进工作状态

1—套管；2—钻杆；3—翼片；4—钻头

二、偏心跟管钻具

图8－6为无锡双帆钻凿设备公司的偏心跟管钻具。当回转时前端钻头沿滑槽滑移，偏心滑移的结果使得成孔直径发生变化。钻进时，成孔直径大于跟管套管，钻头后续的蘑菇头带动

跟管套靴，跟管套靴使套管同步跟进，实现跟管钻进。起拔时，反转钻具，使偏心钻头回收，从套管内部抽出，实现了套管护壁钻进。

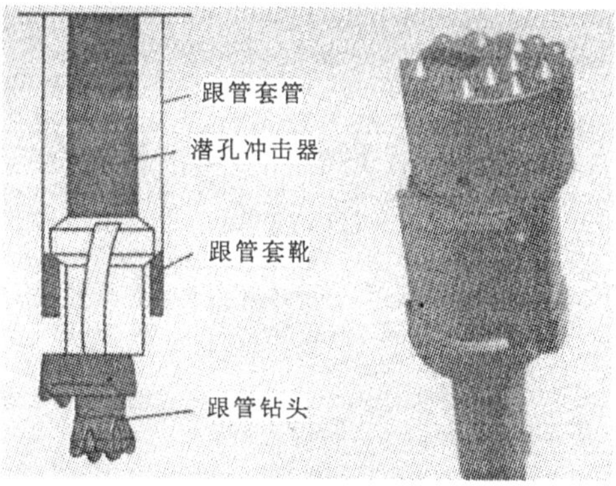

图 8-6　偏心跟管钻具图

第七节　热钻法

热钻非开挖铺管法是近年来人们开始研究试验的一种方法。热钻法成孔的基本原理是当固体材料与刚性加热体（热源）间相互挤压，且热源温度高于或等于固体材料的熔化温度时，就会出现固体熔化的现象，这种接触熔化就形成了稳定的孔壁，在内部可进行铺管或直接拉入管线。

硬质合金钻进、金刚石钻进、牙轮钻进等机械破岩方法属于传统的钻进方法，但对于破碎坍塌地层而言，其加固孔壁的工作量很大。采用热熔法则可以有效解决这一问题。

热熔法是指用特殊材料的高温“钻头”压在孔底岩土表面，通过热作用使岩土成分的团聚状态发生改变，导致其熔化。热源由钻头内部的发热电阻丝产生，温度可高达 1 500℃以上。特殊材质的钻头体不仅能承受高温，而且能挤压地层使之在高温下变形，实现给进过程。热熔法钻进过程的效果主要取决于岩土的熔化温度及其热物理性质。根据热熔法钻进的岩土可钻性，可把岩石分成低温型和高温型、致密的和疏松的、有结合力的和松散的。这种钻进方法在松软的、弱结合力和松散（粒状）的岩土中最有效（如砂质泥土质地层、砂砾层、卵石层的熔化温度为 1 100～1 700℃）。由于在钻进的同时岩土被熔化成玻璃状，使孔壁得以加固。圣彼得堡矿业学院用新型耐热合成材料（可达 2 500℃甚至更高）做成的高温“钻头”，不使用惰性保护气体，已在砂岩中完成了 18m 深钻孔的模拟试验。他们的研究表明，在受外力作用下的热钻熔化效果，以抛物体形的热源为最佳，具有耗能小、熔化速度快的优点。据介绍用 70～100V 低压电，直径 80mm 以下钻孔热熔法所需电能仅 4kW，140mm 以上的钻孔需 7～10kW 电能，而且除了传统的钻探设备（钻机、水泵）外，所需添加的设备很少。

在非开挖目标地层中，由于以软、疏松、弱胶结性的地层为主，因此，在加热时该类地层会发生相变使其机械性质提高若干倍，形成的玻璃质孔壁非常稳定。另外，俄罗斯技术人员还找到一种颗粒状易熔化工原料，当用传统方法施工的钻孔中遇到坍塌严重地段时，可下入热熔法“钻头”并向孔内加入该颗粒使其熔化，断电冷却后它便形成一层与孔壁完全吻合的固态壳，起到护孔的作用。同时，该材料无毒无味，不会污染地下水和环境，而且该材料的硬度不大，所以需要造斜或重新施钻时，很容易在该层固态壳上重新施工。

虽然热熔化现象早就被人们所认识并在实际中应用，但从传热学角度来探讨其现象与规律仅始于 20 世纪 80 年代，利用热钻法成孔则起步更晚。在该方面，俄罗斯的技术处于领先地位，随着科技发展和社会的需求，该方法将逐渐得到人们的认识和认可。

第九章　管道的非开挖修复、更换与防腐

第一节　概　　述

非开挖施工方法按其用途可分为管线铺设、管线更换和管线修复三大类，本章主要介绍管道的修复、更换与腐蚀控制。

现代城市大多具有一个庞大的由排污管、水管、煤气管、通讯和电力管线等组成的地下管线系统。随着城市的老龄化和城市规模的不断扩大，原有管线的设计能力（如尺寸大小、过流断面等）已不能满足要求，许多管线需要增容来满足不断扩大的需求，因此用非开挖技术方法对旧的管道更换与修复将成为一种发展趋势。由于地下管线的现状和地层条件的不同，所使用的方法有所侧重，各种施工方法如表 9－1 所示。

表 9－1　各种施工方法选用表

施工方法		典型应用	管材	适用管径(mm)	施工长度(m)
管线更换	碎管法	重力和压力管道	PE,PP,PVC,GRP	100～600	250
	胀管法	重力和压力管道	PE,PP,PVC,GRP	150～900	200
	吃管法	重力和压力管道	PE,PP,PVC,GRP	100～900	180
	抽管法				
管线修复	内衬法	重力和压力管道	PE,PP,PVC,GRP	100～2 500	300
	改进的内衬法	重力和压力管道	HDPE,PVC,MDPE,	50～600	450
	软衬法	重力和压力管道	树脂＋纤维	50～2 700	900
	缠绕法	重力管道	PE,PP,PVC,PVDF	100～2 500	300
	喷涂法	重力和压力管道	水泥浆，树脂	15～4 500	150
	灌浆法	重力和压力管道	水泥浆，树脂	100～600	

注：PE—聚乙烯；PP—聚丙烯；PVC—聚氯乙烯；GRP—玻璃钢加强树脂(玻璃钢)；HDPE—高密度聚乙烯；MDPE—中密度聚乙烯；PVDF—聚偏二氟乙烯。

一、地下铺设管道的选择与发展趋势

目前，地下管线可概括为钢管、铸铁管、水泥管、塑料管等管材类型。而对于不同材质的管，其抗腐蚀性、抗压抗拉性、强度等性能各不相同。在传统的地下管道铺设施工中，在管道力学性能要求较高的情况下，一般以应用金属管道，尤其是钢铁材质的金属管道为主，但金属管道由于地下温变、潮湿、不通风等条件，腐蚀较为严重。随着材料科学的发展，一些非金属管道各项力学性能指标均能达到金属管道的标准，并以质量轻、耐腐蚀、具有柔韧性等优势将逐渐

取代金属管道。非金属管道的材质包括硅酸盐材料、有机高分子材料及增强的复合材料。

铺设大口径的玻璃管道或陶瓷管进行长距离输送流体显然是不切实际的。采用预应力水泥管比较笨重，还要考虑它的耐压强度和防腐性能。因为土壤微生物中的硫氧化菌(SOB)也会破坏混凝土，而且钢筋混凝土在 Cl^-、SO_4^{2-} 和 CO_2 作用下也容易腐蚀。

地下埋设的管道采用有机高分子材料及其增强塑料，很有发展前途，它包括塑料管、玻璃钢管和塑料-玻璃钢复合管等。下面着重介绍这几种管材。

1. 塑料管

目前，应用较多的是硬聚氯乙烯管(UPVC 管)和高密度聚乙烯管(HDPE 管)，这两种塑料耐腐蚀性能都很好。我国有些城市采用 UPVC 管分别作输送长达 60km 的卤水管线，UPVC 管也很有应用前景，国外应用时间已近 50 年。对于口径在 ϕ500mm 以下的供水管，UPVC 管具有最佳的技术经济性，优于铸铁管，工程综合造价也低于铸铁管。UPVC 的允许使用温度不超过 60℃，它的导热系数几乎和石棉纸板相当，只有碳钢的 1/300～1/400；但它的线膨胀系数较大($5\times10^{-5}\sim6\times10^{-5}$/℃)，在安装较长的 UPVC 管时，应考虑适当的缓冲装置。此外，还要指出，UPVC 在低温下为脆性材料。温度降到 10℃时，其冲击强度就已降到室温下的 1/3，这是在冬季施工中应该注意的问题。

国外，在城市燃气管线中采用 HDPE 管，以 ϕ100mm 管道工程为例，采用 HDPE 燃气管的综合工程造价比之采用钢管可降低 30%。

2. 玻璃钢管

玻璃钢(FRP)管在发达国家用得相当普遍。美国早在 20 世纪 60 年代中期，FRP 管产品就已越过军工部门和化学工业部门，而被市政供水和排水市场所接受，用量很大。它除了输送流体(包括石油和天然气)外，还作地下电缆、电话线套管等。

FRP 管的特点是质量轻、强度高，它的单位长度重量只有碳钢的 1/5、铸铁管的 1/8、预应力钢筋混凝土管的 1/12。其阻力损失系数小，输送同样水量，管径可以减小一个等级。FRP 是有机高分子物质与无机玻璃纤维的复合材料，它也不存在电化学腐蚀，同时耐 MIC。只要所用的树脂选择适当，固化良好，一般可使用 25 年，而在同样情况下，钢管只能用 15 年，铸铁管可用 5～10 年。FRP 管线膨胀系数是碳钢的 1.2～2 倍，但弹性模量比碳钢小一个数量级，可抵消较高的线胀系数引起的内应力，因此，即使是长距离管道也不必考虑热膨胀问题。山东胜利油田 1992 年安装一条管径 250mm、长 6km 的 FRP 管，不加膨胀接头，生产正常。FRP 的导热系数只有碳钢的 1/200～1/300，这对于输送需要保温的流体而言尤其有利。从表面看 FRP 管比钢管贵，但若考虑安装管道中的种种费用，则使用 FPR 管更为经济，何况 FRP 管的使用年限也较长。

3. 塑料-玻璃钢复合管

常用 UPVC—UPFRP(不饱和聚酯玻璃钢)复合。UPVC 密闭性好，特别耐腐蚀，外加缠绕 FRP 则改进其强度不够的缺点。虽然 UPVC 的线膨胀系数比 FPR 大 5～6 倍，但实际应用表明，在不超过 UPVC 的使用温度下，不会由于温度变化导致二者脱层。

现在，缠绕夹砂玻璃钢管(RPM 管)较之 FRP 管的刚性好，管壁结构设计合理，已在国外市政、化工、石油、电力等部门广泛应用。RPM 管的管壁通常包括五层，由内向外依次为内衬层、内结构层、树脂砂浆夹芯层、外结构层及外层，其成本已同钢管、铸铁管相当。日本生产供应一种内径从 600mm 到 300mm 的 FRPM 管，内、外层为 FRP，而中间层系使用树脂、水泥、砂的混合固化物，形成高刚性的三明治结构，亦应用甚广。

二、管道安全运行的检验方法

目前检验方法按其采用的手段基本可以分为目测法、设备检验法、流量检验法、试压法。

1. 目测法

用目测法检验管道时，主要是检验工作段的两端，必要时可以对关键部位或产生怀疑的部位进行开孔检验。

2. 设备检验法

现代技术的发展使我们可以在不损伤防腐层的情况下对管道质量进行检验，可以将设备深入到管道内部对其进行全面检验。主要方法有电火花法、声发射法、内窥镜法、超声波法及磁流法等。

3. 流量检验法

通过对管道输送介质流量的变化对其作出判断。

4. 试压法

用水压或气压压力试验的方法，检验管道的承压能力是否达到了预定要求。

第二节　管线的更换

目前，国外用于更换地下废旧管线的非开挖施工方法很多，主要采用原位更换法，如爆管法、吃管法和抽管法。该方法是以待更换的旧管线为导向，在将其切碎或压碎的过程中，将新管拉入或顶入的换管技术。

一、爆管法(Pipe Bursting)

爆管法又称碎管法或胀管法，是使用爆管工具从进口坑进入旧管管口，在动力的作用下挤碎旧管，并用扩孔器将旧管的碎片挤入旧管周围的土层中，同时牵引等口径或更大口径的新管取代旧管的位置，以达到去旧换新的目的，如图 9－1 所示。根据地层条件的不同，更换的新管直径最大可为旧管直径的 150%。

图 9－1　碎管机碎管过程

爆管施工法一般分为三个步骤：准备工作、爆管更换、清洗。两个工作坑之间的长度一般是以保证能在一天内恢复管道正常运行为准，通常为70～100m。爆管施工的速度取决于各种因素，包括地层条件，一般为18～40m/h。在有些地层和更换长管道时，还要使用润活液以减少摩擦力。爆管施工法适用于大部分管道的更换，尤其适用于由脆性材料制成的管道。

更换重力管道(污水管道)时，施工顺序大致与上述相同，一般在工作坑内利用独立的顶进设备将管道一节一节地随爆管工具顶入。

这种方法的缺点是在施工之前必须将支管的连接处拆卸掉，并用开挖的方法进行支管连接；更换金属管道时，往往要求有一套管以保护新管不受损坏；碎管的载荷会引起周围土层的变化，旧管埋深较浅或在不可压缩的地层中施工时可能引起地表的隆起；该方法不适合于弯管的更换；旧管碎片的去向混乱，可能影响新管的使用寿命。

爆管法的优点是：破除旧管和完成新管一次完成；可保持或增加原管的设计能力；施工速度快，对地表的干扰小。表9-2为典型碎管机的主要技术参数，图9-2为典型碎管机外貌图。

表9-2 碎管机技术参数一览表(工作压力0.6—0.7MPa)

型号	直径(mm)	后胀管径(mm)	长度(mm)	重量(kg)	冲程数	耗气量 m^3/min	可铺设PE管径(mm)
130气动矛	130	130	1 730	127	350	2.7	150～200
180气动矛	180	210	2 150	190	275	5.5	150～300
125夯管锤	125	152	946	60	580	1.7	150～200
145夯管锤	145	175	1 453	95	520	2.7	150～250
180夯锤	180	210	1 690	230	280	4.5	150～350
216夯锤	216	250	1 913	368	340	6.5	300～450
350夯锤	350	400	2 341	1 180	220	20	300～600
450夯锤	450	508	2 852	2 465	180	35	380～1 000
600夯锤	600	668	3 645	4 800	180	50	380～1 200

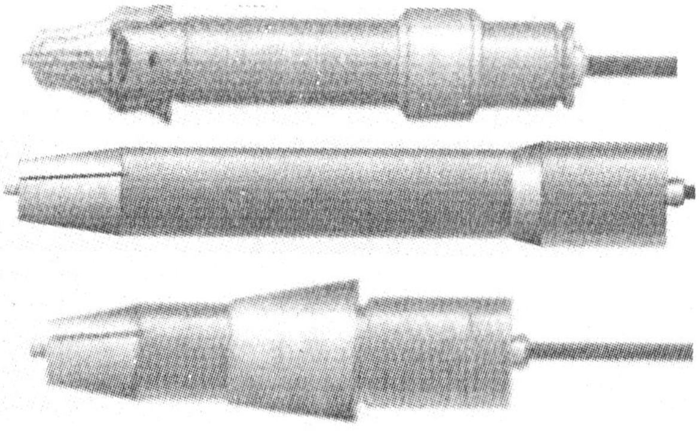

图9-2 典型碎管机外貌图

按照爆管工具的不同，又可将爆管法分为气动爆管法、液动爆管法和切割爆管法。

1.气动爆管法

气动爆管法是利用气动锤的冲击力从旧管的内部将其破碎，并将碎片挤压到周围的土层中，同时将新管拉入由爆管装置形成的孔内。此法起初被称为管线插入法，是英国于20世纪70年代开发成功的。

爆管设备使用一个标准的气动锤，外带一个特殊的外壳，在工具前端固定两个由液压驱动的碎管臂。碎管臂可以遥控，并可施加压力以克服难碎的接头或周围的介质。为了向气动锤提供动力，还要求有一台标准的空气压缩机，同时还要求有一台液压绞车。

施工前，先在旧管内穿一条钢丝绳，由钢丝绳牵引气动锤，使它保持在原管的方向上。钢丝绳由恒张力绞车牵引，以保持施工时方向的稳定。气动锤由气动矛改进而成，即在气动矛的前端固定一个锥形爆管头，在后面加上一个扩孔器。

由于在铺设的过程中，前面有很大的牵引力，后面又有很强的冲击力，因此，该法适用于普通的旧管更换。但是，要求旧管必须是圆形断面的直管，并由脆性材料制成。另外，适用的地层为可压缩的土层。

气动锤的冲击作用可能会损坏邻近的管道或引起地表的隆起，因此当邻近的管线距离小于300mm或埋深小于800mm时，最好不使用该法。

气动爆管法适用于管径为50～1 200mm、管线长度一般为200m左右的由脆性材料制成的管道（陶土管、混凝土管、铸铁管、PVC管）的更换，新管可以是PE管、聚丙烯管、陶土管和玻璃管等。

2.液动爆管法

液动爆管法是使用液动爆管工具将旧管破碎来完成管道的更换。液动爆管工具一般为三段式结构。前两段为锥形的爆管头，它由若干个胀片组成，胀片在液压动力的作用下以一定的时间间隔不断扩张和收缩，对旧管施加径向的扩胀力而将其破碎，第一段锥体的最大直径略大于旧管的直径，使之能进入旧管道并将其破碎。第三段为扩孔器，它可将碎片压向周围的土层，其直径与新管的直径相匹配。

液动爆管法的工作程序为扩张、收缩和拉管三个工序的重复，直至将整段旧管全部更换为新管为止。

液动爆管法是利用液压静力将旧管胀破，因此主要适应于管径为50～600mm、长度一般为100m左右的陶土管、铸铁管、石棉水泥管等脆性旧管道的更换。

3.切割爆管法

切割爆管工具主要由液压动力机、切削刀片和扩孔器组成。施工时，在动力机强大牵引力的作用下，切削刀片沿着旧管道将其切开，连接在切削刀片后的扩孔器紧接着将切开的旧管道撑开并挤入周围的土层，将连接在扩孔器后的新管拉入旧管所在的位置。

切割爆管法适用于管径为50～150mm、长度为150m左右的钢管、铁管以及非金属管道等。

常用的爆管装置主要有以下几种：

1.标准的风动装置

这是目前最为成功的一种爆管装置，世界上大约90%的爆管法采用这种爆管装置进行作业。在供水管中，需要使用套管，通常为塑料或薄壁的聚乙烯管，直接连接在风动爆管装置的尾部，在对旧管进行破碎的同时进行套管的安装。几乎所有的扩张或对地层的干扰均限制在原有管槽的范围内。

风动爆管装置由一台位于开始工作坑内的空压机驱动，两者通过一条控制管路连接。绞车始终位于接收工作坑处,并提供恒定的张力。对污水管或大口径的主管,需要使用一台液压顶推装置,很显然它位于起始工作坑内。

风动装置是一种动力平衡装置,因为向前移动的动力是由绞车施加在爆管装置的前端,或由爆管装置施加在爆管点,或由液压顶管装置(根据当时需要)施加在爆管装置的末端上。动力平衡使这种装置最适合大口径管的爆管工程或小口径管的扩径工程。

2.不带套管的风动装置

这种装置称为Envelope,与标准的风动爆管装置同样有效,不同的是不使用套管。相反,新管直接连接在风动爆管装置的末端,在进行爆管作业的同时也进行新管的铺设。为了保护新管免受爆管产生的碎片和废气等的污染,可使用一柔性的保护套作为新管和周围介质的隔离装置。

这种装置由于没有套管,因而与标准的风动装置相比可节省大量的费用。风动爆管装置的使用也可保证旧管碎片的定向性,以免新管长期受到铸铁管锋利边缘或碎片的损伤。

3.液压爆管装置

目前已有几种液压爆管装置,所有这些装置均特别适用于污水管或埋深较大的管线。由于与风动装置相比,它的长度相对较短,因而可在现有的人井内或较小的开挖工作坑内工作。工具的机械扩张作用设计成与旧管壁成90°,因而爆管的作用力更大,效率更高。由于液压爆管装置不提供向前移动的作用力,因而在某些条件下的使用受到限制。

4.液压顶杆装置

在这种装置中,杆件通过现有管道以推进的方式施加载荷,而爆管作业则在顶管受拉伸的状态下进行。对大口径管道,也可与顶推装置联合使用。

这种装置特别适用于小口径的自来水管,其有效的内径已减小到难于将钢丝绳穿过。由于受到机械的荷载作用,杆件一般容易穿过施工时形成的任何堆积物。然而,采用这种装置时容易使碎渣进入侧向支管内,而且施工速度比风动装置慢。采用这种装置进行套管安装的经验表明,这种方法更易使旧管碎片四散,导致在地层载荷的作用下碎片的移动,而使新管的整体性受到破坏。所有的设备均不只是在起始工作坑的底部,因而,这种方法在地下水位较高时会遇到问题。

二、吃管法(Pipe Eating)

吃管法是使用特殊的隧道掘进机,以旧管为导向,将旧管连同周围的土层一起切削破碎,形成相同直径或更大直径的孔,同时将新管顶入,完成管线的更换。该法是由微型隧道施工法演变而来的,主要用于更换埋深较大(大于4m)的非加筋污水管道。日本ISEKI公司的Piranha和德国HERRENKNECHT公司的AVP则可以更换加筋的混凝土管。破碎后的旧管道碎片和土屑由螺旋钻杆排出。吃管法适用于管径为100~900mm、管线长度为200m左右的陶土管、混凝土管或加筋的混凝土管等的更换。

吃管法的优点是:对地表和土层无干扰;可在复杂的地层中施工,尤其是含水层;能够更换管线的走向和坡度已偏离的管道;施工时不影响管线的正常工作。

吃管法的缺点是:需开挖两个工作坑以及地表需有足够的工作空间。

第三节　管线的修复

前面所述，管道的腐蚀或由于外力作用造成的泄漏和破坏是经常发生的，所造成的后果（如地下燃气管道的泄漏等）非常严重。只有通过管道的修复、内防护技术才能有效地解决这一难题。

一般地，管道修复技术主要是针对管道内壁存在的腐蚀进行防护，同时改善旧管道的流动性和修复结构的破坏，以延长使用寿命。这种方法既适用于压力管道的修复，也适用于重力管道的修复。旧管道修复技术在国外兴起较早，目前已发展成为专门的行业，归纳起来主要有内衬法、缠绕法、喷涂法、浇注法、管片法、化学稳定法、局部修复法等。

一、内衬法(sliplining)

（一）传统的内衬法

传统的内衬法也称为插管法，是采用比原管道直径小或等径的塑料管插入原管道内，在新旧管道之间的环形间隙灌浆，予以固结，形成一种管中管结构，从而使塑料管道的防腐性能和金属材料的机械性能合二为一，改进管道的工作性能。传统的内衬法是使用得最早的一种非开挖地下管道修复方法，适用于各种地下管道的修复。该种方法以施工费用低等优势已经广泛应用于城市管网、长输管网、气体管网和液体管网等地下管网，并从小口径扩大到大口径管线。

传统内衬法的主要缺点是管道的过流面损失较大。不过由于新管的流动性能获得了改善，弥补了不足。为了减少过流断面的损失，可以使用平接头或高强度的薄壁新管。

当修复的管道对坡度有一定的要求时，如污水管道，则需要有塑料或钢制的定位器或间隔器。灌浆时，间隔器还可以保证新管居于旧管中间，形成均匀的环形间隙。通常，对污水管道和自来水管道要求向环形间隙灌浆，而对煤气管道则不要求灌浆。

新管可以是由聚乙烯管预先对焊形成的长管，也可以是一节一节的短塑管、玻璃管等，所以根据施工时所用的新管不同，可将传统的内衬法分为连续管法（长管法）和非连续管法（短管法）。

1. 连续管法

连续管法使用一根熔焊而成的连续塑料长管或者焊接而成的钢管，通过钢丝绳由绞车拉入旧管内。管的前端通常固定一个鼻锥，以连接绞车电缆，并在入口处开挖一条导槽，以易于将新管拉入或推入旧管内。施工时用滚柱支承长管，以防止损坏。长管可以在现场连接或施工前事先连接好运到工地（对于软管）。

2. 非连续管法

非连续管法使用的是带平头套筒接头的短管，在工作坑连接或逐根由顶进装置顶入旧管内，短管可以是塑料管（PE管或PVC管）、陶土管、混凝土管或玻璃钢管。短管法简单，对工人的技术要求低。这种施工方法的缺点是新旧管之间的环形间隙一般要灌浆，新管的接头较多。

传统内衬法适用于管径为60～250mm、长度为600m左右的各类管道的修复。

（二）改进的内衬法(Modified Sliplining)

改进的内衬法又称为紧配合的内衬法，是施工前先将新管（主要是聚乙烯管）通过机械变形，使其断面产生变形（直径变小或改变形状），随后将其送入旧管内，最后通过加热、加压或靠自然作用使其恢复到原来的形状和尺寸，从而与旧管形成紧密的配合。这种非开挖管道修复方法的主要目的是减少修复后管道过流断面的损失。改进的内衬法适用于管径为 75～1 200mm、管线长度为 1 000m 左右的各类管道的修复。

改进的内衬法的优点是：不需要灌浆，施工速度快；过流断面的损失很小；可适应于大曲率半径的弯管；可长距离修复。改进的内衬法的缺点是分支管的连接需要进行开挖施工等。

改进的内衬法根据新管变形方法的不同，可分为缩径法、变形法和软衬法。

1. 缩径法

缩径法是利用中密度或高密度聚乙烯材料的临时缩胀特性，使衬管的直径临时性地缩小，以便于置入旧管内达到内衬的目的(图 9－3)。衬管直径的减小可采用两种方法：冷轧法和拉拔法。

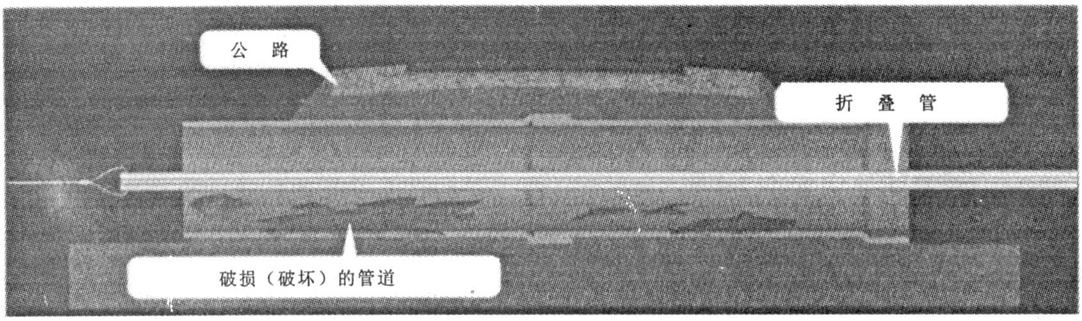

(a)拉入缩小的新管

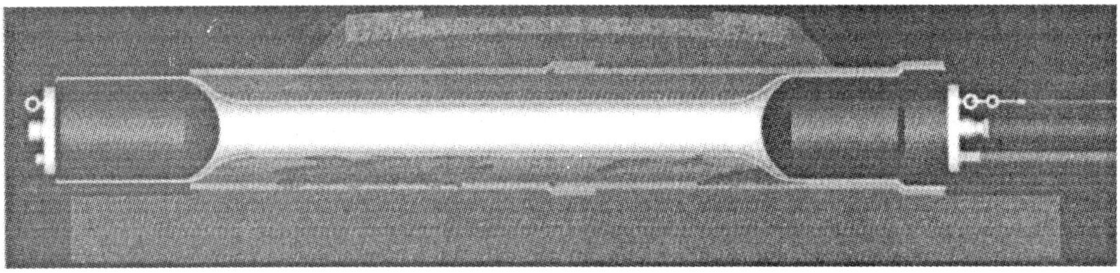

(b)气压胀管过程

(c)形成永久的坚固的管线

图 9－3　缩径法

冷轧法是由英国的 Subterra 公司开发，它利用一台液压顶推装置向一组滚轧机推送塑料管，以减小管的直径。这种方法可使塑料管的直径减小大约 10%。新管置入旧管后，再用水压力使其恢复原来的大小和形状。

拉拔法是通过一个锥形的钢制拉模拉拔新管，使塑料管的长分子链重新组合，管径减小。管径的减小量取决于中密度或高密度大直径的衬管，直径的减小量约为原管的 7%～15%；而对于小直径的衬管，管径减小的比例可能更大。通常，对大直径的衬管需对拉模进行加热（大约为 100℃），而对于小直径的管道则可在常温下进行拉拔。衬管就位后，依靠塑料分子链对原始结构的记忆功能，使其直径逐渐自然地得到恢复，直到与旧管的形状和尺寸形同，并形成紧配合为止。

2. 变形法

变形法使用可变形的 PE 管或 PVC 管作为管道材料，施工前在工厂或工地先通过改变衬管的几何形状来减小断面。变形管在旧管内就位后，利用加热或加压使其膨胀，并恢复到原来的大小和形状，以确保与旧管道形成紧密的配合。有时还可以利用机械成形装置使其恢复原来的形状。

变形法的优点是：在加热或加压后，新衬管与旧管可以形成紧密配合，因而无须对环形空间灌浆；管道的过流断面减少量较小。变形法的缺点是施工时可能引起结构性的破坏（破裂或走向偏离）。

3. 软衬法

软衬法，也称为原始固化法（Cured In Place Pipe，缩写为 CIPP），是在现有的旧管内壁上衬一层液态的热固性树脂，通过加热（利用热水、热蒸汽或紫外线等）使其固化，形成与旧管紧密配合的薄层管，而管道的过流断面没有损失，但流动性能大大改善了。使用这项技术修复的管道寿命可达 30～50 年。软衬法的优点：没有接头、表面光滑、流动性好；可适应非圆形断面和弯曲的管段；不需灌浆，过流断面损失小。软衬法的缺点：需要特殊的施工设备，对工人的技术要求较高；工程规模小时，成本较高；树脂固化时间较长（一般在 5h 以上）。

常用的热固性树脂主要有聚合树脂、乙烯树脂和环氧树脂。聚合树脂最经济，且具有抗酸性，是使用最多的一种；乙烯树脂用于在高温时具有防腐性能的场合；环氧树脂则用于 pH 值不正常，且用于外层具有不渗透保护层管道的修复。

施工前，首先需要检查欲修复管道内部状况，然后将管道清洗干净。施工时将含有热固性树脂的柔性软衬管通过绞车或靠液体或气体压力推入欲修复的管道内，在水压或气压的作用下使编织管紧贴旧管的内壁。衬管就位后，通过热水或水蒸汽使树脂受热硬化，在旧管内形成一平滑的内衬层。有时，为了加速树脂的硬化，可以用紫外线来代替热水或水蒸汽。

软衬法是目前最受欢迎的非开挖管道修复施工方法，自 1971 年首次投入使用以来，在全世界用此法修复的管道总长度超过 6 600km。软衬法适用于管径为 50～2 700mm、管线长度为 900m 左右的各类管道的修复。

软衬管的主要组成材料是柔性的纤维增强软管或编织物、热固性树脂、催化剂。软衬管的作用是携带树脂，直到它就位并且固化为止。这就要求软衬管能承受安装应力，并且具有足够的柔性以适应管道的不规则性。软衬管可以是编织管或非编织管，最常用的是编织带，也有的采用玻璃纤维加强的编织管，管的内外表面浸有非渗透性的涂层，以保护管中的树脂。

常用的液态热固性树脂有以下三种：非饱和的聚醋酸树脂、乙烯树脂、环氧树脂。

非饱和的聚醋酸树脂由于其性能（化学性能、物理性能和工作性能）好，而且经济，是使用得最多的一种树脂；乙烯树脂和环氧树脂有特殊的耐腐蚀和耐高温性能，但成本较高，主要产品用于特殊的工业管道和压力管道。

催化剂为了加速热固性树脂聚合作用，催化剂的数量占总树脂混合重量的 1.5%～5%。

施工过程包括将软衬管置入旧管内部和使其固化两个部分。施工前，用闭路电视检查管道内部状况，清理污垢，在渗流严重的地方用常规灌浆法进行密封，必要时进行一些局部修复工作。之后，将柔性管浸透树脂，并将其置入旧管内。然后在压力和热作用下使管道紧贴待修复的旧管内壁。

软衬管的置入方法有两种：翻转法和绞拉法。

翻转内衬法又称为"In site form"衬里技术，即"现场成形"衬里技术。该方法使用浸透热固性树脂的纤维增强软管或编织软管作衬里材料，将浸有树脂的软管一端翻转并用夹具固定在待修复管道的入口处，然后利用水或压气使软衬管浸有树脂的内层翻转到外面，并置入旧管。一旦软衬管到达终点，向管内注入热水或蒸汽使树脂固化，形成一层紧贴旧管内壁的、具有防腐防渗功能的坚硬衬里。固化前饱和树脂管的柔性和内部压力可使其充填裂隙、跨过间隙、绕过弯曲段。置入之后，浸有树脂的软衬管形成一内径比旧管道稍小的新管，但和原管的形状一致。翻转内衬法是由英国工程师于20世纪70年代初为修复下水管道而开发的，近年来已在世界上40多个国家和地区使用。目前该项技术已形成专门化产业，其技术含量高，经济效益和社会效益显著。

翻转内衬修复法的优点是：施工周期短；内衬层隔绝了腐蚀环境。

绞拉法施工时，将一绞拉钢丝绳穿过旧管，将浸有树脂的衬管连接在钢丝绳的自由端上，随后拉入待修复的旧管内。最后拆去钢丝绳，堵塞两端，利用热气、热水或蒸汽使衬管膨胀，并加速树脂固化。衬管的拉入较短，而树脂的固化则较长。

二、缠绕法(Spirally Wound Lining)

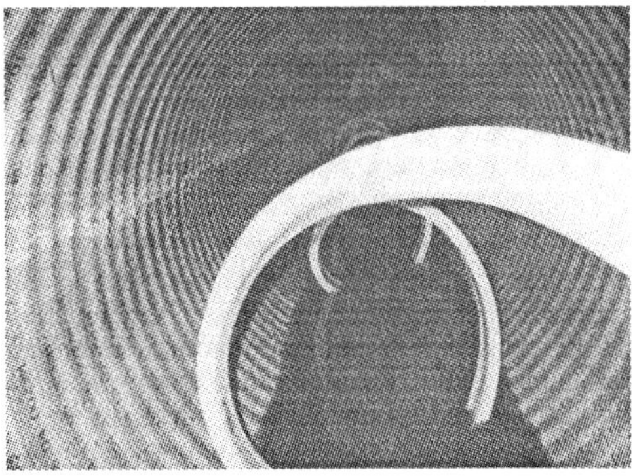

图 9-4 缠绕法

这种方法是使用带联锁边的塑料条带在原位缠绕形成一条新管，主要用于修复污水管道。施工时，螺旋缠绕机或人直接进入管道内部，将PVC或PE等塑料制成衬管条带螺旋地缠绕成管道形状，随后在缠绕管与旧管之间的环形间隙灌浆，予以固结。这种方法适用于结构性或非结构性的修复，主要取决于灌浆的类型。有时也可形成紧配合的缠绕管。此时需要先形成一条直径小于待修复管道的内衬管，就位后旋转衬管的一端使接头产生滑动，从而使其直径逐渐增大，最终与旧管形成紧配合。这种方法的优点是不需灌浆，而且过流断面损失极小。

缠绕法适用于管径为150～2 500mm、管线长度为300m左右的各种污水管道的修复。

缠绕法的优点是：可使用现有的人井；能适应大曲率的弯曲部分；管径可由缠绕机调节，能适应管径的变化；适应长距离施工，施工速度快。

缠绕法的缺点是：只适用于圆形或椭圆形断面的管道；过流断面会有所损失；对施工人员的技术要求较高。

三、喷涂法(Spray Lining)

喷涂法主要用于管道的防腐处理，也可用于在旧管道内形成结构性内衬。施工时，高速回转的喷头在绞车的牵引下，一边后退一边将水泥浆液或环氧树脂均匀地喷涂在旧管道的内壁上。喷头的后退速度决定喷涂层的厚度。

根据管道的用途不同，可选用不同的喷涂材料。对自来水管道，可选用环氧树脂（树脂加硬化剂），涂层的厚度一般为1mm，大约16个小时后环氧树脂即可硬化，管道可恢复使用。对污水管道，可选用聚合物涂料和硬化剂。这两种成分分别由两根软管输送到喷头，混合后再喷涂污水管的内表面。可根据所要求的喷涂厚度来控制喷头的运行速度。

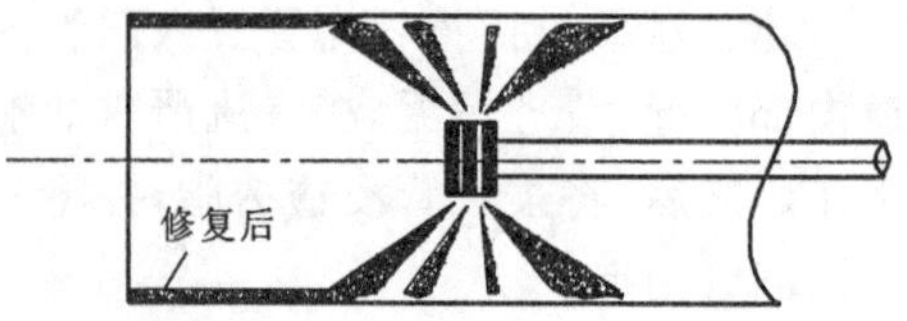

图9-5　喷涂法

喷涂法适用于管径为75～4 500mm、管线长度为150m左右的各种管道的修复。

喷涂法的优点是：不存在支管的连接问题；施工速度快；过流断面的损失小；可适应管径、断面形状、弯曲度的变化。喷涂法的缺点是：树脂固化需要一定时间；对施工人员的技术要求较高；主要适用于结构完好的管道修复。

四、浇注法

浇注法主要用于修复大口径（大于900mm）的污水管道。施工时，先在污水管的内壁固定加筋材料，安装钢模板，然后向模板后注入混凝土和胶结材料以形成一层内衬。混凝土固化后，抗拒除模板并移到下段进行施工。

浇注法适用于管径为900mm以上的砖石、陶土和混凝土管的修复。

浇注法的优点是：可适应断面形状的变化；分支管的连接相对较容易。浇注法的缺点是对流断面的损失较大。

五、管片法

管片法是使用预制的扇形管片在大口径管道内直接组合而形成内衬，通常这种内衬由2～4片管片组成。管片的材料可以是玻璃纤维加强的混凝土管片（GRC）、玻璃钢管片（GRP）、塑料加强的混凝土管片（PRC）、混凝土管片或加筋的砂浆管片。管片组合后，通常需要在环形空间进行灌浆。

管片法主要适用于管径大于900mm、长度不受限制的各种材料的污水管道。

管片法的优点是：可适应大曲率半径的管道；适用于非圆形断面的管道；对施工人员的技术要求不高；分支管容易处理；施工时管道可以不断流。管片法的缺点是：过流断面损失较大；劳动强度较大；施工速度较慢。

六、化学稳定法

化学稳定法主要用于修复管道内的裂隙和空穴，以形成管道内表面或稳定管道周围的土层。施工前，将待修复的一段管道隔离，并清除管道内部的污垢，封闭分支管道。然后，先向管道内注入一种化学溶液，使其渗入裂隙并进入周围的土层，大约1个小时后将剩余的溶液泵出，再注入第二种化学溶液。两种溶液的化学反应使土层颗粒胶结在一起，形成一种类似混凝土的材料，达到密封裂隙和空穴的目的。

化学稳定法适用于管径为100～600mm、最大长度为150m左右的各种污水管道的修复。

化学稳定法的优点是：施工时对周围的干扰小。化学稳定法的缺点是：比较难以控制施工的质量；仅限于小口径管道的修复。

七、局部修复法(Point Repair)

当管道的结构完好，仅有局部性缺陷(裂隙或接头损坏)时，可考虑使用局部修复的方法。目前，进行局部修复的方法很多，主要有密封法、补钉法、铰接管法、灌浆法、机器人法等。

1. 密封法

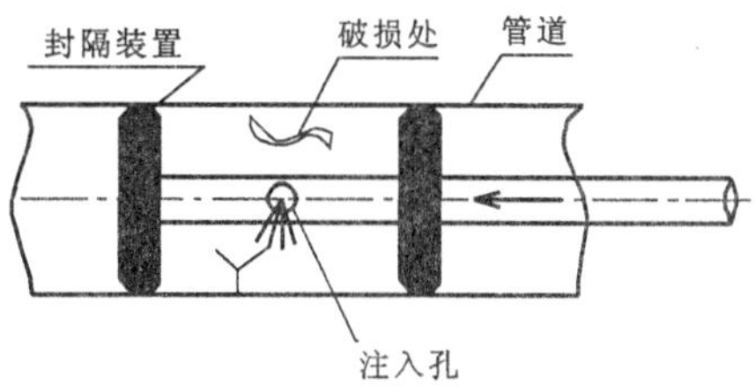

图 9－6　密封法

密封法是通过向渗漏点注入树脂或浆液以防止进一步渗漏的施工方法。施工时所用的设备主要是一个可膨胀的修补头，相当于封隔器，通过绞车将它拉入待修复的管道缺陷位置后，用压力使其膨胀。由于两端的膨胀量比中间大，因而可将待修复的管段密封。然后，将待修复材料通过中间段注入渗漏点和周围的土层。修复材料主要有两种：环氧树脂和聚氨基甲酸酯树脂。使用前者时，将环氧树脂和固化剂输送到修补头混合后注入土层，大约 3 小时后树脂即可固化，这时可释放压力使修补头收缩。使用后者时，先将树脂和水、乳胶混合后再注入，水可起到催化剂作用，而乳胶则可增强修补材料的强度。

密封法适用于管径为 100～2 500mm 的各种管道的修复。

2. 补钉法

补钉法的原理与软衬法类似，但只用于局部破损管道，主要是管道内的小孔或裂隙的修复。施工时，将长度为 1～3m 的衬管包扎在一个可膨胀的滚筒上，用绞车拉入待修复的部位。然后利用压力使滚筒膨胀，与旧管紧密接触。待树脂固化后(可在常温下固化，或利用热水或蒸汽加速固化过程)，释放压力使滚筒收缩并收回。

补钉法适用于管径为 150～750mm 的各种管道。补钉法的优点是可适应大曲率半径的弯管。补钉法的缺点是仅适用于修复圆形管道。

3. 灌浆法

灌浆法是使用专用设备，在压力的作用下将浆液(化学浆液或水泥灰浆)或树脂注入管道的裂隙区，以达到防渗目的的修复方法。灌浆法主要用于修复管道的渗漏处(接头部分)或砖制的污水管道，前提是管道的结构性完好。灌浆法适用于管径为 900mm 以上的各种管道。灌浆法的优点是干扰小、材料和设备的费用低。灌浆法的缺点是难于控制施工的质量。

4. 铰接管法

铰接管法可用于修复严重变形的管道。它使用一种整圆装置(可膨胀的套筒或机械式支柱)使变形的管线先恢复原来的形状，然后用密封、补钉、灌浆等方法进行修复。恢复管道形状的方法有多种，其中之一是加拿大 Link Pipe 公司开发的不锈钢筒。它使用由 6 片管片铰接而成的 PVC 短管，将它置入管道内的变形部位后，先使用垂直的两个液压千斤顶使管片张开直至与管道的上下接触，然后使用水平的千斤顶使管片水平张开，并与管道的两侧接触。张开的管片可铰接在一起，从而形成与旧管紧密接触的圆形管段。

铰接管法适用于管径为 100～2 800mm、任意长度(可分段进行)的各种污水管道。铰接管法的优点是使用简单。铰接管法的缺点是仅适用于圆形管道的修复。

5. 机器人法

机器人法是一种使用遥控修复装置(机器人)来进行各种工作的方法，如切割管道凸出物

(包括树脂)、打开管道的侧向分支孔、向裂隙内注浆等。

遥控修复装置一般为轮式结构,并配有各种施工工具,有时还包括照明和闭路电视摄像系统等。机器人适用于管径为 200～900mm 的各种管道的修复,其长度由两个人井之间的距离而定。机器人法需要专用的设备,一次性投入较大。

对于管道修复质量的检验标准问题,国外管道修复工程虽然起步较早,但对修复质量检验标准却说法不一。目前采用的规范基本是参考新建管道施工标准或其他相应的最新版本的标准。在 1993 年制定的美国国家标准及美国石油协会标准 ANSI/API570 - 1993 中,特别强调了在进行管道修复质量检验时可以借用新建管道施工标准及相关标准的原则。

由于修复技术具有多样性,有些修复方法(如水泥砂浆衬里法)有相应的新建管道施工标准,有些修复方法(如软管翻转法)却没有相应的管道施工标准,这种情况下只能根据通常检验的内容和采用的方法来进行质量检测。国内管道修复工程和修复后质量检验是近几年才开始的,基本上以新建管道工程方面的原石油部部级标准为依据。

管道修复的每一项工程都具有其独特性,都将根据管线的破坏程度、环境的变化及修复后管线的运行寿命等因素进行考虑,必要时应做专门的技术经济分析。成功的修复工程取决于完善的计划,而考虑到管道修复后的寿命周期则使得修复目的明确,修复方案更加切实可行。

第四节　管道的腐蚀、控制与选用

一、管道的腐蚀

管道工程对铺设的管道的使用寿命有严格要求,目前在国内外管道发生各种破坏性事故的原因中,人为造成的破坏占第一位,管道腐蚀破坏(含应力腐蚀开裂(SCC))占第二位。因此,选择安全、适用、经济的管道防腐覆盖层是很重要的。由于相关书籍在此方面讨论不多,本节讨论了引起管道腐蚀失效的原因及防护措施。

在传统的地下管道铺设施工中,在管道力学性能要求较高的情况下,一般以应用金属管道尤其是钢铁材质的金属管道为主,但在自然界中金属大都以化合物的金属矿石形式存在,而以金属态形式存在的金属是不稳定的,很容易释放出能量变成它原始的化合物形态,这是不可抗拒的,也就是说金属的腐蚀是不可避免的。因此作为金属刚性管道的主要材料——钢铁,其纯态也是极易发生腐蚀反应的,所以金属管道的腐蚀防护一直是管道应用中一个非常重要的课题。

地下铺设管线,由于地下温变、潮湿、不通风等条件,腐蚀较为严重。一般来说,金属材料腐蚀有两种类型:一类属于电化学腐蚀及生化腐蚀,其腐蚀效果较弱,腐蚀速度较慢,短期腐蚀破坏较小,但潜在危害较大。另一类属化学腐蚀,如金属管道若处于强腐蚀性环境以及用于污水排放等用途时,其腐蚀效果强烈,破坏性很强。但无论哪一种环境,人们可以控制腐蚀的速度,最大限度地降低其危害。现以常用钢质管来分析腐蚀机理和防腐方法。

在地下工程管道设计中,要使埋地钢质管道达到长期安全运行,必须在 6 个方面有好的基础条件,即高品质的钢管、优良的焊接、合理的防腐措施、正常均衡的操作运行、较强的抗御自然破坏的能力及完善的维护管理体系。钢管的材质与制造因素是管道腐蚀的内因,特别是钢材的化学组分与微晶结构,如非金属组分(S、P)含量愈高愈易发生腐蚀,C、Si 等组分则易造成脆性开裂等。埋地管道所处的环境是引起腐蚀的外因,这些因素包括土壤类型、土壤电阻率、土壤含水量(湿度)、pH 值、硫化物含量、介质环境电位差、杂散电流及干扰电流、微生物、植物根系、外部应力以及冲刷磨蚀、水位变化等。一般来说,温度每升高 10℃,腐蚀速度加速一倍;磨蚀是指管道被力学冲刷,破坏了基体表面,使新鲜金属暴露遭受腐蚀的现象;两金属在同一介质环境中,由于电位差的原因,较高电位金属将被腐蚀,较低电位金属受到保护,即“原电池”现象;管道应避免处于冬夏季节水位线变化的范围内,同样的管材处于干湿交替区域会造成管道大面积“溃疡”。

迄今为止,埋设地下的输送流体的管道仍多半采用传统的铸铁管、钢管或镀锌管,下面对影响腐蚀速度的关键因素进行简单介绍。

(1)土壤的含水率和电解质。土壤中含有多种离子与水分,本身是导电的,从电位腐蚀机理分析,土壤中含水率为 10%～80%,腐蚀速率最大;酸和盐分含量越高,pH 越低,腐蚀也越厉害。

(2)氧的浓差电池作用。除非在强酸性的土壤中,通常土壤对金属的腐蚀属于氧的去极化腐蚀,埋设在地下的管道,在不同的部位氧的浓度不同,比如说,大口径管道埋在地下,其深、浅部位氧的浓度相差显著,这样深部贫氧区部位就成为阳极而腐蚀,在沥青或水泥路面下的土壤透气性较差,通过该段的管线也成为阳极而容易腐蚀。

(3)杂散电流的影响。在电车、电气铁道经过的地下都有强大的杂散电流流入,此电流又要取道比土壤电阻小得多的地下金属管道形成回路,这种杂散电流也造成管道的严重腐蚀,腐蚀发生在管道电流回路部位。

(4)“原电池”作用。两金属在同一介质环境中,由于电位差的原因,较高电位金属将被腐蚀。所以,当埋管地沟内设置金属支架时,要注意新建与原有管道间不要共用同一个金属支架,或者其中一个钢管应与共用金属支架之间绝缘(如加四氟垫),这样可避免发生新旧管道之间的原电池腐蚀现象。

(5)微生物腐蚀作用。造成微生物腐蚀(MIC)的微生物有多种,而埋设在缺氧的粘土环境中的地下管道,遭受腐蚀的主要的微生物为厌氧的硫酸盐还原菌(SRB),SRB 在中性、弱酸、弱碱性土壤中腐蚀活性甚大,它在 pH8.5 以下,即使在 70～80℃、压力为 0.7～1kPa 的土壤中仍有很强的生命力。城市污水中都含有不同程度的硫酸盐,生活污水的硫酸盐含量通常在 20～100mg/L,而工业废水的接入显著增加了城市污水中的硫酸盐水平。另外,一些地区含盐地下水的渗入,也会增加硫酸盐的浓度。因此,这种腐蚀是常见的。SRB 对铁碳合金的腐蚀反应过程为:

介质中水电离:$H_2O \leftrightarrow H^+ + OH^-$

阳极过程: $Fe \rightarrow Fe^{2+} + 2e$

阴极过程: $2H^+ + 2e \leftrightarrow 2H$

由此产生的 H 吸附并积聚在金属表面,而与 SRB 中的氧化酶作用:

$$SO_4^{2-} + 8H \rightarrow S^{2-} + 4H_2O$$

$$Fe^{2+} + S^{2-} \rightarrow FeS$$

$$3Fe^{2+} + 6OH^- \rightarrow 3Fe(OH)_2$$

所以,与地下钢铁管道接触的土壤呈黑色或黑灰色,其主要成分是 FeS,多达 80%。是蚀源,地下管道穿孔往往即从此处发生。SRB 利用 H 或有机酸为给氢体,还产生 H_2S 气体,硫化氢上升与水里的部分溶解氧相遇,被硫化细菌或硫磺细菌氧化为硫酸,再与管道内部或周边凝结水结合,使管道受到腐蚀。钢管和水泥管道常会因此造成管道腐蚀。

二、管道腐蚀的控制

管道腐蚀控制是关系到管道安全运行、使用寿命、工程造价和维护费用的重要因素。管道腐蚀控制主要包括管道基体材料的选择、腐蚀环境的控制、防腐覆盖层保护、缓蚀剂的添加、阴极保护、腐蚀检测以及防腐蚀管理等。

腐蚀控制是管道运行中不可缺少的一项工作，无论在设计或施工中都应给予充分重视，但在确定防腐方案时要考虑综合经济因素，认识到腐蚀的必然性，在给定可靠性的基础上切合实际地降低投资，以“适当”为原则，将发生腐蚀的可能性降低到系统可以接受的范围内。

针对上述腐蚀特点，采取的防腐基本措施有：

(1)把金属管道与土壤绝缘。这是最常用的办法，即在管道表面涂刷有机高分子涂料，常用的有沥青漆、环氧—沥青漆、氯磺化聚乙烯漆等，要着重考虑选用涂料的耐热性能够满足输送流体的温度要求。

(2)采取外加电流阴极保护。存在 SRB 腐蚀时，碳钢的保护电位一般为－0.95V，它可使碳钢在硫化物环境中处于免蚀状态。通常，为了降低电耗，电位保护系统同涂料保护相结合。我国石油部 20 世纪 60 年代开始应用阴极保护，几十年来已尝到了甜头，新疆克拉玛依——独山子输油管道采用阴极保护之后 30 年未出现穿孔漏油事故。辽阳石化公司管网每年数百次泄漏，采用区域管网阴极保护之后 1996 年泄漏率为零。昆明市煤气管网采用阴极保护，长输管道阴极保护费用还不到工程投资总额的 1%，而城市管网保护约占投资总额的 3%～4%，其效果可延长管道寿命 1～2 倍。

(3)采取牺牲阳极保护。牺牲阳极与外加电流保护相比，较为简便，没有过保护的顾虑，对其他埋设的金属线路(如地下电缆)没有干扰。短距离管道采用牺牲阳极保护，费用便宜，但长距离管道采用此法则费用较高，不合适。

如采用镀锌管道，因为锌的电极电位比铁负，也起了牺牲阳极的保护作用，但镀锌管材也会受微生物腐蚀，埋设地下，仍需加涂料保护。

(4)采用杀菌剂杀灭微生物。直接在土壤中投放杀菌剂实际上是不可能的。采取的办法是在涂层中加入苯酚、五氯苯酚、氯化物等杀菌剂，但要考虑不影响涂料的固化。

目前，管道防腐设计主要考虑外防腐，内防腐还没有引起足够重视。外防腐普遍采用防腐涂层与阴极保护同时使用的联合保护措施。

1. 常用内部腐蚀控制方法

(1)输送介质的脱硫、脱水处理。干燥的含硫成分在常温下不腐蚀钢材，因而对于高压集输管道，当脱硫还不能完全消除输送介质对管线的腐蚀时，较合理的方法是采用深度脱水，控制其露点低于管道的最低工作温度，这样可以使管内不产生积水，防止管内发生电化学腐蚀。

(2)加内防腐层。内防腐层(如环氧粉末、水泥砂浆等)目前多用于污水、注水等水管线。油气长输管线内部一般不推荐采用，主要由于内防腐层接头的现场补口的施工质量难以保证。

(3)缓蚀剂。缓蚀剂一般是微量添加的，对输送系统具有缓蚀作用。配方通常以复杂的化学有机物为基础，含有胺或脂肪族氨基化合物或环状碳氢化合物，并同时含有表面活性剂和其他添加剂。缓蚀的机理主要是通过物理或化学吸附，吸附到金属表面，从而在工艺流体的腐蚀性组分和管壁之间形成一个屏障。油、气管线等在开启等非正常状态时和清管维护期间，应进行缓蚀剂处理。

2. 外部腐蚀控制

埋地管线的外腐蚀控制方法主要有：在钢管外表面涂敷外防腐层和实施阴极保护的双重措施；在有交直流电干扰的地方采用管道排流等保护措施。

(1)外防腐层。管道外防腐层选择的好坏直接关系到管道的使用寿命，因此在选择管道防腐层时应着眼于长远经济效益，根据管道沿线的自然条件和土壤地质等情况，选用防腐性能较好的防腐层。管道外防腐层的选用应从涂层的绝缘性、稳定性、耐阴极剥离强度、机械强度、粘结性、耐植物根刺、耐微生物腐蚀以及易于施工和现场补口等方面综合考虑。目前国内外常用的管道防腐层主要有环氧粉末、环氧煤沥青、石油沥青、煤焦油瓷漆、聚乙烯胶带、环氧粉末聚乙烯复合结构等。

(2)阴极保护。阴极保护是为管道防腐层破损的地方提供保护，包括外加电流阴极保护和牺牲阳极阴极保护两种方法。外加电流阴极保护法具有保护范围广，输出电流、电压可调，受环境干扰少等优点，缺点是需要外加电源，维护工作量大。牺牲阳极阴极保护法不需再外加电源，但保护范围小，一般只适用于小范围保护或作为对外加电流法的补充保护。在确定阴极保护方案时应进行经济比较，对于长输管线多采用外加电流阴极保护。在进行阴极保护设计时，须根据自然环境、地质情况、土壤电阻率等现场勘测的状况，确定电流需求、阳极地床类型等；对于管道穿(跨)越点和管线附近的金属构筑物，须给予特别注意；管线铺设后，阴极保护不能立即投运的须考虑临时性阴极保护(根据土壤电阻率而定)。

管线的排流保护，依据被干扰管道阳极区有无正负极性交变电流，采用不同的排流方式，不变时采用直流排流，交变时采用极性排流，比较复杂时采用强制排流。

3.常用管道防腐材料

在管道上应用的防腐涂料有石油沥青、煤焦油沥青、环氧沥青、聚氨酯石油沥青、煤焦油磁漆(CTE)、环氧粉末(FBE)、底胶加聚烯烃(POA)、环氧底漆加底胶加聚烯烃(POE)、环氧粉末加改性聚烯烃(POF)。国内现在主要使用的防腐涂料有石油沥青、煤焦油沥青、聚氨酯石油沥青、煤焦油磁漆、FBE以及内衬塑料等，国外目前常用的各类防腐涂料为CTE、FBE、POA、POE、POF等。其中：

(1)石油沥青是使用历史最长的防腐涂料，如果腐蚀环境无微生物、无深根植物，那么仍不失为一种经济适用的防腐覆盖层，石油沥青具有良好的粘结性、不透水性和绝缘性，能够耐多种腐蚀介质侵蚀，原料充足、成本低、技术成熟，只要在施工中严格执行石油沥青防腐管道生产、验收规范，可以得到较好的防腐效果，但石油沥青耐温变性能较差，低温易碎裂，高温易流淌，易受微生物侵蚀，吸水率高，易老化，使石油沥青防腐层过早变质脱落，失去保护作用，造成管道腐蚀破坏。

(2)煤焦油沥青以其使用寿命长、吸水率低、不受细菌吞噬、成本低等优点被广泛采用，但其机械强度和低温韧性差。

(3)环氧煤沥青其性能优于石油沥青，具有一次成膜厚、涂层致密、耐盐碱、耐海水、耐潮湿、与金属粘结好、抗微生物侵蚀、耐阴极剥离的优点，是较理想的防腐涂料，只是目前应用较少。

(4)聚氨酯石油沥青可用于管道或建筑构件等石油沥青层的常温补口补伤，同时也大量地用于石油沥青层的大修，在煤气工业中还大量地用于新管道的防腐涂敷。国产聚氨酯石油沥青橡胶能消化管道表面的潮气，有优良的理化性和厚涂层的许多特殊性能，常温施工，短时间干燥，单组份结构，不用固化剂，简化了施工程序，吸水率低，固化后有强防水性，有优良的耐化学介质性能，涂层富有高伸缩性，从而保证了补口补伤的质量，其应用领域极其广泛。

(5)煤焦油磁漆的粘结力强，吸水率低，绝缘性能好，耐细菌侵蚀，耐石油及其产品溶解，抗土壤应力，抗植物根茎穿透，耐阴极剥离，使用寿命长，防腐性能优于石油沥青。

管道的腐蚀在内外壁都会发生，外壁腐蚀主要是土壤腐蚀、硫酸还原菌腐蚀及管道附近杂散电流腐蚀造成的，腐蚀过程基本属于电化学腐蚀和生化腐蚀。内腐蚀主要取决于输送介质，目前大部分输送介质中含水量及 Cl、H_2S、CO_2 腐蚀介质等的含量较高，属化学腐蚀。管道的内防腐在我国刚刚起步，与发达国家相比还有一定距离。管道内防腐不仅保护管道不受腐蚀介质的侵害，而且改善管道内部流体运动状态，提高管内表面光洁度，减少水力摩阻，从而使输送动力降低，输送量增加，降低运输成本。内防腐主要有聚乙烯粉、环氧聚乙烯涂层、POA、POE、POF、FBE 等。

4. 管道防腐涂料发展趋势

随着管道铺设技术的不断提高和管道使用环境的恶化，开发防腐、绝缘、综合机械性能高、粘结力强的涂层材料是管道防腐的趋势，塑料粉末涂料以其特有的性能在管道防腐工程领域发挥了巨大作用。

在国外，塑料粉末涂料已成为油气管道防腐的首选材料，在国内塑料防腐管道已开始应用，目前用于管道防腐的塑料粉末有热塑性和热固性两大类。热塑性塑料分子链为直链或带有支链结构，众多分子链靠分子间力积聚在一起，受热后软化、溶解，冷却后可恢复原状，多次反复化学性能不变。热塑性粉末涂料是由热塑性树脂、颜料、增塑剂和稳定剂等成分干混或溶解混合，粉碎或分级得到的。热固性塑料分子结构为网状，各分子之间由化学链连接，受热后塑化或软化，发生化学变化，并固化定形，固化后再次受热不发生软化或熔化，强热则分解。热固性塑料粉末由热固性树脂、固化剂、颜料、填料和助剂等组成，应用广泛、性能好的塑料粉末有：

(1)聚乙烯(PE)粉末。聚乙烯是一种应用最广泛、价格最低的热塑性塑料，由乙烯单体加聚而成的碳、氢两元素的高分子化合物，为白色石蜡状粉末，聚乙烯在 80℃以下有优良的耐腐蚀性，能耐各种酸、碱、盐溶液，耐热，耐水，绝缘，但聚乙烯易发生光氧化、热氧化和卤化反应，耐环境氧化性能较差。

在聚乙烯原料中加入适当的流平剂、防老化剂等添加剂制成粉末，即可作为管道防腐涂料，聚乙烯粉末管道涂层具有绝缘、物理化学性能稳定，耐腐蚀、耐水，使用寿命长，防护效果好等特点，但涂层粘结力差、不耐阴极剥离，使用温度范围小。聚乙烯涂层一般用于输油、输气管道外防腐和输水管道内防腐。

(2)聚苯硫醚(PPS)粉末。PPS 粉末是近年来新开发的粉末涂料，是一种白色对苯基硫的聚合物，交联前为链状高分子结构，带有支链，无结晶熔点，呈热塑性，经化学交联处理后呈热固性塑料特征，PPS 具有良好的耐腐性，能耐无机酸碱等侵蚀，在 175℃下不溶于任何溶剂，具有良好的热稳定性、极好的粘结性能，对钢材、玻璃、陶瓷都有很好的粘结力，耐蠕变性好，电绝缘性能好。

(3)环氧树脂(EP)粉末。环氧树脂粉末是一种典型的热固性塑料，未交联的环氧树脂本身呈热塑性，性能也很差，加入固化剂交联固化后才能获得较好的材料性能，其熔融粘度低，涂膜流平性好，涂层致密无气孔，表面光滑，防腐性强。由于环氧树脂内的烃基对被涂物附着力好，涂层粘结力高，另外涂膜硬度高，耐划伤性、耐剥离性、绝缘性、化学稳定性也很好，环氧树脂结构中的双酚骨架和柔韧的醚链使涂层抗弯曲、机械性能高，同其他粉末涂料相比，防护性能最好。但环氧粉末耐候性不好，粉化后涂层防腐性能没有多大变化，正是环氧粉末突出的性能在国外已大量用于输油、输气与输水管道的内外壁防腐。

(4)环氧/聚乙烯双涂层。由于塑料存在种种缺点，在日益恶化的使用环境中单一塑料涂层的防护性能不够理想，双涂层、多涂层复合材料的复合结构已成为防腐技术的一个发展方向，环氧/聚乙烯双涂层保持各自原有的长处，克服或改善原来的不足，得到原先所没有的良好性能。聚乙烯涂层化学性能稳定，耐水、绝缘性能强，有效防止湿气、水分和氧的侵蚀，但涂层与钢管表面附着性及耐阴极剥离性能差，使用温度较低，一般不超过 80℃；环氧粉末能耐高温，可在 177～260℃下使用，有极好的粘结力，抗剪强度可达 15～25MPa，但环氧涂层能吸收少量水分，吸水率为 0. 05%～0.1%，也允许微量氧透过，屏蔽作用较差；环氧/聚乙烯两种涂料之间的最佳组合作用及各自所提供的优良性能使涂层具有更卓越的防护性能，更长的使用寿命。

因此，塑料粉末涂层有良好的防腐性能，复合材料的复合结构涂层性能卓越，是今后的发展方向。

第十章 非开挖地质条件勘察

第一节 非开挖工程对地层的分类

非开挖工程中岩土的分类可以参考现行国家规范《建筑地基基础设计规范》的有关规定执行。根据《建筑地基基础设计规范》(GBJ7－89)岩土分类情况如下。

一、土的分类

《规范》将土分成碎石土、砂土、粉土、粘性土和人工杂填土 5 大类。人工杂填土主要是成因上的区别，而前 4 种土为天然土。碎石土和砂土属于粗粒土，粉土和粘性土属于细粒土。粗粒土按粒径级配分类，细粒土则按塑性指数 I_p 分类。具体标准如下。

1.碎石土

指粒径大于 2mm 颗粒含量超过总土重 50％的土，如表 10－1。

表 10－1 碎石土分类

土的名称	颗粒形状	粒组含量
漂石	圆形或亚圆形为主	粒径大于 200mm 的颗粒超过全重 50％
块石	棱角形为主	
卵石	圆形或亚圆形为主	粒径大于 20mm 的颗粒超过全重 50％
碎石	棱角形为主	
圆砾	圆形或亚圆形为主	粒径大于 2mm 的颗粒超过全重 50％
角砾	棱角形为主	

2.砂土

指粒径大于 2mm 颗粒含量不超过全重的 50％，而粒径大于 0.075mm 颗粒含量超过全重 50％的土，如表 10－2 所示。

表 10－2 砂土分类

土的名称	粒组含量
砾砂	粒径大于 2mm 的颗粒占全重的 25％～50％
粗砂	粒径大于 0.5mm 的颗粒超过全重的 50％
中砂	粒径大于 0.25mm 的颗粒超过全重的 50％
细砂	粒径大于 0.075mm 的颗粒超过全重的 85％
粉砂	粒径大于 0.075mm 的颗粒超过全重的 50％

3. 粉土

指粒径大于 0.075mm 颗粒含量小于全重的 50%而塑性指数小于或等于 10 的土。这种土既不具有砂土透水性大、容易排固结、抗剪强度较高的特点，又不具有粘性土防水性能好、不易被水冲蚀流失、具有较大的粘聚力的特点。在许多工程问题上，表现出较差的性质，如受振动容易液化、冻胀性大等等。

4. 粘性土

指塑性指数 $I_p>10$ 的土，其中 $10<I_p\leqslant17$ 的土称为粉质粘土，$I_p>17$ 的土称为粘土。

此外，自然界中还有许多具有特殊性质的土，这些性质是一般土所没有的，如湿陷性土、红土、冻土、胀缩性土（或称膨胀土）、盐渍土等，它们的分类可参照《岩土工程勘察规范》(GB50021－94)的有关规定执行。

5. 人工填土

由人类活动堆积而成。根据其组成和成因分为：

(1)素填土：由碎石土、粉土、粘性土等组成的填土；

(2)杂填土：含有建筑垃圾、工业废料、生活垃圾等杂物的填土；

(3)冲填土：由水力冲填泥砂形成的填土。

人工填土的物质成分复杂，均匀性较差。在此类地方进行非开挖工作，特别应该注意它的成分不均匀性。

二、岩石的分类

岩石按成因可分为岩浆岩、沉积岩和变质岩石。岩石按强度、风化程度和结构类型的分类如表 10－3～表 10－5 所示。

表 10－3　岩石按强度分类表

类别	亚类	强度(MPa)	代表性岩石
硬质岩	极硬岩石	＞60	花岗岩、花岗片麻岩、显长岩、玄武岩、石灰岩、石英砂岩、石英岩、大理岩、硅质砾岩等。
	次硬岩石	30～60	
软质岩	次软岩石	5～30	粘土岩、页岩、千枚岩、绿泥石片岩、云母片岩
	极软岩石	＜5	

表 10-4 岩石按风化程度分类表

类别	风化程度	野外特征	风化程度参数指标		
			压缩波速度 v_p(m/s)	波速比 K_v	风化系数 K_f
硬质岩石	未风化	岩质新鲜，未见风化痕迹。	>5 000	0.9～1.0	0.9～1.0
	微风化	组织结构基本未变，仅节理面有铁锰质渲染或多或矿物略有变色，有少量风化裂隙。	4 000～5 000	0.8～0.9	0.8～0.9
	中等风化	组织结构部分破坏，矿物成分基本未变化，仅沿节理面出现次生矿物。风化裂隙发育，岩体被切割成 20～50cm 的岩块。锤击声脆，且不易击碎；不能用镐挖掘，岩心钻方可钻进。	2 000～4 000	0.6～0.8	0.4～0.8
	强风化	组织结构已大部分破坏，矿物成分已显著变化。长石、云母已风化成次生矿物。裂隙很发育，岩体破碎。岩体被切割成 2～30cm 的岩块，可用手折断。用镐可挖掘，干钻不易钻进。	1 000～2 000	0.4～0.6	<0.4
	全风化	组织结构已基本破坏，但尚可辨认，并且有微弱的残余结构强度，可用镐挖掘，干钻可钻进。	500～1 000	0.2～0.4	—
残积土		组织结构已全部破坏。矿物成分除石英外，大部分已风化成土状，锹镐易挖掘，干钻易钻进，具可塑性。	<500	<0.2	—
软质岩石	未风化	岩质新鲜，未见风化痕迹。	>4 000	0.9～1.0	0.9～1.0
	微风化	组织结构基本未变，仅节理面有铁锰质渲染或多或矿物略有变色，有少量风化裂隙。	3 000～4 000	0.8～0.9	0.8～0.9
	中等风化	组织结构部分破坏，矿物成分发生变化，节理面附近的矿物已风化成土状。风化裂隙发育，岩体被切割成 20～50cm 的岩块。锤击易碎，用镐难挖掘，岩心钻方可钻进。	1 500～3 000	0.5～0.8	0.3～0.8
	强风化	组织结构已大部分破坏，矿物成分已显著变化。含大量粘土质粘性土矿物。风化裂隙很发育。岩体被切割成碎块，干时可用手折断或捏碎，侵水或干湿交替时可较迅速地软化或崩解。用镐或锹可挖掘，干钻可钻进。	700～1 500	0.3～0.5	<0.3
	全风化	组织结构已基本破坏，但尚可辨认，并且有微弱的残余结构强度，可用镐挖掘，干钻可钻进。	300～700	0.1～0.3	—
残积土		组织结构已全部破坏。矿物成分已全部改变并且已风化成土状，锹、镐易挖掘，干钻易钻进，具可塑性。	<300	<0.1	—

表 10-5 岩石按结构类型分类表

岩石结构类别	岩体地质类型	主要结构体形状	结构面发育情况	岩土工程特征	可能发生的岩土工程问题
整体状结构	均匀巨块状岩浆岩、变质岩、巨厚层沉积岩、正变质岩	巨块状	以原生构造节理为主，多呈闭合型，裂隙结构面间距大于1.5m，一般不超过1～2组，无危险结构面组成的落石掉块。	整体性强度高，岩体稳定，可视为均质弹性各向同性体。	不稳定结构体的局部滑动或坍塌，深埋洞室的岩爆。
块状结构	块状岩浆岩、变质岩、厚层状沉积岩、正变质岩	块状、柱状	只具有少量贯穿性较好的节理裂隙，裂隙结构面间0.7～1.5m，一般为2～3组，有少量分离体。	整体性强度较高，结构面互相牵制，岩体基本稳定，接近弹性各向同性体。	
层状结构	多韵律的薄层及中厚层状沉积岩、副变质岩	层状、板状、透镜体	有层理、片理、节理，常有层间错动面。	接近均一的各向异性体，其变形及强度特征受层面及岩层组合控制，稳定性较差，可视为弹塑性体。	不稳定结构体可能产生滑塌，特别是岩层的弯张破坏及软弱岩层的塑性变形。
碎裂状结构	构造影响严重的破碎岩层	碎块状	断层、断层破碎带、片理、层理及层间结构面较发育，裂隙结构面间0.25～0.5m，一般在3组以上，由许多分离体形成。	完整性破坏较大，整体强度很低，并受断裂等软弱结构面控制，岩体稳定性很差，多呈弹塑性体。	易引起规模较大的岩体失稳，地下水加剧岩体失稳。
散体状结构	构造影响剧烈的断层破碎带、强风化带、全风化带。	碎屑状、颗粒状	断层破碎带交叉，构造及风化裂隙密集，结构面及组合错综复杂，并多充填粘性土，形成许多大小不一的分离岩块。	完整性遭到极大破坏，稳定性极差，岩体属性接近松散体介质。	易引起规模较大的岩体失稳，地下水加剧岩体失稳。

第二节　岩土的物理力学性质

一、土的物理力学性质

1. 土的容重(γ)

土的容重也就是土的单位体积的重量，即土的总重量 W 除以土的总体积 V。

$$\gamma=\frac{W}{V} \tag{10-1}$$

2. 土的含水量(w)

土的含水量也称土的湿度，是土在100～105℃温度下烘至恒重时所失去的水的重量 W_w 除以土固体颗粒的重量 W_s，一般以百分数表示。

$$w=\frac{W_w}{W_s}\times 100\% \tag{10-2}$$

3. 土的孔隙率(n)

土的孔隙率是指单位体积土孔隙所占的体积，等于土孔隙的体积 V_v 除以土的总体积 V，一般以百分数表示。

$$n=\frac{V_v}{V}\times 100\% \quad (10-3)$$

4.土的饱和度(S_r)

土的饱和度是指土孔隙中水的体积 W_w 占全部孔隙体积 V_v 的百分比。

$$S_r=\frac{V_w}{V_v}\times 100\% \quad (10-4)$$

5.砂土的相对密度(I_D)

砂土和砾石等无粘性土的另一个密度相对指标。

$$I_D=\frac{e_{\max}-e}{e_{\max}-e_{\min}} \quad (10-5)$$

式中：e——砂土在天然状态下的孔隙比；

$e_{\max}$和 $e_{\min}$——分别为砂土在最松和最密状态时的孔隙比。

6.粘性土的塑性指数(I_p)

塑性指数是指粘性土的液限与塑限之差。

$$I_p=W_L-W_p \quad (10-6)$$

塑性指数在于它有效地反映了粘性土中粘土矿物的类型和粘土的颗粒(直径小于0.002mm的颗粒)的百分含量，是区别粘性土和砂石土的重要特征，也是粘性土的分类依据。

7.粘性土的液性指数(I_L)

液性指数是反映土的软硬状态的一个指标。它定义为：

$$I_L=\frac{W-W_p}{I_p} \quad (10-7)$$

式中：w——土的天然含水量；

W_p——塑限；

I_p——塑性指数。

液性指数越大，表示土越软。一个新近沉积而未固结的土，可能有超过液限的含水量和大于1的液性指数。一个经过重压的土可能有接近塑限的含水量和接近于0的液性指数。液性指数大于1是过敏性粘土的特征，如果这种土被扰动或重塑，它将像粘滞的液体一样流动。

根据液性指数，可以将粘性土分为：

坚硬 $I_L\leqslant 0$

硬塑 $0<I_L\leqslant 0.25$

可塑 $0.25<I_L\leqslant 0.75$

软塑 $0.75<I_L\leqslant 1$

流塑 $I_L>1$

8.粘性土的活性指数(A_n)

不同的粘土常常可以绘制出塑性指数与粘土颗粒百分含量之间的关系直线，这直线的斜率称为活性指数。

$$A_n=\frac{I_p}{q} \quad (10-8)$$

式中：q——颗粒小于0.002mm的粘土颗粒百分比含量。

不同的粘土有不同的活性指数 A_n 值，这是由于不同的粘土矿物参与这些粘土的缘故。三种粘土矿物（高岭石、伊利石和蒙脱石）得到的塑性指数与粘土颗粒的百分含量之间的关系是典型的直线。它们的活性指数相差很大。高岭石的活性指数 $A_n=0.3$，伊利石的活性指数 $A_n=0.9$，蒙脱石的活性指数 $A_n=1.5$。可以认为活性指数大于 1 的粘土是活性土。例如蒙脱石的粘土是活性土，当干的土遇水时体积有很大的膨胀；当饱和的土风干时体积有很大的收缩。这就为我们非开挖工程施工提供了很好的参考指标。在开展工作前，应弄清土质与土性。

9. 土的强度

土的强度是一个重要的工程性质，土体的稳定性、承载力等均取决于土的强度。

在土力学中，Mohr－Coulomb 强度理论的表达式为：

$$\tau_{ff}=c+\sigma_{ff}\mathrm{tg}\varphi \tag{10-9}$$

$$\tau_{ff}=c'+\sigma'_{ff}\mathrm{tg}\varphi \tag{10-10}$$

式中：τ_{ff}——破坏面上的剪应力，c 为内聚力；

σ_{ff}——破坏面上的正应力，φ 为内摩擦角。

土的强度特性：

(1)对土的强度影响最基本的是土颗粒接触间的摩擦阻力。

(2)在一定的有效应力下，超固结粘土比正常固结的粘土有较高的强度。其差异与粘土的类型、剪切时的排水条件及超固结比有关。

(3)对密砂或高超固结粘土，在排水条件下剪切，体积有增大的趋势；而在不排水的条件下剪切，有效应力有增高的趋势。对松砂或正常固结——中等超固结粘土，在排水条件下剪切，体积有减小的趋势；而在不排水的条件下剪切，有效应力有降低的趋势。

(4)对饱和土，温度会使孔隙比或有效应力变化，因此强度也会随之变化，一般温度增高，强度也会降低。

二、岩石的物理力学性质

1. 岩石的密度(γ)

指单位体积岩石的重量。

$$\gamma=\frac{G}{V} \tag{10-11}$$

2. 岩石的孔隙度(n)

指岩石的裂隙和孔隙的发育程度，即岩石内各种裂隙和孔隙的体积总和与试件总体积之比。

岩石的孔隙性对岩石的其他性质有显著的影响。一般来说，随着岩石孔隙度的增大，一方面削弱了岩石的整体性，使岩石的容重和强度随之降低，透水性增大；另一方面由于孔隙的存在，又为各种风化营力大开方便之门，加快了风化的速度，从而进一步增大透水性和降低力学性质。

3. 岩石的弹性和塑性

弹性是指岩石在外力的作用下发生变形，当外力解除后能恢复原来的变形。

塑性是指岩石在外力的作用下发生变形，当外力解除后不能恢复原来的变形，而是永久的变形。

4. 岩石的软化性

岩石在水的作用下强度及稳定性会降低的一种性质，用软化系数表示，它等于岩石在饱和水状态下的抗压强度与岩石在干燥状态下的抗压强度之比。

$$K_d=\frac{f_{r饱和}}{f_{r干燥}} \tag{10-12}$$

式中：K_d——岩石的软化系数；

$f_{r饱和}$——岩石在饱和水状态下的抗压强度(kPa)；

$f_{r干燥}$——岩石在干燥状态下的抗压强度(kPa)。

5.岩石的强度

岩石抵抗机械破坏的能力称为岩石的强度，根据外载荷作用的性质不同，分为抗拉、抗压、抗剪和抗弯强度。

第三节　地下水的影响

地下水是地球圈中水体的一部分，它分布于地下各种孔隙、裂隙和溶洞之中。而分布于河流、湖泊、海洋及冰川中的水叫地表水。目前对非开挖工程影响最多的就是地下水，以及地表水有可能对施工过程的影响。

一、地下水的形成与分布

地球水圈中的水循环反映了大气水、地表水、地下水三者之间在数量和状态上的相互联系与转化。水循环又分为大循环和小循环。大循环的过程是水从海洋表面蒸发变成大气水，随气流运动至陆地上空以大气降水的形式落到地面后，又以地表径流和地下径流的形式汇入海中。小循环则是从海洋蒸发的水汽又以降雨的形式回到海洋；或者是陆面水体、植被、地下水通过陆面蒸发的水汽又复降到陆面。地球水圈中的水循环不是处处都相同，所以地下水的形成与分布除了所处的地质条件外，主要决定于当地的水的循环条件，也就是当地的水文、气象因素。地下水在循环过程中其运移速度相对于大气水和地表水来说十分缓慢，主要是由于地下水是在有空隙的地质体中形成、分布和运动。

二、地下水在岩石中的存在形式

1.汽态水

汽态水是赋存和运动在岩石非饱和水中的一种蒸汽水。

2.吸着水

吸着水是岩石颗粒表面由于静电引力而吸附的一层很薄的水膜。

3.薄膜水

薄膜水是吸附在水外围逐渐加厚而形成，又称弱结合水。它与吸着水的区别在于它能从薄膜厚的地方向薄膜薄的地方运动。

4.毛细水

毛细水是存在于由岩石颗粒组成的毛细管中的水。

5.重力水

重力水是当岩石空隙全部被水饱和时，只在重力作用下运动的地下水。

6.固态水

固态水是固态冻结在岩石空隙中的地下水。它在岩石温度低于水的冰点时形成。在多年冻土区，固态水终年以固态冰的形式存在，而在季节性冻土区内的一定深度内，只有在封冻季节呈固态，其他季节则融化为重力水。

三、地下水的分类及各类地下水的基本特征

根据传统的分类方法，按地下水的埋藏条件分为：

(1)上层滞水。是存在于松散堆积物的包气带中的局部隔水层之上的重力水，是当地季节性的降雨或地表水渗入到局部隔水层受阻而赋存起来的据地表最近的地下水。它的分布范围很小，常常是雨季补给时存在，旱季时蒸发消失，是一种不稳定的地下水。

(2)潜水。埋藏在地表以下第一个稳定的隔水层以上，具有自由水面的重力水。从自由面到隔水层的垂直距离为潜水含水层的厚度。这个厚度是一个变数，补给期出现高水位时厚度变大，排泄期出现时厚度变小。潜水一般从高水位流向低水位。主要埋藏在第四纪松散堆积物中，其次是基岩裂隙风化带中。

(3)承压水。是充满两个隔水层或相对弱透水层之间含水层中的地下水。当这种含水层的地下水未被充满时称为层间水，具有潜水的水力性质。

按岩石空隙性质分为：

(1)孔隙水。是埋藏在第四纪松散堆积物、弱胶结的沉积岩、变质岩风化带孔隙中的地下水，其分布均匀、连续，呈层状，有连续稳定分布的水位。

(2)裂隙水。主要分布在坚硬、半坚硬岩石的各种裂隙中，根据产状可分为裂隙层间水和裂隙脉状水，根据成因又可以分为风化裂隙水、成岩裂隙水和构造裂隙水三种。在第四纪松散沉积物中有时也出现一种裂隙水，如黄土中的裂隙水和冲积平原下游的粘土裂隙水。

(3)岩溶水。埋藏运动在可溶盐岩石的裂隙、溶洞中的地下水。它的主要特点是其空间分布的不均一性。

四、地下水及地表水对非开挖施工的影响

1.地下水的影响

对于预防和处治地下水对非开挖施工带来的危害，在设计过程中应准确探明地下水的位置、来源及大小，即初见水位、稳定水位、透水性。从根本上分析清楚可能带来的各种危害，并预估危害大小，结合具体条件和各种方法的作用原理，合理设计完善的防治系统，这是主要前提条件和根本，施工的质量意识和管理中的系统观测是实现手段、保障措施。

对非开挖施工影响最大的是孔隙水，也可以说是位于第四纪松散堆积中的上层滞水。由于它的存在，特别是砂性土，因曾受到海水的冲击，部分地区沉积层含有海水所搬运的大量沉积物，其中主要为细砂及粉砂。由于含粘土的成分较少，土颗粒较一般的粘土大，一般在 20μ 以上，土颗粒之间的凝聚力较小，呈单粒结构。孔隙比较大，很容易在水动力的作用下产生流沙现象，使得施工很难进行，成孔困难，经常垮孔、塌孔。

而淤泥质粘土的形成是在较弱的海浪岸流及潮汐的水动力作用下逐渐形成的。土的颜色多呈灰色或黑灰色，光润油滑且有腐烂植物的气味，多呈软塑或半流塑状态。其天然含水量很大，一般都大于30%，饱和度一般大于90%，液限一般在35%～60%之间，天然重度较小，约在15～19kN/m^3 之间。孔隙比都大于1，因其天然含水量高、孔隙比大，软土地基变形大，强度低，导致施工困难。

地下水中的潜水和毛细水是形成盐土的主要原因之一，因为在干燥气候条件下发生着潜水将盐分自深处带向表面的过程，而更经常的则是由于携带盐分的毛细水的上升。由于水的蒸发，盐分会在土的上层和表面浓缩，并形成盐壳。盐分的析出，将增大孔隙度和丧失结晶粘聚性，从而提高了透水性，减弱了土的强度，造成土的沉陷。

当施工处位于天然山坡的坡积层上时，由于坡积层地下水的力的作用(静水压力和动水压力)，坡积层会滑动，可能造成坡积层稳定性的破坏，形成滑坡。地下水流的深度变化影响着渗透压力的大小，地下水位上升，渗透压力增大，坡积层稳定性降低；地下水的存在会降低土体抗剪强度，尤其是滑动层充水，地下水作为一种力的因素对山坡上滑坡体的稳定程度有着特别的影响，同时对我们的施工也是一个大的不稳定因素。

利用有效排水工程对地下水进行拦截或水位降低是一种有效的解决方法。通常使用的排水工程主要有各种渗沟、排水明沟、井点降水、排水井或深井泵排水等。而施工时采用合理的钻井液是消除或降低地下水影响，保证按钻进轨迹进行成功施工的关键。

2.地表水的影响

由于各种地表水的存在，当非开挖施工通过坚硬、半坚硬岩石的各种裂隙岩石地层或通过岩溶地区时，要充分认识到河流、湖泊、海洋及冰川中的水等地表水的影响，一旦发生透水事故，对整个工程的影响是巨大的。

因此，在这类地区施工，勘察工作也是十分重要的，一定要了解清楚该非开挖路线的岩石或岩层的结构构造、岩石的稳定性及其强度，以及可能存在的各种因素的影响。

第四节　勘察方法

非开挖管线分为两大类：地下管道和地下电缆。主要有给排水管道、热力管道、燃气管道、电力电缆、电信电缆和工业管道。电信电缆按电信电缆的功能分为市内电话电缆、长途电话电缆、电报电缆、有线电视电缆、光纤电缆、有线广播电缆和其他专用电信电缆。

一、勘察前需要掌握的资料

非开挖管线工程勘察一般进行一次性详勘。勘察前应收集的主要资料有：

(1)附有标明坐标、管线走向、与拟铺设管线有关的设施和现状地形等的管线工程总平面布置图。

(2)管线类型、基底高程、管径(或断面尺寸)、输送方式、设计示意图和可能采取的施工方案以及地下埋设物分布概况等。

二、勘察工作的主要内容

非开挖管线工程勘察要求查明沿线各地段的地质、地貌、地质结构特征、各类土层的性质及其空间分布，对管线地基进行工程地质评价，为地基基础和穿越工程设计、地基处理与加固、不良地质现象的防治、施工开挖与排水设计等提供工程地质依据和必要的设计参数，并对可能出现的岩土工程问题提出治理措施和建议。

非开挖管线施工需要通过勘察和设计解决的主要岩土工程问题如下：

(1)当管线穿越软弱地基与坚实地基交界部位时，需判明由于地基差异沉降而导致管线损坏的可能性。

(2)选择确定软弱地基和振动液化地层适宜的处理与加固方案。

(3)当管线穿越河流、沟谷地段时，应查明河床、岸坡的地层结构等，并对河床、岸坡冲刷和稳定性作出评价，提出穿越方案建议和措施。

(4)查明施工地段的岩土分布状态、水文地质条件，提供可能采用的施工方法的设计、施工所需要的计算参数和依据。

(5)当埋管较深，需深挖辅助坑槽时，应对坑槽边坡及邻近建筑物的稳定性进行分析评价，提出适宜的坑槽边坡支护方案。

(6)地下水位高、并对工程有影响的地段，需选择确定适宜的排水方法(排水井、井点或深井泵排水)，对可能产生流砂、潜蚀、管涌等问题的防治落实措施。

(7)在强地震区的管线勘察中，必须对场地和地基地震效应进行分析，应提供相应的防震措施，如采用柔性接口结构，改善管线与附件(弯头、三通、四通、阀门)的连接、混凝土枕基(平基或弧基措施)等。在可能产生振动液化的地段，必要时可采用打桩补强措施。

(8)判明环境水和土对管材的腐蚀性，必要时采取相应的防腐措施。

(9)应查明施工地段地下埋设物(包括已铺设的各种管线)的类型、埋深、位置和路线，以免施工时损坏它们。

三、勘探孔的布置

勘探孔的布置原则：

(1)勘探孔应沿管线中线布置，当条件不允许时，勘探孔可适当移位；距入土点及出土点根据现场情况而定，如图 10－1 所示。

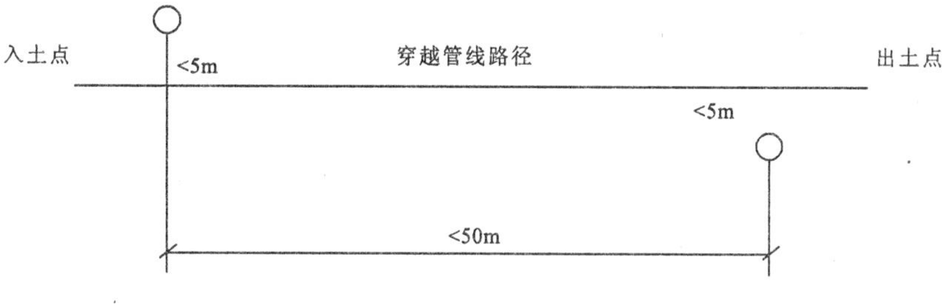

图 10－1　勘探孔沿管线中线布置图

(2)穿越铁道、公路或河谷地段的勘探孔移位不宜偏离管线中线超过 3m，勘探孔间距以能控制地层土土质变化为原则，宜采用 30～100m，但在穿越铁道、公路地段，不宜少于 2 个勘探孔。

(3)在每个地貌单元、地貌单元交界部位、管线转角处、穿越铁路或公路的地段，都应根据场地复杂程度适量布置勘探孔。

(4)在管线穿越河谷时，河谷两岸及河床上均应布置勘探孔，当穿越长度大于 100m，其数量不应小于 3 个勘探孔，如图 10－2 所示。

(5)在穿越暗埋的河、湖、沟、坑地段，及可能产生流砂和振动液化等地质条件复杂的地段，勘探孔应适当加密。

勘探孔间距按《市政工程勘察规范》(CJJ56－94)有关规定执行，Ⅰ类场地：＜60m；Ⅱ类场地：60～100m；Ⅲ类场地：100～150m。

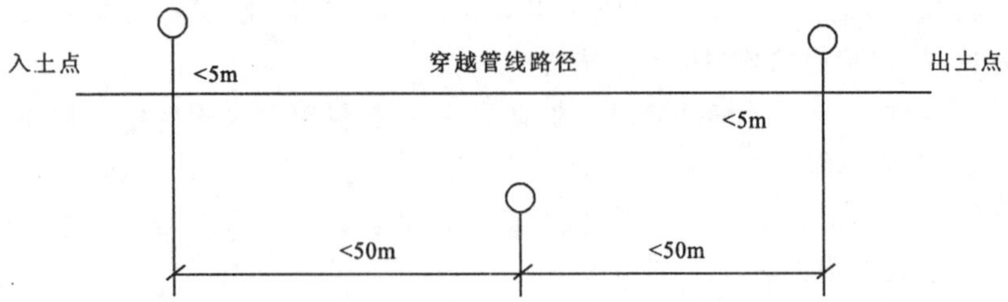

图 10-2 管线穿越河谷时勘探孔布置图

四、勘探孔的深度要求

非开挖管线勘察的勘探孔的深度应达到管底设计标高以下 1～3m。如遇下列情况之一时，应适当增加勘探孔的深度：

(1)当管线穿越河谷时，勘探孔深度应达到河床最大冲刷深度以下 3～5m。

(2)当管线基底下存在松软土层、湿陷性土及可能产生流砂、潜蚀、管涌或振动液化地层时，勘探孔深度应予以加深或钻穿。

(3)在必须采取降低地下水位来进行管线施工的地段，勘探孔深应在管线中心下 5～10m。

(4)当管线下部有承压强透水层时，勘探孔应适当加深，或钻穿承压水层，并测量其水头。

五、取样和测试的要求

取样和测试的一般要求：

(1)沿管线线路取土样和进行原位测试点的数量应占勘探孔总数的 1/2～1/3。

(2)取土样和进行原位测试点的竖向间距在地基主要持力层内宜为 1m，但每一主要土层的土试样不应少于 3 件，原位测试数据不应少于 3 组。

(3)当管线通过可能产生流砂、潜蚀、管涌或有强透水层分布的地段采取降低地下水疏干辅助坑槽时，应在现场进行渗透或抽水试验。

(4)为判定地下水和土对管线的腐蚀性，可每隔 2km 取水试样 1 件。在管顶和管底部位各取土试样 1 件。对钢、铸铁金属管线，还应用电法测定电阻率。每个管线工程的水试样不应少于 3 件，管顶和管底部位的土试样均不应少于 3 件，电法测试数据不应少于 3 组。

管线勘察岩土试验项目按《市政工程勘察规范》(CJJ56－94)有关规定执行。

六、勘察的手段

一般地，勘察、设计与施工三者是基本建设工程的主要环节，它们相辅相成构成基建的主要内容。勘察的主要内容有以下几个方面：确定场地的适宜性；为设计提供全面详细的资料。

对大型的定向钻进穿越工程，设计施工前应当进行岩土勘察。岩土勘察可采用下列方法：

(1)锥型贯入试验(CPT)。对于快而详细地测定软土、泥沙和泥炭土等不稳定堆积层，这是有用而方便的技术，在 15 分钟内一般可探测达 10m 深。沿着钻孔轨迹轴线和轴线两边 10m 的距离每隔 100 m 应作一次 CPT 试验，试验测量深度应达到设计钻孔轨迹之下 5m。对于常用的 Dutch Core 贯入计，不仅要测量贯入点的阻力，而且还要测量与壳体周围的土壤相互作用产生的摩擦力。

(2)标准贯入度试验。这种方法靠落下的重物使取样器进入土壤，它提供有关原位土壤致密度等有限资料。当不适合作 CPT 时，可采用这种方法，例如在河里或遇到岩质土时。

(3)取心钻探。钻探是一切基础工程的先导性工作，工程设计和施工方案的选定在一定程度上要依赖钻探资料。为了了解地下土层的构成及在垂直方向和水平方向的变化，以及与工程有关的各岩土层的物理力学特性，需要在垂直方向、水平方向或某一倾斜方向进行钻孔。有时为了探查地下埋设物的情况也需要进行钻探。用这项技术获得的原状岩心能提供全面的地层资料。如果使用适当的设备，就能够钻穿粘性土壤和岩石。在钻过砂层或卵砾石层时，可能会由于岩心松散取心层序混乱。勘察孔的数量是由预定的穿越长度和地层的复杂性所决定的。一般可沿着钻孔轨迹方向每隔 200m 取一次岩心，如果勘察孔的资料表明穿越两端的地层均质，没有必要进一步取样；如果报告显示地层异常断裂，存在岩石和大量的砾石，建议增加钻孔以便更好地确定地层。显示有砾石、卵石、漂石或岩石的更长的穿越(特别是大直径管道)，应适当加密钻孔取样，为弄清全部异常还可增加更多的钻孔。所有的钻孔都应沿着穿越轨迹方向布置，如果可能，这些钻孔应离开设计轨迹至少 10m。钻孔取心深度应达到钻孔轨迹之下 5m。钻孔结束后应进行灌浆，这将有助于防止在穿越钻进时的泥浆漏失。

(4)地球物理勘探。地球物理方法是将岩土体作为探测对象，利用各种地球物理测试手段，通过各种岩土体不同的物理反应及物理异常间接推断或直接测定地层的变化、地下埋设物以及岩土体的物理性能参数。几乎所有的物理测量方法都能移植于这方面的应用。采用地球物理勘察方法(例如地震法、电法等)也可获得地层的三维连续资料，特别是采用该法对评价其他各种勘察方法的选点是很有用的。

地球物理方法包括直流电法、交流电法、自然电场法、地震波折射法、反射法、电磁波(地质雷达)法、波速法、重力法、放射性同位素法、地声法、水声法、地热法等等，其中使用得最多的是电法、地震法和雷达勘探。

电法就是将交流电波或直流电波输入到所测地段，造成一电场，通过测量两点间与地区土层特性有关的电位差或形成的感应电动势来间接反映地层的变化。电法探测的种类很多，常用的交流电法有频率测深法、电磁法、激发极化法；最常用的直流电法有电测深法、电剖面法，通常统称为电阻率法。

地震法是在地表或地下人工激发振波，在地面上相隔一定距离用拾振器接收由被测的岩土层传播回来的反射波、折射波或直达波。通过测得各种回波到达的时间及波形，求得波速及各个折射界面的相对位置；或利用回波在不同岩土层中的传播特征，推测地层情况及岩土体的性质。由此可知，地震法可分为直达波法、反射波法、折射波法和波速法 4 种，其中最常用且较为有效的是折射波法。

雷达技术虽早在 20 世纪 40 年代二次世界大战时就已应用于空间探测，但由于雷达发射能量的限制，直到 70 年代才由美国冠克等人开始研究探地雷达，并获得成功。

探地雷达有地下发射和地下接收的无线电透射法，也有地面发射和地面接收回波的反射法；有单周脉冲式的雷达波，也有连续发射的雷达波。各种形式的探地雷达都有共性要求。例如：发射的雷达波均为甚高频(VHF)的电磁波；通常具有 100dB 以上的能量，以便能够探测一定的深度范围。通常每米厚的地层可使雷达波衰减数个分贝，这主要取决于土质岩性的差异。一般而言，带有较大空隙的干燥松散砂层对雷达波衰减较少，而饱和的粘土层则衰减较大。

单周脉冲式雷达反射波探测技术的基本原理是，由雷达天线发射的甚高频电磁波到达地层中一定深度时，若在此深度范围内有地层变化或地下洞穴、埋设物等异常对象，就可使雷达波反射回来，并用接收天线予以回收。设雷达波从发射至接收回来的总时间为 T（以 ms 计），地下拟探测的对象埋设深度（或相对距离）为 D，地层对雷达波的衰减作用根据现场校准试验确定的“衰减系数”（在空气中 $n=1$；在岩土层中 $n=1.4\sim4.0$），则探测对象的埋深为

$$D=T/2n \tag{10-13}$$

为了达到目的，探地雷达的基本装置至少应包括下列 4 个部分：

(1)天线。可用单一天线（带有 TR 接收器）或分离天线进行发射和接收。切忌宽频带发射，以免无法接收。

(2)雷达电磁波发射器。电压可为数十伏至数千伏，主要依靠雪崩三极管发射脉冲，均功率/峰值功率 <0.001 为宜。

(3)接收器和处理器。用以接收反射回来的波形，并加以处理。

(4)显示器。通常可用示波仪、电子绘图仪或磁录机进行显示记录。

利用探地雷达既可以探测地层的不连续性，如地层的变化、空洞等，也可以探测地下埋设物的情况，如地下管线，还可以用于检查管道的泄露点。

七、实验室测试

取出的样品应进行实验室测试，以得出颗粒分布、抗压强度、石英含量（对岩层钻进）以及绿泥石及其相关物质，所提供的资料以如筛分曲线和含量数据的形式给出结果。

室内试验分析是获取岩土特性参数必不可少的手段，而所取岩土样品对土层的代表性及土样的质量直接关系到岩土特性参数的可靠性。取样技术的优劣主要取决于取土器的特性。在众多的取土器中，人们最关心的是哪种取土器最有效且易用，这是一个很难一概而论的问题。事实上没有任何一种取土器所取的土样不经受扰动，也没有任何一种取土器的使用可完全脱离人的实践经验。故取土器的简易有效性是与经验的积累、操作的熟练程度以及对岩土工程实际与施工精度的估量联系在一起的。

取样技术分采取扰动土样和采取原状土样两大类。

扰动土样一般用于鉴别地层，或仅用于测定地层岩土的某些物理性能参数。扰动土样通常在钻进过程中按规定的深度间隔来采取，当怀疑有变层时则利用提升钻具的机会来采取。扰动土样一般要求保持土的天然颗粒级配、天然湿度（或稠度）不变，以便分析其天然的物理性能参数。几乎所有的回转、冲击钻头都可兼作扰动土取样器。

原状土样主要是指岩土的天然骨架结构不被破坏或基本保持原状，当然，土的级配、湿度（或稠度）也必须保持原样。为了达到此目的，必须使用专门设计和制造的原状取土器，主要有敞口式取土器和闭口式取土器两种。前者如国际上通用的 Shelby 取土器和我国广泛采用的上提活阀式取土器；后者如固定活塞取土器和 Osterberg 取土器。

第十一章　地下管线探测技术

在非开挖铺设地下管线施工中，首先应探明原有地下管线状况。尤其是在城区原有地下管线错综复杂的情况下，准确的地下管线分布图是地下管线设计和选择施工工艺的重要依据，原有地下管线探测工作显得更为重要。针对不同情况，寻求满足一定精度要求的管线定位定深方法是地下管线探测的关键问题。尤其是在地下管线密集、分布错综复杂的地方，管线探测中的全部技术问题都归结为对定位定深精度的技术保证。本章在介绍多种管线探测方法的基础上，重点论述在复杂条件下提高地下管线探测精度的技术方法。

第一节　地下管线探测方法综述

地下管线按材质可分为金属管线和非金属管线两大类。按用途可大体分为：①给水、排水管；②雨水、污水管；③煤气、暖气管；④石油、天然气管；⑤工业化学液流管；⑥照明电缆；⑦有线电视电缆；⑧高压电缆；⑨专用动力电缆；⑩通讯电缆；⑪通讯光缆等等。

在探测地下管线时，一般根据地下管线的材质、埋深和地质条件不同，采取不同的方法。目前常用的地下管线探测方法有 4 类：直接观测法、磁探测法、电探测法和红外辐射探测法。

1. 直接观测法

当阀门井和消防井分布较密时，可采取在井内直接观测和追索的方法来确定地下管线的方向与埋深。当埋深较浅并且覆盖层又很松软时，可采用钢钎触探的方法进一步确认直接观测的结果。这是一种经济、简便、有效和可行的方法。

2. 磁探测法

磁探测法是属于地球物理探测法中的一种，通常称为磁法探测。由于铁质性管道在地球磁场的作用下被磁化，便或多或少地带有磁性。管道被磁化后的磁性强弱与管道的铁磁性材料有关，钢、铁管的磁性强，铸铁管的磁性较弱，非铁质管则无磁性。被磁化的铁质管道就成了一根磁性管道，因而形成它自身的磁场，通过在地面观测铁质管道的磁场分布，便可发现铁质管道并推算出管道的埋深。

3. 电探测法

这也属于地球物理探测法之一，通常称为电法探测。电法探测又可分为直流电探测法与交流电探测法两类。

(1)直流电探测法。这种方法是用人工通过两个供电电极向地下供直流电，电流从正极供入地下再回到负极，在地下形成一个电流密度分布空间，当存在金属管线时，由于金属管线的导电性良好，它们对电流有“吸引”作用，使电流密度的分布产生异常情况，若地下存在水泥或塑料管道，它们的导电性极差，于是对电流则有“排斥”作用，同样也使电流密度的分布产生异常情况，通过在地面布置的两个测量电极便可观测到这种异常，从而可以发现金属管线或非金属管线的存在及其位置。这种方法是以金属管线或非金属管线与其周围的土层存在导电性差异为前提条件的。常用的直流电探测法又可分为联合剖面法、对称四极剖面法和中间梯度剖面法。

(2)交流电探测法。这种方法是利用交变电磁场对导电性或导磁性或介电性的物体具有感应作用或辐射作用，从而产生二次电磁场，通过观测发现被感应的物体或被辐射的物体。常用的交流电探测法可分为甚低频法、电磁感应探测法和电磁辐射探测法。

1)甚低频法是借助世界上一些国家为了潜艇通讯和导航目的而设的强功率长波电台所发射的甚低频电磁波。其中能为我国利用的有日本的 NDT 台，其频率为 17.4kHz，功率为 500kw，以及澳大利亚的 NWC 台，其频率为 15.5kHz 和 17.4kHz，功率为 1 000kW。这种电磁波对地下管线产生感应作用，从而使地下管线形成二次电磁场，可利用甚低频电磁仪器进行观测，便能发现地下管线的存在及其位置。

2)电磁感应探测法是利用近区人工发射的电磁波对地下管线产生电磁感应作用，从而使地下管线产生感生电流。这种电流称为二次电流，于是在地下管线的周围形成二次电磁场，通过观测二次电磁场便可发现地下管线的存在及其位置。目前所采用的电磁感应探测法，其发射的电磁波是单一频率的电磁波，又常称为谐变电磁波，这种电磁波的振幅是随时间变化的，称它为时间域电磁波。单一频率的电磁波的振幅在频率域(即对时间域的电磁波作傅立叶变换所得)是不变的。

3)电磁辐射探测法——地质雷达法。众所周知，电磁波存在感应与辐射两种作用，感应作用是以感生的传导电流为主，如金属管线(良导体)，在频率为甚高频以下的电磁场中，它只能被感生出传导电流，故属于感应作用。若对非良导性物体，如水泥管道或塑料管道，它只能在频率为甚高频以上如几十、几百以至几千兆赫的电磁场中产生位移电流，这就属于辐射作用，这时引用了新的物性参数——介电常数。所以在交流电探测中，要想探测水泥管和塑料管等非金属管线，可采用发射频率在 50～1 000MH 之间的地质雷达法。

在交流探测法中多采用电磁感应探测法和地质雷达法。这两种方法比较成熟和有效，同时已有专用探测仪。

4.红外辐射探测法

它是利用管道或填充物与周围土之间热特性的差异来确定管线位置。

对于非金属管道可按下列原则选择探查方法：

(1)有出入口的非金属管道宜采用示踪电磁法。

(2)钢筋混凝土管道宜采用磁偶极感应法，但需加大发射功率(或磁矩)，缩短收发距离。

(3)管径较大的非金属管道，并具备接地条件时，可采用直流电阻率法。

(4)热力管道或高温输油管道宜采用主动源电磁法和红外辐射法。

对金属管线探测目前主要使用低频电磁法。常用的低频电磁法管线探测仪有中国地质大学(北京)生产的 GX 系列探测仪，美国 Metretech 公司生产的 810、850 和 9890 探测仪，英国 Radiodetection 公司生产的 RD－400 系列(PL、PXL 和 PDL)探测仪和美国 DitchWitch 公司生产的 Subsite 系列 65、70、75 等探测仪。这类仪器的基本工作原理是依靠主动或被动的场源激发，在管线中形成电流，建立管线上方的电磁场，然后用仪器在地面测量它们。根据电磁场的分布特征，确定管线的空间位置。

根据不同探测仪接收机输出信号的性质，探测仪大体可分成三类：

第一类仪器是输出的信号可以反映真实物理场全貌。如 GX 系列、Subsite 系列和 RD－400 系列中以模拟信号形式输出的仪器等属于这一类。其中 GX 系列仪器为单线圈仪器，可测交变磁场的水平分量 H_x、H_y 和垂直分量 H_z。Subsite 系列仪器主要由两个直立线圈构成，可测交变磁场的水平分量 H_x 和上下两个直立线圈(间距 50cm)所在位置上的磁场水平量的差值(或称“梯度”)ΔH_x。RD-400PL 仪器,可测垂直分量 H_z 但不测 H_x。这三种仪器均可在垂直管线走向的剖面上作剖面测量,接收机输出信号基本能反映物理场的真实面貌,因而可用来作正反演计算,解决现场定位定深难以解决的问题。也可通过对正演曲线的分析,判别在不同干扰条件下各种定位定深方法抗干扰能力的大小,寻找能满足精度要求的定位定深方法。

第二类仪器能给出磁场水平量的差值 ΔH_x 的相对大小和直读深度,但不能用于剖面测量,一般应用于简单条件下的定位和定深。属于这一类的有美国的 810、850 和 9890 等。

第三类仪器其接收机输出的是磁场水平分量梯度“ΔH_x”,其形式很像真实的物理场,但不是严格的物理场,而是经过某种变换处理后的物理场。可以采用某一比值处(指异常极大值两侧某点处的“ΔH_x”与极大值之比为 70%)的异常宽度来确定埋深。属于这一类的仪器有 RD-400PXL、RD-432PDL 等。使用这类仪器表面上看可以作剖面测量或利用剖面“ΔH_x”的特征来作正反演计算或寻找定位定深方法,但实际上因为不能将其输出还原为真实物理场,因而也难以利用它作进一步的研究。

采用低频电磁法管线探测仪对地下管线进行探测时,涉及下面三个基本环节:

第一,建立正确的地下管线电磁场的物理模型,其分布规律或分布特征是可探测和可计算的。

第二,场源必须能在目标管线上激发出一定强度的电流,并使在非目标管线、干扰物和介质中通过的电流尽可能小,从而保证在目标管线上建立的电磁场相对于周围非目标管线、干扰物和介质产生的电磁场而言是足够大的。

第三,接收机的输出信息必须是探查人员为了解电磁场的分布特征所需要的,且应满足一定的精度要求。在保证精度和使用方便的前提下,好的接收机应为探查人员提供尽可能丰富的物理场的真实信息,以便于探查人员在各种不同的干扰条件下寻求更好的定位定深方法。

第二节　地下管线定位与定深

管线仪的定位定深方法,都是在单一线电流场的理论分析基础上提出来的。通常采用 H_x 或 ΔH_x 极大值定位,对管线定位一般误差不很大,均能满足精度要求,用 ΔH_x 极大值定位精度更高。用 ΔH_x 的零值点定位通常情况下误差较大,使用相对较少。与定位相比,定深方法较多,且随仪器而异,但一般也很少用 H_z 的极大值与零点之间距离或 45°法来定深,绝大部分利用 H_x 或 ΔH_x 的直读法和比值法。这里所指的比值法是指在可解释的异常曲线上,利用由异常的极大值向异常两侧下降至某一比值时两侧两个相同比值点之间的平面距离(某一比值时的宽度)与管线中心埋深之间的关系来确定深度的方法。例如 GX 和 Subsite 系列仪器用 H_x 的 0.5 点的宽度之半或 0.8 点的宽度定深;RD-400PXL、RD-432PDL 仪器用 0.7 点宽度定深等等。

一、直读法定深

直读法定深原理是利用上下两个线圈上测得的磁场水平分量 H_x^t 和 H_x^b,计算出埋深 h:

$$h=\frac{H_x^t d}{H_x^b-H_x^t} \tag{11-1}$$

式中:d——上下两线圈的距离;

H_x^b——底部线圈位置上的磁场水平分量；

H_x^t——顶部线圈位置上的磁场水平分量。

埋深 h 的计算式(11－1)可作以下简单推导：

因为 $$H_x=KI\frac{h}{h^2+x^2} \tag{11-2}$$

在管线正上方，$x=0$，H_x 有极大值

$$H_x(0)=KI\frac{1}{h} \tag{11-3}$$

所以有 $$H_x^b=KI\frac{1}{h}, \tag{11-4}$$

$$H_x^t=KI\frac{1}{h+d}, \tag{11-5}$$

将式(11－4)、式(11－5)两式合并，得 $$\frac{H_x^b}{H_x^t}=\frac{h+d}{h} \tag{11-6}$$

变换成 $\dfrac{H_x^b-H_x^t}{H_x^t}=\dfrac{d}{h}$ 即得公式(11－1)。

由推导过程可知，用该方法的使用条件是单一线电流，测点在管线正上方，上下两个线圈面与管线处于同一垂直平面上。不考虑仪器制造工艺问题，只要操作正确，直读深度是有理论依据的，结果是正确的。加之操作简便，直读定深法在简单条件下常被广泛应用。

从公式(11－1)可知，直读定深法所利用的是线电流磁场在垂直方向上的变化关系，且同这两点的差值 $H_x^b-H_x^t$ 成反比。因此，如果空间这两点上任何一点或两点的磁场受到干扰，$H_x^b-H_x^t$ 就会发生相对来说更大的改变，当干扰信号强度可以同 $H_x^b-H_x^t$（它本身很小，特别是在管线埋深大时）相比时，直读深度误差就会急剧增大。由此可以说明，直读定深法是一种对干扰信号反应特别灵敏或反过来说抗干扰能力较差的一种定深方法。

因此，在下列情况下使用直读法定深会产生较大的误差：

(1)在地面金属设施如栏杆、铁门等干扰物附近，在某种激发方式下这些金属构建物的干扰磁场会严重影响管线磁场的垂向分布，因而使直读深度完全不可靠。

(2)管线埋设越深，直读深度误差越大，这是因为埋深增大，上下线圈磁场差值越来越小，越不可靠。当埋深为 2.0m 时，上下线圈磁场差仅为下线圈磁场的 16.7%，微小的干扰都会使误差急剧增大。

(3)激发电流越小，场值越小，信噪比越小，直读深度误差越大。因此，离激发源越远，直读深度误差也越大。

(4)当存在旁侧平行管线干扰或存在弯头三通或交叉管线干扰时，直读深度不可靠。这是因为旁侧管线上电流的磁场大小往往可同目标管线磁场相比拟。它不但改变目标管线电流磁场在水平方向上的分布，对垂直方向上的磁场差值影响更大。

在干扰管线与目标管线上电流相等的情况下，只有当干扰管线同目标管线的距离大于埋深的 4～5 倍以上时，直读深度才能符合规范规定的精度要求。因此，在使用直读法定深时应要求目标管线旁侧 4～5 倍埋深范围内没有平行管线。

(5)在管线周围介质中的电流密度较大时，直读深度误差也会增大。

由于使用直读深度定深存在上述种种限制，因此使用时对观测结果应特别谨慎。

当旁侧平行管线的电流同目标管线上的电流同向时，直读深度一般偏深；而当旁侧平行管

线上的电流同目标管线电流反向时，直读深度一般偏浅。在某些特殊探测条件下直读深度系统偏深或偏浅的现象，可以将直读定深的结果与其他定深方法得出的结果进行对比研究。

二、比值法定深

同直读定深法不同，比值法主要利用管线电流磁场的水平分量或其梯度在水平方向上的变化特征确定管线的埋深。由于不同仪器所测的物理参数的区别，用以定深的比值 R 也各不相同。大体可分为特征比值法、待定比值法和任意比值法三类。

1. 特征比值法

特征比值法是指用极大值两侧某点其值与极大值之比为一确定比值的两点之间的宽度或半宽度等于中心埋深这一特征来确定深度，目前这种方法应用最为广泛。对于水平分量 H_x，这一比值为 0.8 和 0.5，0.8 的宽度和 0.5 的半宽度均等于埋深。

数学证明非常简单，将 $x=h/2$ 和 $x=h$ 代入式(11-2)，并分别除以式(11-3)，即得。

$$R_{\frac{h}{2}}=\frac{H_x(x=\frac{h}{2})}{H_x(x=0)}=0.8,\quad R_h=\frac{H_x(x=h)}{H_x(x=0)}=0.5$$

实际使用中发现，使用特征比值法求得的埋深有时偏深，一种修正方法是令修正系数 $K=h(0.8)/h(0.5)$，修正后埋深为 $h=Kh(0.8)$，证明效果良好。对于 RD-400PXL、RD-432PDL 等类型仪器，通常使用 70%法，即 ΔH_x 极大值两侧 0.7 比值点的宽度即为深度。实践表明，用该法定深精度能满足管线探查工程的要求。为了寻求 RD-400PDL 和 PDL 接收机输出的数学表示式，试作如下变换：

$$\Delta H_x=KI\left[\frac{h}{x^2+h^2}-\frac{a(h+d)}{x^2+(h+d)^2}\right] \tag{11-7}$$

变换的实质是对上线圈的磁场水平分量乘上一个常数，然后再作差值计算。

由式(11-7)得到比值的计算公式为：

$$R=\frac{\Delta H_x'(x)}{\Delta H_x'(0)}=\frac{[x^2+(h+d)^2]h-a(h+d)(x^2+h^2)}{[x^2+(h+d)^2](x^2+h^2)}\cdot\frac{h(h+d)}{(1-a)h+d} \tag{11-8}$$

将上式写成如下的形式：

$$Ax^4+Bx^2+C=0 \tag{11-9}$$

式中

$$A=R[(1-a)h+d]$$
$$B=A[h^2+(h+d)^2]-[h-a(h+d)]h(h+d)$$
$$C=A\frac{R-1}{R}h^2(h+d)^2$$

解得

$$x=\pm\sqrt{\frac{\sqrt{B^2-4AC}-B}{2A}} \tag{11-10}$$

以 $R=0.7$，$d=0.5$m 代入，以 h 作自变量，选择适当的 a 值计算 x，得到 $x\sim h$ 关系曲线，使之与 $x=0.5h$ 的线性方程在适当的范围内最为接近。

计算表明，当 a 为 0.775 时，在 $h=0.5\sim2.3$m 的范围内，满足 $x=0.5h$ 特征比值 R 在 0.70 ± 0.01 范围内，具体比值如表 11-1 所示。

表 11-1 特征比值 R

h	0.2	0.4	0.6	0.8	1.0	1.2	1.4	1.6	1.8	2.0	2.2	2.4	2.6	2.8	3.0
R	0.740	0.711	0.698	0.693	0.692	0.694	0.696	0.699	0.702	0.705	0.708	0.711	0.714	0.717	0.720

因此，用下式作为 RD-400PXL、RD-432PDL 接收机输出的数学表示式，对实测曲线作正演计算拟合，结果令人满意。

$$\Delta H_x' = KI\left[\frac{h}{x^2+h^2} - 0.775\frac{h+d}{x^2+(h+d)^2}\right] \tag{11-11}$$

须指出，不是所有仪器的接收机输出都是真实的 ΔH_x。例如 RD-400PXL、RD-432PDL 的接收机输出既不是 ΔH_x，用 ΔH_x 比值法定深比值也不是 0.7。而应当使用待定比值法和任意比值法。

2. 待定比值法

待定比值法和任意比值法适用于接收机输出为真实 ΔH_x 的仪器，即 Subsite 系列仪器。RD-400PL 的接收机输出接近理论 ΔH_x，因此也可适用。

ΔH_x 的表示式可以写成：

$$\Delta H_x(x) = H_x^b(x) - H_x^t(x) = KI\left(\frac{h}{x^2+h^2} - \frac{h+d}{x^2+(h+d)^2}\right) \tag{11-12}$$

简化成

$$\Delta H_x(x) = KI\frac{[h(h+d)-x^2]d}{(x^2+h^2)[x^2+(h+d)^2]} \tag{11-13}$$

则

$$\Delta H_x(0) = KI\frac{d}{h(h+d)} \tag{11-14}$$

将其归一化即为比值 $R(x)$

$$R(x) = \frac{\Delta H_x(x)}{\Delta H_x(0)} = \frac{h(h+d)[h(h+d)-x^2]}{(x^2+h^2)[x^2+(h+d)^2]} \tag{11-15}$$

当 $x=\frac{h}{2}$ 时，特征比值 $R\left(\frac{h}{2}\right)$ 表示成：

$$R\left(\frac{h}{2}\right) = 0.8\frac{(3h+4d)(h+d)}{h^2+4(h+d)^2} \tag{11-16}$$

对 RD-400PL 仪器，$d=0.4$m；对 Subsite 仪器，$d=0.5$m。将它们代入式(11-16)，得到表 11-2。

表 11-2 ΔH_x 的特征比值与深度关系对照表

h(m)	$d=0.4$m	$d=0.5$m	h(m)	$d=0.4$m	$d=0.5$m
0.1	0.752 5	0.761 4	1.1	0.575 9	0.592 5
0.2	0.713 5	0.728 0	1.2	0.569 9	0.585 8
0.3	0.682 9	0.700 4	1.3	0.564 5	0.579 9
0.4	0.658 8	0.677 6	1.4	0.559 8	0.574 6
0.5	0.639 5	0.658 8	1.5	0.555 5	0.569 9
0.6	0.623 9	0.643 1	1.6	0.551 7	0.565 5
0.7	0.610 9	0.629 8	1.7	0.548 3	0.561 6
0.8	0.600 0	0.618 4	1.8	0.545 1	0.558 0
0.9	0.590 8	0.608 6	1.9	0.542 3	0.554 7
1.0	0.582 8	0.600 0	2.0	0.539 6	0.551 7

使宽度等于深度的比值，在埋深从 0.5m 到 2m 的范围内，对 $d=0.40$m 的仪器，R 大约在 0.64～0.54 的范围内，对 $d=0.50$m 的仪器则在 0.66～0.55 的范围内，并非像 H_x 一样，有固定的比值。这样，问题就变得复杂了。为了定深，需要有确定的比值，而比值的确定，又要依赖深度的确定。

由表 11-2 可见特征比值 $R\left(x=\frac{h}{2}\right)$ 即宽度等于深度时的比值，本身是深度的函数。

根据实测的直读深度值按上表选定比值，再根据该比值的宽度确定深度。如果两者较为接近，即可认为这一比值确定的深度是正确的；如果两者差得较大，可以再重复一次，即用比值法确定的深度，再查一次表，得到第二次比值，用第二次比值点的宽度值作为深度。若两次定深数值差别不大，可用第二次定深作为探查深度，也可用第一次定深作为探查深度。实践表明，一般只需做一至两次，即可得到满意的深度值。

这种待定比值法可以把它看作是对直读深度法的修正。

对于 Subsite 系列仪器，在测量磁场水平分量梯度 ΔH_x 进行定深时，使用 $d=0.50$m 所对应的 $R\sim h$ 数值表。用这一办法还可同测 H_x 的 0.8、0.5 特征比值法作比较，相互校正。

3.任意比值法

(1)对磁场水平分量 H_x，任意比值可表示成：

$$R=\frac{H_x(x)}{H_x(0)}=\frac{h^2}{x^2+h^2} \tag{11-17}$$

即

$$Rx^2+Rh^2=h^2$$

$$x=\pm\sqrt{\frac{1-R}{R}}\cdot h \tag{11-18}$$

公式(11-18)说明不同比值时的异常半宽度 X_r 同埋深 h 之间存在严格的线性关系，线性方程的关系仅与比值 R 有关。在 R 为 0.5、0.6、0.7、0.8 和 0.9 时，系数分别为 1、0.816、0.655、0.5 和 0.333，而 R 为 0.5 的异常半宽度和 R 为 0.8 时异常宽度等于埋深的特征比值法，仅是任意比值法的特例。

(2)对于磁场水平分量梯度 ΔH_x，情况稍微复杂一些。公式(11-15)可以写成：

$$R(x)(x^2+h^2)[x^2+(h+d)^2]=h(h+d)[h(h+d)-x^2]$$

解上述方程，即可求出 $x\sim h$ 的关系为

$$x=\pm\sqrt{\frac{1}{2R}\left(-F+\sqrt{F^2+4R(1-R)h^2(h+d)^2}\right)} \tag{11-19}$$

其中

$$F=(1+2R)h^2+(1+2R)dh+Rd^2$$

式中：d、R 为参量，分别将 $d=0.4$m(或 0.5m)和 $R=0.5$、0.6、0.7、0.8 和 $h=0.1$、0.2…作为自变量代入计算得到曲线，如图 11-1、图 11-2 所示。

由图可见，无论 $d=0.4$ 或 $d=0.5$，与 $R=0.5$、0.6、0.7、0.8 对应的 $x\sim h$ 曲线，在 $h>0.40$m 以后都几乎是一条直线，将 $h>0.5$m 以后的直线段作线性回归，相关系数 r 均接近 1，由此得到 $x\sim h$ 或 $h\sim x$ 关系式，如表 11-3 所示。

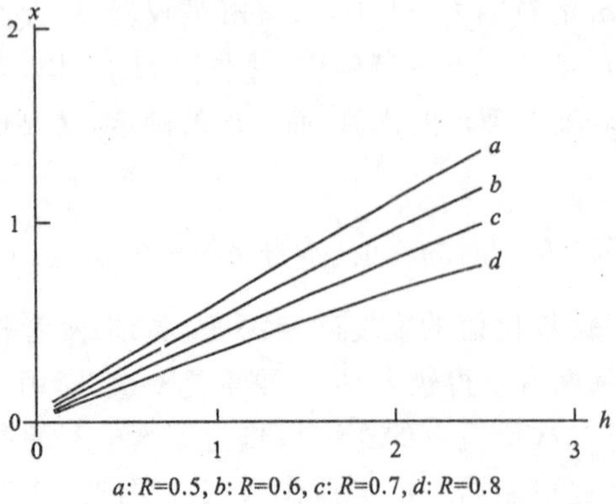

图 11-1　$d=0.4$m 时 x 与 h 的关系曲线

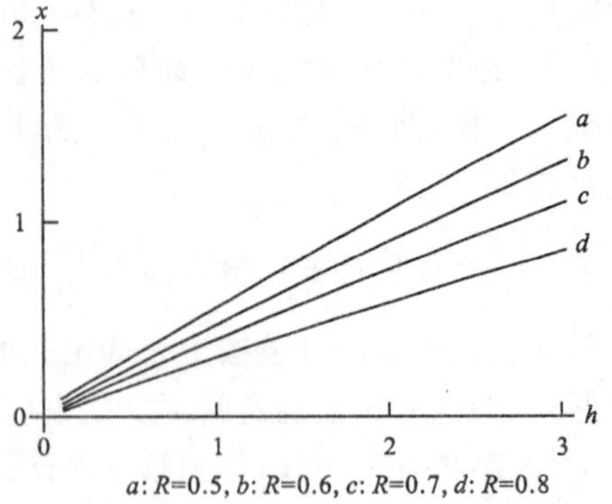

图 11-2　$d=0.5$m 时 x 与 h 的关系曲线

表 11-3　任意比值时半宽度与埋深的关系

R	$d=0.4m$		$d=0.5$m	
0.5	$x=0.494\,1h+0.072\,2$	$H=2.02x-0.15$	$x=0.49\,81h+0.084\,2$	$h=2.01x-0.17$
0.6	$x=0.425\,2h+0.058\,6$	$H=2.35x-0.14$	$x=0.427\,5h+0.070\,7$	$h=2.34x-0.17$
0.7	$x=0.354\,0h+0.049\,9$	$H=2.82x-0.14$	$x=0.357\,1h+0.057\,5$	$h=2.80x-0.16$
0.8	$x=0.279\,5h+0.028\,6$	$H=3.58x-0.14$	$x=0.282\,1h+0.044\,4$	$h=3.55x-0.16$

使用时，只要任意选定一个 R（一般选 0.7、0.8 较好，使比值点落在异常的拐点附近），在探测点上量出比值点的半宽度 x，即可按上表所列公式求出埋深 h。

第三节　复杂条件下管线探测

在有多条并行的地下管线，且相互之间的距离较近的情况下，探测到交变磁场的水平分量 H_x 和交变磁场的水平分量梯度 ΔH_x 异常，往往呈单峰状，异常峰值曲线产生不对称变形（如图 11-3）。因为，一定的激发方式下，近间距并行管线上都会有感应电流，它们的场相互叠加。这使基于线电流场特征的定位定深方法的应用条件不能得到满足，误差增大。在这种情况下，应根据现场管线埋设的不同特点，选择最合适的激发方式，使目标管线上产生的电流最大，并使邻近的非目标管线上的电流相对于目标管线而言可以忽略。当各种方法都不能奏效时，需进行剖面测量，使用正、反演的解释方法。

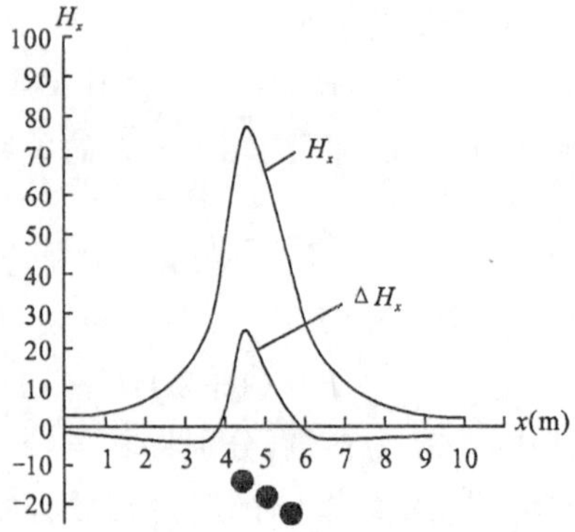

图 11-3　多条并行管线的单峰状异常

一、技术方法

常规管线探查仪采用主动源法，其激发方式有直接法、夹钳法和感应法。感应法感应的范围较大，工作效率高，且可根据管线埋设的情况变换发射机的位置和发射线圈的角度，以达到激发目标管线、压制干扰管线的目的。

感应方式激发的特点是由线圈和管线之间的互感决定的。管线回路上感应电流 I 的大小，正比于回路的感应电动势 ε：

$$I \propto \varepsilon = \omega MI \tag{11-20}$$

式中：ω——工作频率；

M——发射线圈和管线回路上的互感；

I——发射线圈的电流。

当工作频率与发射电流确定后，管线回路电动势就由 M 决定，它与线圈轴向同磁场方向的夹角 α 和线圈至管线的距离 r 有关。即

$$M = C \cdot \cos\alpha / r \tag{11-21}$$

式中：C 是一个只与线圈参数有关的常量。

对于直立线圈(相对 x 方向的水平偶极子)：

$$M_x = Ch/r^2 \tag{11-22}$$

对于水平线圈(相对 x 方向的垂直偶极子)：

$$M_z = Cx/r^2 \tag{11-23}$$

因此，直立线圈在管线正上方(线圈面同管线位于同一平面上)，M 最大；线圈离开管线上方时，M 下降很快；当线圈与管线中心平面位置距离为 h 时，已下降到极大值的二分之一，其感应的范围相对较窄。水平线圈的情况正好相反，其在管线正上方时(线圈轴线对准管线)$M=0$，对管线不激发(通常称为压制)，而在线圈与管线水平距离为 h 时，达到极大值。但其值仅为直立线圈的二分之一，之后随 x 的增大，呈缓慢下降，因此其感应范围较直立线圈大。倾斜线圈的情况则介于两者之间(图 11-4)。

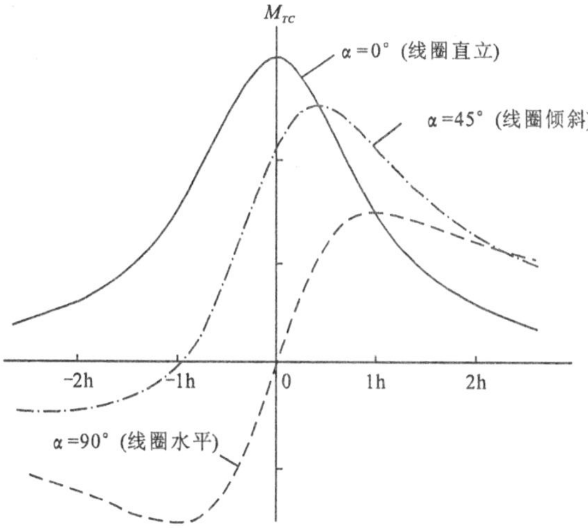

图 11-4 直立、水平和倾斜线圈与水平长导线之间的互感曲线图

基于上述原理，应用压线技术，可解决近间距平行管线的探测问题。即根据目标管线与干扰管线的空间分布位置选择发射机的位置和倾斜角度，在保持发射线圈的轴向对准干扰管线($\cos\alpha=0$)的前提下，尽量将发射机置于目标管线上方附近(r 最小)。对于埋深较浅而又有一

定间距的平行管线，则有可能使发射机相对于干扰管是水平激发，而相对于目标管则为垂直激发，从而取得最佳效果。利用倾斜压线技术，比单纯用水平压线效果更明显，从而解决了用感应法探测平行管线的问题。

二、实际应用

在广州芳村，对两条并行的自来水管与电力管线进行探测。水管的直径为 300mm，埋深为 115cm，电力管线为 820mm×1000mm 的电缆沟，沟内电缆 3 条。由于电缆沟两边各有 1 条钢筋，此时，要想探测水管，影响最大的就是距水管只有 46cm 的钢筋［图 11－5(a)］。设 R 为接收机位置，当在水管上方直立感应激发时（T_1），只有此钢筋的异常；将发射机置于 T_2 位置采用倾斜压线法，获得明显的水管异常，异常形态显示它仍受电力反向电流的影响，受影响的一侧变陡，峰值往反干扰方向(电力)位移 5cm，其特征正如正演模拟的结果。用受影响较小的半边异常进行定深的结果：

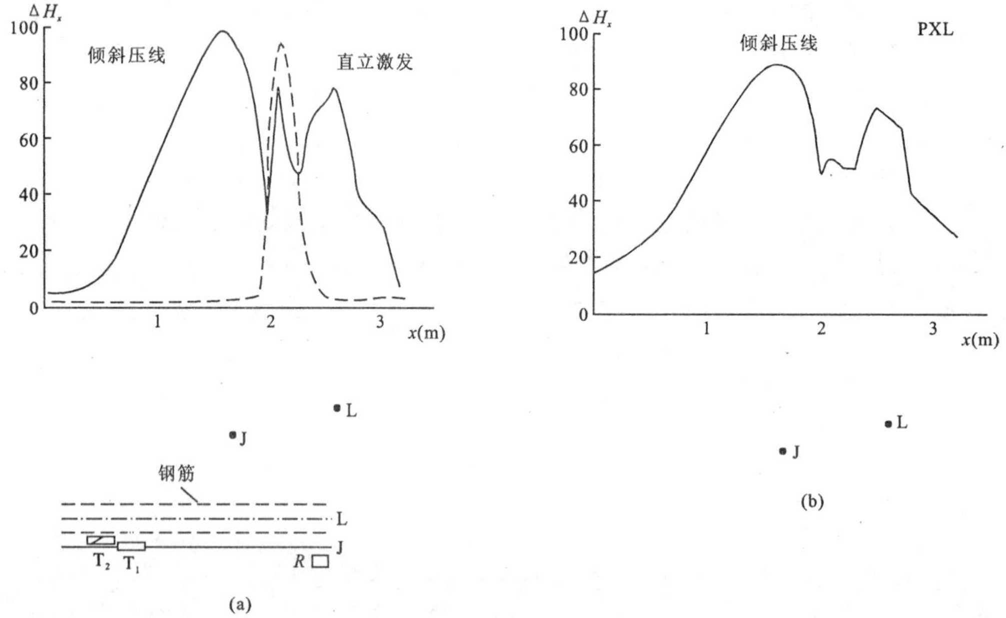

图 11－5　近间距并行管线探测

(1)采用 RD－400PXL 管线仪时，特征比值取 0.7，测定水管深度为 100cm，误差为 15cm。

(2)采用 RD－400PL 管线仪时，特征比值取 0.68，测定水管深度为 110cm，误差为 5cm。

实践证明，探测的结果误差较小，满足工程要求。

第四节　导航接收机天线的定位原理

一、定位原理

目前，对地下探头或管线进行定位、定深的方法有多种。现场常用的定位原理有“信号极值”法和“两点一线”法。

"信号极值"法分为极大值法和极小值法，即利用探头等的正上方电磁场的水平分量最大（极大）而垂直分量最小（极小）的定位方法。一般地，地面接收机内有两个平行的接收线圈，两线圈距离为一定值（如 $l=0.4\text{m}$），当接收机处于探头等的正上方时，两个接收线圈所测得的水平分量具有极大值。设在横剖面上测量磁场水平分量的垂直梯度为 ΔH_x，利用 $\Delta H_x=\Delta H_{x\max}$ 的点（峰值点）确定探头的平面位置（即定位）。确定探头等的埋深时，可以通过磁场水平 H_x 曲线半幅点间的距离 2h 的关系确定探头的中心埋深 h；在两接收天线条件下，则由下式确定探头等的埋深 h：

$$h=\frac{H_{x_2,\max}}{H_{x_1,\max}-H_{x_2,\max}}l \tag{11-24}$$

式中：$H_{x_2,\max}$，$H_{x_1,\max}$——分别为顶部线圈、下部线圈所测得的水平分量极大值；

l——两线圈距离。

"两点一线"定位法则是利用"×"结构的两根交叉天线的原理进行定位的。如图 11-6 所示，接收机共有三根天线。靠近接收机底部有一根天线，用来接收地下探头的工具面向角、俯仰角、电池以及温度状况信息等；接收器显示窗下面是"×"结构的定位天线，该结构的两根天线互相垂直，且与接收器所放置的地面都是呈 45°夹角。一般地，地下探头磁棒发射的信号场呈椭圆形，如图 11-7 所示，该椭圆形信号场与"×"结构的天线共同作用进行定位。"两点一线"即为"×"形交叉天线进行信号处理后的两个特殊点（位于探头延伸位置上的正前方和正后方的两个点）和探头正上方垂直于探头体的一条特殊线，根据这两个特殊点和一条特殊线可以实现地下探头的准确定位，而不仅仅是利用峰值信号进行定位。

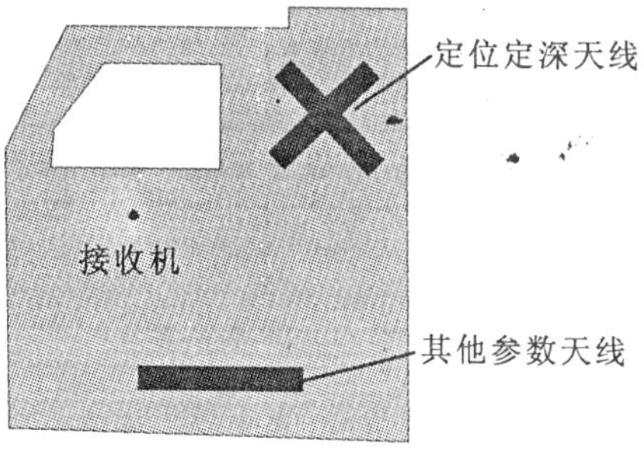

图 11-6　某接收机内部天线布置图

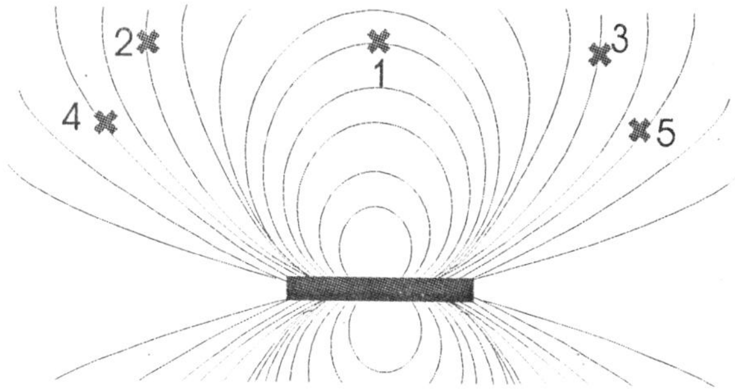

图 11-7　地下探头磁棒发射的信号场

可以知道，探头电磁场由许多磁力线组成，"×"形天线位于场中。磁力线相当于水流，天线好比管道。如果水流与管道平行，所有水流将流过管道，如果管道与水流垂直，水将不能流入管道。磁力线与天线原理类似，如图 11-7 中 4、5 点位置和图 11-8(a)、(b)，当磁力线与某一天线平行时，该天线可以读取所有磁力线，而另一垂直相交的天线，接收的信号接近于 0；如果磁力线自立穿过两根交叉天线，两根天线会各读取信号的 50%，如图 11-7 中 2、3 位置和图 11-8(d)，有两个特殊点位置会发生这种情况，一个是探头延伸线后上方的后向负定位点，另一个位置是探头延伸线前上方的前向负定位点。这两点位置相当特殊，因为对这两点定位时，与探头的信号强度无关；如果磁力线水平穿过两根交叉天线，如图 11-7 正上方 1 位置所示和图 11-8(c)，每根天线会读取该点磁场强度的 50%。有这样特征的点位于探头正上方的一条直线上，而且垂直于探头，一般称为正定位线。此时探头的准确横向位置的定位可以通过前、后向负定位点来确定，即通过前后的两个负定位点连线与正定位线的交点确定地下探头的位置。另外，也可以通过查找高峰信号来定位。

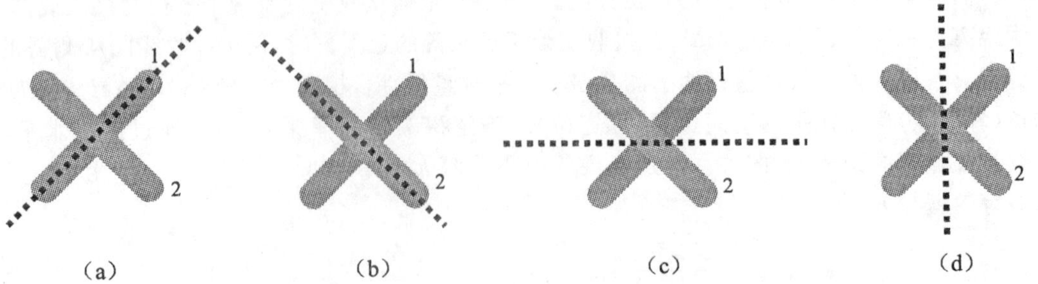

图 11-8 “×”形天线与磁力线关系示意图

二、地下探头的定位方法

峰值定位法操作起来较为简单，这里主要介绍“两点一线”定位法的操作过程。如图 11-9 为“两点一线”定位法的俯视和剖视图。Point1 和 Point2 分别为后、前向负定位特殊点，Line 为正定位线。之所以命名为后、前向负定位点，是因为不管接收机和探头是同向还是反向，在这些点上，接收机视窗显示总是由信号“+”变为信号“-”，即从任何方向接近这两点，信号都会从正值变为负值；而正定位线之所以得名，是因为接收机经过该线时，信号会从负值变为正值。在该线上，探头的正上方信号强度最大。

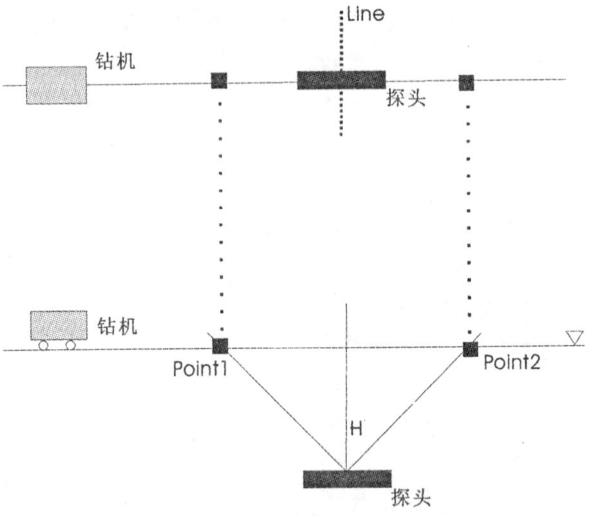

图 11-9 “两点一线”定位法示意图

当地下探头水平时，水平面上的 Point1 和 Point2 到 Line 线的距离相等，探头位置越深，Point1 到 Point2 之间的距离就会越远；当探头倾斜时，Point1 和 Point2 到 Line 线的距离则不等。

从钻机位置定位探头的整个过程简单介绍如下：使接收机处于定位状态，沿钻杆方向走向探头，接收机显示窗口信号强度会增加，当视窗上的“+”变为信号“-”时，就是 Point1 点的径向(前后)位置，在该点前后移动接收机时，正、负号发生互换，要确定该点的横向位置，只需使接收机转动到与钻杆垂直，前后移动接收机，直到正、负号发生互换的位置，这样径向和横向的交点即为探头的 Point1；继续沿钻杆向前走进钻头，信号强度继续增加，当“-”变为信号“+”时，找到正、负符号发生交换的位置，这就是 Line 线位置；从 Line 线继续向前，接收机信号强度会降低，当“+”变为信号“-”时，按前面方法可以准确定位 Point2 点。站在 Point2 点，面向钻机，连接 Point1 和 Point2，这两点构成的轴线会与 Line 线垂直，轴线与 Line 线的交点即为地下探头的准确位置。在该交点测量的深度即为探头的埋深。

第十二章　技术经济评价和风险性分析

第一节　非开挖施工成本分析与经济评价

众所周知，投资者欲对某一项目进行投资，首先要做的一件事就是对这一项目进行成本分析和经济评价，判断它是否有投资价值。同样，这一法则也适用于非开挖工程项目。近年来，我国非开挖技术拓展迅猛，与此相对应的是许多专业的非开挖工程公司应运而生。但是，由于受投资者手持资金限制及非开挖设备型号众多，市场需求难以准确预测等众多因素影响，如何运用手中有限资金进行科学合理的投资，就是投资者需要慎重考虑的问题。本节对这一问题进行重点探讨，以期对非开挖项目投资者有所帮助。

一、非开挖施工成本分析

非开挖施工成本主要包括直接成本和间接成本。下面以开挖与非开挖施工成本进行对比分析。

1.直接成本分析

直接成本，是指与管线施工直接有关的费用，它主要包括：①规划、设计费用；②施工费用；③现有管线的改线费用；④交通路线的改线费用；⑤地面的复原费用。开挖技术与非开挖技术的直接成本都与管径、埋深密切相关。图 12－1 由德国某公司提供的铺设 400mm、500mm 和 600mm 的管道直接成本和埋深的有关数据绘制成。

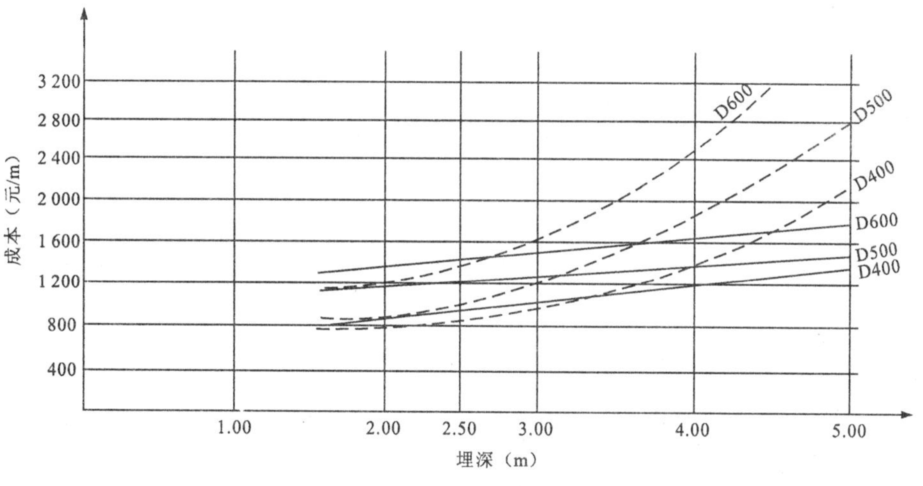

图 12－1　施工 400mm、500mm、600mm 管道的施工成本与管径和埋深的关系图

——非开挖施工方法；------开挖施工方法

2.间接成本分析

间接成本，主要是指由于工程施工对地面的交通、环境、生活和商业活动等造成的干扰和

破坏所需的社会公众支出。它主要包括：①对环境的破坏(例如：破坏绿化，污染地下水，产生噪音、废气、粉尘和污泥)；②对交通的防碍与影响；③对临近地下设施的干扰；④对市民生活的干扰，⑤对商业和工业活动的干扰。

开挖施工法施工简单，适用于地表宽阔、无任何障碍物以及在确保不会影响交通的条件下进行。然而在大多数情况下，开挖施工法妨碍交通，破坏环境，影响市民生活，并且开挖施工使道路的质量变差，寿命变短，而且地下管线被挖断的事故时有发生，经济损失巨大。以上诸多原因使开挖技术越来越受到来自经济和环境方面的压力。而非开挖技术的显著优点就是与环境友好，这一优点使得非开挖技术在重视环境质量的今天越来越受到人们的普遍关注。

二、技术经济评价的相关概念

1. 资金的时间价值

资金的获得或使用都是和时间有关系的，也就是说，资金的价值会随时间而发生变化。不同时间发生的等额资金在价值上的差别就称为资金的时间价值。

2. 利息与利率

利息与利率是用来衡量资金时间价值大小的指标。利息是指占用资金所付出的代价，或者是放弃使用资金所得的补偿。利率是决定利息多少的指标，是指在一个计息周期内所得到的利息额与初始借贷资金(即本金)的比值，一般用百分数表示。假设 P 为本金，I_1 为第一年内所得利息，则利率为：

$$r=(I_1/P)\times 100\% \qquad (12-1)$$

3. 净现值

所谓净现值(NPV)是指按一定的利率将项目寿命期内各年现金流量折算到项目期初的现值累加值。其表达式为：

$$NPV = \sum[\,CF_t/(1+r)^t] - I = PV - I \qquad (t=1,n) \qquad (12-2)$$

式中：CF_t——项目第 t 年的现金流量；

I——发生在项目期初的投资；

R——利率(资本成本)；

N——项目寿命期；

PV——项目寿命期内各年现金流量的等值现值。

4. 投资回收期

投资回收期(PB)是指从项目的投建之日起，用项目的净收益收回投资所需要的年限。如果不考虑资金的时间价值，称为静态投资回收期。其计算表达式为：

$$I = \sum CF_t \qquad (t=1,PB) \qquad (12-3)$$

考虑了资金的时间价值的投资回收期，称为动态投资回收期。其计算表达式为：

$$I = \sum CF_t/(1+r)^t \qquad (t=1,PB') \qquad (12-4)$$

其中，PB'为动态投资回收期

5. 内部收益率

内部收益率(IRR)是指净现值(NPV)为 0 时的资金利率，也就是投资项目建设期投资支出等于生产期现金流量现值时的资金利率。它反映了项目的真实报酬，其计算表达式为：

$$\sum CF_t/(1+IRR)^t = 0 \qquad (t=1,n) \qquad (12-5)$$

三、实例分析

上面已经介绍了经济评价的相关内容和评价指标体系组成，下面我们将就一个具体的实例进行论述如何运用技术经济评价理论进行分析。

例如：某投资者通过市场调研，欲投资 60 万元购买一套非开挖导向钻机，钻机寿命期为 8 年，寿命期内预计每年平均净收益为 16 万元。如果资金利率为 15%，计算该项目的净现值。

1. 计算净现值

通过分析，我们知道该项目生产期现金流量为一等额年金，由等额年净现值计算公式

$$P=A\times[(1+r)^n-1]/[r\times(1+r)^n]=A\times(P/A,r,n) \quad (12-6)$$

其现值为：

$$PV=16\times(P/A,15\%,8)=16\times4.4873=71.80(\text{万元})$$

那么该项目的净现值为：

$$NPV=PV-I=71.80-60=11.80(\text{万元})$$

根据净现值理论，如果 $NPV>0$，则项目可以接受。

2. 计算投资回收期

在实践中，计算项目的投资回收期通常借助项目的现金流量表。

表 12-1 项目现金流量表(万元)

项目 \ 年	0	1	2	3	4	5	6	7	8
现金流量	−60	16	16	16	16	16	16	16	16
累积现金流量	−60	−44	−28	−12	4	20	36	52	68
折现值	−60	13.91	12.10	10.52	9.15	7.96	6.92	6.01	5.23
累积折现值	−60	−46.09	−33.99	−23.47	−14.32	−6.36	0.56	6.57	11.8

项目静态投资回收期

$PB=(T-1)+$第$(T-1)$年累积现金流量的绝对值/第 T 年现金流量 (12-7)

(其中 T 为累积现金流量首次为正的年份)

项目动态投资回收期

$PB'=(T-1)+$第$(T-1)$年累积折现值的绝对值/第 T 年折现值 (12-8)

(其中 T 为累积折现值首次为正的年份)

将上表中有关数据代入上边两式，得：

$$PB=3+12/16=3.75(\text{年})$$

$$PB'=5+6.36/6.92=5.92(\text{年})$$

即该项目的静态投资回收期为 3.75 年，动态投资回收期为 5.92 年。

该导向钻机的法定寿命为 8 年，而通过计算，项目的静态投资回收期 3.75 年和动态投资回收期 5.92 年均小于设备法定寿命，因此该项目是可以接受的。

3. 计算内部收益率

在实践中，计算项目的内部收益率通常采用内插法，其计算过程如下：首先给出两个资金利率 r_1、r_2，并且分别计算出在资金利率 r_1、r_2 情况下的净现值 NPV_1 和 NPV_2。但是与此同

时，r_1、r_2、NPV_1 和 NPV_2 要满足下述条件：

(1)$r_1 < r_2$，且 $r_2 - r_1 \leq 5\%$；

(2)$NPV_1(r_1) > 0$，$NPV_2(r_2) < 0$

内部收益率 IRR 的计算公式为：$IRR = r_1 + \frac{(r_2 - r_1)NPV_1}{NPV_1 + NPV_2}$。在利率为15%时项目的净现值为11.80万元，计算利率为20%和24%时项目的净现值结果如下：

$r_1 = 20\%$时，$NPV_1 = 1.40$ 万元；

$r_2 = 24\%$时，$NPV_2 = -5.26$ 万元。

由上述公式可得：

$$IRR = 20\% + (24\% - 20\%) \times 1.40/(1.40 + 5.26) = 20.8(\%)$$

即项目的内部收益率为20.8%。

假设我们对项目的期望报酬率为15%，根据内部收益率法则，如果 $IRR > r$，则项目是可行的。通过对比，项目是可行的。

第二节　非开挖施工的风险分析

高新技术意味着高利润，但也伴随着高风险，非开挖作为刚刚兴起的地下管线施工新技术，同样面临这一不可回避的问题。因此，我们必须对风险进行分析并采取相关措施来规避风险，使这一技术所带来的潜在损失最小。

一、非开挖技术风险分析

为了识别所有的潜在的风险损失，非开挖企业风险管理人员首先需要进行潜在风险分析，采用损失风险清单分析表方法来分析非开挖技术企业所面临的风险，如表12-2所示。

表12-2　损失风险清单分析表

直接损失风险	无法控制和无法预测的损失	(1)施工中非开挖设备或作业人员被雷电击中所引起的损失； (2)由于山体滑坡、飞机失事所造成的设备、人员损失； (3)由于突发地震等天灾所带来的设备、人员损失； (4)由于战争、暴力事件等的设备、人员损失； (5)由于发生水患、洪灾所带来的设备、人员损失； (6)恶劣天气如龙卷风、冰雹等所造成的设备、人员损失。
	可控制和可预测的风险损失	(1)精密探测仪器的损坏； (2)因施工中的操作失误所造成的设备等的损坏； (3)对软土层扩孔施工造成路面坍塌而带来的一系列费用增加； (4)施工中，地下电流遭破坏而造成的强电流泄露； (5)施工中，地下煤气管、自来水管遭破坏而造成的损失。 (6)由于设备精度低而造成施工偏差太大，无法正常铺管的损失； (7)设备在施工过程中遇地下未知障碍物而无法穿越； (8)导向孔施工中角度变换太大而增加铺管难度； (9)设备人为损坏，或被盗窃、被抢劫； (10)设备运输途中发生交通事故。
间接损失	(1)由于企业人员变动而造成营业中断； (2)由于非开挖技术上有新的质的突破而使现有技术淘汰； (3)国家经济发生通货膨胀，导致经济危机而给企业造成的损失； (4)由于流行疾病瘟疫等； (5)企业经营管理失误致使市场占有率降低而造成的损失。	

通过对上表罗列出来的风险及可能造成的损失的分析看，非开挖企业风险管理人员应做到心中有数，并采取相关措施来预防和规避风险的发生或使风险造成的损失降到最低，这样也就达到了进行风险分析的意义。

二、规避风险的措施

在现实的生产活动中，风险是客观存在的。因此非开挖施工技术企业需要做好以下两方面的工作：一是提高对风险的认识，建立风险管理内部组织机构；二是引入保险理念，转移风险，争取把风险所带来的损失降到最低。

1. 确定风险管理部门的内部组织结构

图 12-2 是通用风险管理部门的内部组织结构图，各非开挖施工技术企业可根据企业的规模、设备情况、人员素质，依照此图采取相应的组织结构形式。

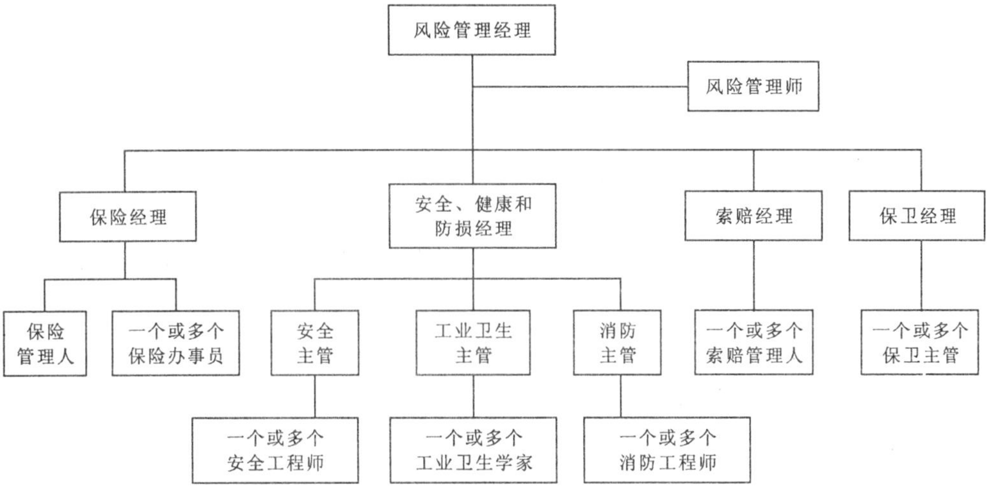

图 12-2　风险管理部门的内部组织机构图

2. 保险

保险是一种转移风险的办法，它把风险转移给保险人。保险也是一种分摊风险和意外损失的方法，一旦发生意外损失，保险人就补偿被保险人的损失，这实际上是把少数人遭受的损失分摊给同险种的所有投保人。由于少数投保人遭受的损失为同险种的所有投保人所分担，所有投保人的平均损失就代替了个别投保人的实际损失。保险人一般承保纯粹风险，然而并非所有的纯粹风险都具有可保性。可保的风险要满足下列条件：

(1)大量同质的风险存在。据此，保险人能比较精确地预测损失的平均频率和程度。

(2)损失必须是意外的。如果故意制造的损失能得到赔偿，则道德的危险因素会明显增加，保险费就会相应提高。

(3)损失必须是确定的或可以测定的。具体地说，损失的原因、时间、地点和金额具有确定性。死亡就具有这种确定性。

(4)保险对象的大多数不能在同时遭受损失。如果保险对象的大多数在同时遭受损失，保险分摊损失的智能就会丧失。但实际情况并不尽如人意，洪水、飓风、地震等自然灾害经常造成巨灾损失。保险公司可采用两种方法来对付这种损失：一是再保险；二是把保险业务分散在广大地域，从而避免风险的集中。

(5)保险费必须合理，被保险人在经济上能承担得起。惟有保险费经济、合理，保险公司才能拓展其业务。

根据上述条件，非开挖施工技术企业人身、财产和责任风险均能由保险公司承保，而市场、生产、财务和政治风险一般都不能由商业保险公司承保。

主要参考文献

车延岗、张光烈等，导/定向钻进非开挖技术(一)，建筑机械化，2002(2)

车延岗、张光烈等，导/定向钻进非开挖技术(二)，建筑机械化，2002(3)

陈晨，贾栋等，地下管线非开挖挤土成孔技术，探矿工程，2003(增刊)

陈书申、陈晓平，土力学与地基基础，武汉：武汉工业大学出版社，1997

陈铁励，导向钻进技术在长距离铺设电力电缆工程中的应用，岩土钻凿工程，2001(6)

高乃熙、张小珠，顶管技术，北京：中国建筑工业出版社，1984

何宜章、朱文签，从2003年市场统计数字看我国高速发展的非开挖技术产业，非开挖技术，2004(2～3)

何晓婷、蔡珍红，运用开挖技术与非开挖技术的经济比较分析，重庆建筑大学学报，2001(4)

胡郁乐，非开挖技术在高速公路铺管中的应用研究，探矿工程，2002(3)

胡郁乐、乌效鸣，非开挖技术中定向钻进效果与弯曲问题分析，地质与勘探，2003(2)

胡郁乐、乌效鸣，非开挖铺管施工中几个问题的探讨，地质科技情况，1999第18卷

胡郁乐、乌效鸣，液压坑道钻机在非开挖施工中的应用，岩土钻凿工程，2001(2)

胡郁乐，武汉青年路非开挖铺管成败分析，探矿工程，2001(增刊)

胡郁乐等，非开挖技术中值得商榷的若干问题，岩土钻凿工程，2002

胡郁乐等，非开挖技术在横穿高速公路铺管中的应用，上海非开挖技术，2002(4)

黄汉仁，液体DRISPAC聚合物在非开挖穿越工程中的应用，岩土钻凿工程，2001(5)

黄宗益、李兴华，隧道施工的盾构设备，建筑机械，2000(4)

江天寿等，受控定向钻探技术，北京：地质出版社，1994

蒋智翔，材料力学，北京：清华大学出版社，1985

蓝俊康，非开挖铺设地下管线施工方法及设备的类型，广西地质，2001(3)

李大心，探地雷达方式与应用，北京：地质出版社，1994

李剑波，顺倾向定向井钻井特点及轨迹控制方法，西部探矿工程，1997(7)

李粮纲、陈维明、李小青，基础工程施工技术，武汉：中国地质大学出版社，2001

李细星、诸德超，弯螺杆钻具力学特性分析与设计，石油机械，1997(11)

梁政，石油工程中的若干力学问题，北京：石油工业出版社，1999

林开涵、林宙野，地下工程管道的腐蚀与防腐对策，福建化工，1996(3)

罗锋、韩景宽，管道腐蚀控制和材料选择的基本规律，石油规划设计，2001(7)

区福邦，城市地下管线普查技术研究与应用，南京：东南大学出版社，1998

彭维建、汪学明，微型隧道铺管技术及在我国的应用前景，探矿工程，1998(4)

施建华、林路晨等，浅谈国外非开挖施工设备，西部探矿工程，2002(4)

史长春，水文地质勘察(上册)，水利电力出版社，1983

宋翔雁，我国非开挖管线工程技术发展现状的调查报告，岩土钻凿工程，2001(2～3)

宋秀丽，国内外管道防腐的现状与发展，山西建筑，Vol.28.9，2002

汤凤林、A.T加里宁，岩心钻探学，武汉：中国地质大学出版社，1997

唐元宁、于兰英，日本微型盾构的研制现状，工程机械，2000(6)

王鹏等，导向钻进非开挖铺管技术，探矿工程，1996(6)

王芷芳，埋地钢质管道的腐蚀与防护，全面腐蚀控制，Vol 2.3

乌效鸣、杜锋、胡郁乐，非开挖管道铺设顶拉力的实践与分析，岩土钻凿工程，2001，(2～3)

乌效鸣、胡郁乐，双线交汇法在跟踪复杂建筑物下非开挖钻孔轨迹中的应用，地质科技情报，1999(51)

乌效鸣、胡郁乐、贺冰新、蔡记华,钻井液与岩土工程浆液,武汉:中国地质大学出版社,2002
乌效鸣、胡郁乐等,非开挖导航仪的研制,岩土钻凿工程,2002
乌效鸣等,用分段定向钻进方法铺设弧形轨迹集束管,地质与勘探,2000(2)
吴光琳,水平定向钻进铺设管线的测量技术,探矿工程,2003(2)
吴光琳,油田定向钻井技术的发展,探矿工程译丛,1998(3)
吴家辉译,水平定向钻进技术运用于水底管线的铺设,岩土钻凿工程,2001(2~3)
徐同中、洪培云、潘世奎,水平井钻井液与完井液,北京:石油工业出版社,1999
许谨良、周江雄,风险管理,北京:中国金融出版社,1998
鄢泰宁等,俄罗斯电热能钻井,固井和地层压裂方法的应用,国外油田工程,Vol.19 No2,2003(2)
颜纯文,非开挖地下管线施工技术,1996 北京国际非开挖技术研讨会论文集,1996
颜纯文,非开挖管线施工技术的发展及我国对策,岩土钻凿工程,1998(2~3)
颜纯文、D. Stein,非开挖地下管线施工技术及其应用,北京:地震出版社,1999
杨惠民,钻探设备,北京:地质出版社,1998
殷昌平、孙庭芳、金良玉、温庭作、龙绍都,地下水水源地勘查与评价,北京:地质出版社,1993
殷绥域,弹塑性力学,武汉:中国地质大学出版社,1990
尹钢乾、汤学峰,钱塘江定向钻进穿越创世界最长纪录,非开挖技术,2002(4)
雍景荣、朱凡、胡岱文,土力学与基础工程,成都:成都科技大学出版社,1995
运筹学教材编写组,运筹学,北京:清华大学出版社,1999
张赤诚,液压传动,北京:地质出版社,1983
张光烈、王洪玲、张雅春,GBS-10 型导向钻进非开挖铺管钻机,石油机械,Vol.25.5,1997
张伟、陈星庆,美国的非开挖地下管线施工技术,探矿工程,1996(2)
张燕译,水平定向钻进技术指南,非开挖技术,2002(1)
赵国珍、龚伟安,钻井力学基础,北京:石油工业出版社,1988
赵海涛,高精度定向钻探技术在隧道电缆钻孔中的应用,探矿工程,2002(5)
赵明华,土力学与基础工程,武汉:武汉工业大学出版社,2000
赵彦、张福润、杨楚明,单牙轮钻头在胜利油田小井眼钻井中的应用,探矿工程,2002(2)
曾祥嘉、陈志超等,钻孔护壁堵漏与减阻,北京:地质出版社,1981
郑颖人、龚晓南,岩土塑性力学基础,北京:中国建筑工业出版社,1989
郑午、吴晓军,FW-300 型非开挖导向钻机给进机构的设计,探矿工程,2002(2)
中国非开挖协会,地下钻进管线穿越铺设工程技术规定,2002(5)
周安娜、朱静,煤气管道的腐蚀与防腐,燃料与化工,2002(5)
朱小林、杨桂林,土体工程,上海:同济大学出版社,1996
庄乐和、土力学,北京:地质出版社,1982
池田昌司,长距离急曲线顶管机,岩土钻凿工程,2001
Anne Cotton, No Dig Cable Laying in Italy, No-Dig International, 2000
Audrey Bran. Son,定向钻进施工设计与管理,探矿工程译从,1997(3)
Bill Livingston, Saritary sewer Challenge Met Deer Rock Directional Drilling, Trenchless Technology, 2001
C.C 苏拉克申著,汤凤林等译,定向钻进,武汉:中国地质大学出版社,1991
DCI,Digitrak 定向钻进定位系统用户手册,1999
E. W. Flaxman,非开挖施工技术现状,岩土钻凿工程,1993(2)
Ian Clarke, Award Winning Missouri River Crossing, No-Dig International,2000
Ian Clarke, Boring Under Hamburg, No-Dig International. 1995
Ian Clarke, Directional Drilling Impacts water and sewerage Markets across North American, No-Dig International, 2000

Ian Clarke, Entire Rebuild of North Carolina Town Sewer System, Nodig international Vol. 14, No. 8 2003
Ian Clarke,日本和德国水平定向钻进的成功经验,非开挖技术,2002(4)
Jeff Griffin 著,广临译,选用较小钻机进行岩石水平定向钻进,非开挖技术,2002(2～3)
Nod Clarke - Hackston,长距离和曲线顶管的导向,岩土钻凿工程,2001(2～3)
Paul Hayward, Directional Drilling and Guided Boring Upoate, No - Dig International, Vol. 7, No. 3 1996
Robest Mckim,加拿大非开挖技术综述,非开挖技术,2002(4)
Rudiger kogler, Primary Risk Factors in Horizontal Directional Drilling From An Assessors Point of View No - Dig International, 2001
Sergio Palazzo,巴西天然气需求促进了 HDD 发展,非开挖技术,2002(4)
Todd Versteeg 著,李翠先译,非开挖保护城市林木,岩土钻凿工程,2001(2～3)
Tom Sangster, Trenchless Technology, New Developments in Applications, No - Dig International, Vol. 6 No. 7, 1995
Toru Osumi,顶管法的顶进力计算,岩土钻凿工程,2001(2～3)
Vicki Riberts - Gassler, HDD in Saudi Arabian Hard Rock, No - Dig International, 2001

深圳市钻通机电设备开发有限公司产品参数

ZT系列非开挖定向铺管钻机参数

技术参数/钻机型号	ZT-10	ZT-15	ZT-15L	ZT-18	ZT-20	ZT-25
发动机功率（kw）	50（玉柴）	92（玉柴）	75（康明斯）	100（康明斯）	118（康明斯）	125（康明斯）
最大扭矩(N. m)	2400	5000	5000	6000	6000	7000
最大回拉力(kN)	100	150	150	180	200	250
动力头转速(rpm)	0-100	0-120	0-100	0-100	0-100	0-100
泵排量(L/min)	150	200	200	250	250	250
配套钻杆(mm)	φ50×3000	φ60×2500	φ60×3000(整体)	φ60×3000(整体)	φ73×3000(整体)	φ73×3000(整体)
标准回扩钻头(mm)	φ160-φ480	φ160-φ580	φ160-φ580	φ250-φ680	φ250-φ720	φ250-φ780
主机与动力站连接	分体式	分体式	整体履带一体式	整体履带一体式	整体履带一体式	整体履带一体式
主机外型尺寸	3400×800×1200	5000×1600×1500	5500×2000×1780	5500×2000×1780	5500×2000×2400	5500×2000×2100
动力站外型尺寸	2960×1250×1400	3100×1100×1400	与主机一体	与主机一体	与主机一体	与主机一体
主机泵站重量(t)	1. 0+1. 5	2. 0+2. 0	7. 0	7. 5	8. 5	8. 0
生产厂家	深圳市钻通机电设备开发有限公司		技术寻址		WWW. driuto. com	

主产品性能特点：钻机及动力站采用高强度橡胶履带底盘一体化行走机构，移动方便，机动性强。动力头采用双马达驱动，转速高、扭矩大。给进机构为马达链条驱动形式。双夹持器拧卸钻杆，高速倒杆，效率高。

水平导向钻机(Navigator):

从**PL8000**到**D300 × 500**，共**11**种型号选择，扭矩由**1220N · m**至**67791N · m**，回拖力由**3990kg**至**136077kg**，可以铺设小至**51mm**，大至**2m**口径的管线，适用于燃气、石油、电讯、电力、供水、排水、市政等不同行业的地下管线铺设。

D300×500

D75×100

D16×20A

PL8000

型号	尺寸(长×宽×高)	扭矩	回拖力
D300×500	1625×254×340cm	67800N · m	134000kg
D300×300	1625×254×340cm	40680N · m	90718kg
D150×500	1625×254×340cm	40680N · m	68039kg
D100×120	1040×236×300cm	16270N · m	45359kg
D75×100	909×236×307cm	13558N · m	34019kg
D33×44	538×208×211cm	5966N · m	14969kg
D24×40A	516×201×216cm	5415N · m	10796kg
D16×20A	513×91×220cm	2708N · m	7258kg
D10×15A	478×91×220cm	2031N · m	4536kg
D7×11A	366×90×168cm	1491N · m	3538kg
PL8000	178×59×127cm	1220N · m	3990kg
厂家（公司）名称	百莱玛-威猛(中国)有限公司	技术支持	www. balama. com

遁地穿梭矛(HammerHead Mole):

尺寸从 1¾” 到 23” 共 21 种型号，备有特殊的配件，可以安装的管线有陶管、PVC 管、HDPE (MDPE) 管、热塑胶管、铸铁管、钢管等。可根据不同地质状况及工程要求，选用拉管、顶管和胀管三类完全相异的施工方法。在非开挖领域应用也日益广泛。

液压胀管系统(HydroBurst):

HB3038、HB5058(30t 与 50t 拉力)静态胀管系统通用于各种旧管线的切割，换管直径最大可达 250mm。新研制的 HB125 具有 125t 拉力，适用于直径 200～400mm 的污水管道的更换，最大的破管直径可达 500mm。

型号	HB3038	HB5058	HB125
图片			
尺寸(长×宽×高)	151.1×51.3×31cm	165×57.3×34.1cm	317.5×12.1×106.6cm
重量	346kg	421kg	3402kg
最小工作坑尺寸	20.2''/108''/6.5''	22.5''/108''/6.5''	125''/52''
最大拉力	30t	50t	125t
厂家（公司）名称	百莱玛-威猛(中国)有限公司	技术支持	www.balama.com

气动冲击胀管系统(Air Impactor):

型号	8”(200mm)	12”(300mm)
长度	81. 3cm	93.2cm
直径	29. 1cm	37.5cm
重量	211kg	329kg
冲击次数/分钟	509	500
钻机型号	D24、D33、D55	D24、D33、D55

设计简单可靠，特别适用于目前已拥有水平导向钻机的客户，应用于各种材质管线的修复。有 8”和 12’’选择，适用于 6～12 英尺的管线更换。

便携式破管机(PortaBurst):

PB30便携式破管机可在最短时间内更换4英寸和6英寸的支线污水管，工作效率可达12英尺/分，其紧凑的设计可以通过30英寸宽的通道，用户用不着破坏地表，极大地降低污水支管更换成本。

型号	PB30
尺寸(长×宽×高)	92.7×55.9×61cm
重总安装量	147kg
最大拉力	28.65t
最小/最大液压流量要求	11~95 lpm
最小/最大压力要求	1500~3000psi(103-207bar)
厂家（公司）名称	百莱玛-威猛(中国)有限公司
技术信息	www. balama. com

型号:PD150/70

最大拉力:172.5t

最大扭矩:70kN·m/40RPM

北京力寰股份
有 限 公 司

BONANZA

ihan@ubcn.net

代理美国因洛克（INROCK）公司产品：

MGS有线控向设备、无磁钻具、岩石扩孔器、回拉器、牙轮钻头和钻杆等

5. 先进的液压缸设计

在工作效率、机械设计及维修成本等各方面因素综合比较下，推拉力的驱动以液压缸方式为主，其机械动能传输损失（仅约2%～3%）远较齿轮齿条式（约15%～20%）为佳，启动瞬间可达98%以上的输出功率，对施工品质有绝对的助益。

6. 优质的齿轮齿条设计

采用齿轮齿条设计时，推／拉行走的液压马达采用大型马达直接驱动，在启动的瞬间可达到96%的输出功率，较一般采用减速齿轮马达驱动的钻机（仅60%～70%）为佳。

7. 维修检测方便

在钻机的一侧设有液压系统各主要部位的压力检测点，能够很容易地了解钻机液压系统的状况。

型号:PD320/120

最大拉力:350t

最大扭矩:120kN·m/32RPM

非开挖用成孔液-LG植物胶系列

在非开挖铺管工程中，流沙、淤泥、膨胀土和强摩阻地层是困扰钻进成孔和铺管的“拦路虎”。

LG是樟科芳香植物，在我国分布较广泛。其中含有水溶性聚糖、精油和纤维成分，经过一定的加工处理后，能形成粘性调整范围较大的泥浆处理剂-LG植物胶。该产品系列由中国地质大学(武汉)工程学院和湖北浠水润泉生化科技有限公司联合研制生产。该系列产品护壁能力强和悬浮钻渣能力强，润滑减阻性好，价格低廉，能明显改善泥浆的性能，同时无污染，对管材无腐蚀，应用效果好。

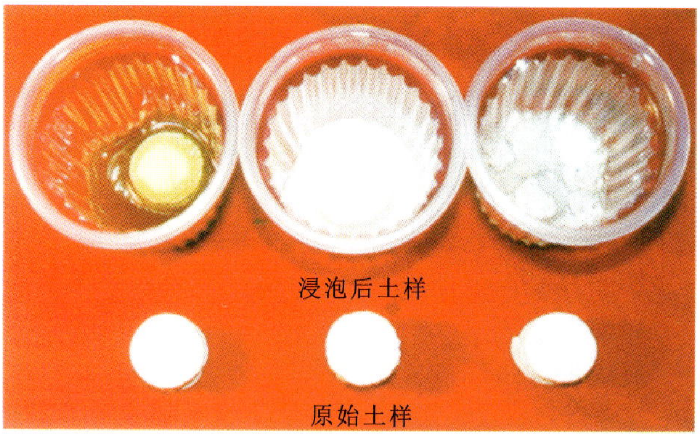

相同的土质试样，自左至右分别放在LG植物胶、普通泥浆和水中，同时进行浸泡试验（左图）。1h后，结果表明：LG植物胶的试样无变化；在普通泥浆中的试样有明显的水化膨胀；水中试样则严重松散、垮塌。

LG植物胶中含有精油成分（在化学工业中，LG植物胶被用来提取芳香油），使得钻井液具有较好的润滑性，能显著地降低摩阻系数，显著地降低铺管或顶管时的阻力。

LG植物胶也可以用来改善泥浆的性能（如下表）。

泥浆	叶粉用量 (%)	表观粘度 (mPa·s)	塑性粘度 (mPa·s)	比重	失水量 (ml)	动切力 (Pa)	pH	胶体率 (%)
4%膨润土 +0.24%Na_2CO_3	0	5.5	4	1.03	7	1.533	9	97
	1	14.5	12	1.035	2	2.555	9	98
	2	22	17	1.04	1	5.11	9	98
	3	28	21	1.045	0.5	7.154	9	99
	4	36.5	27	1.05	0.3	9.709	9	99
	5	40	28	1.055	0.2	11.242	9	99.5
生产厂家	湖北浠水润泉生化科技有限公司							
联系方式	kcgcjys@cug.edu.cn							